弱磁无损检测技术

于润桥　胡　博　著

科　学　出　版　社
北　京

内 容 简 介

弱磁无损检测技术是一种基于材料磁特性、磁敏传感器、磁效应现象、磁信号处理技术和计算机技术等发展起来的磁法无损检测技术。本书主要内容包括弱磁无损检测技术的特点及发展趋势，弱磁无损检测的基本理论，弱磁检测仪器的研制思路，以及铁磁性金属材料、非铁磁性金属材料和非金属材料弱磁无损检测的相关案例等。

本书可作为高等院校无损检测及相关专业学生、教师的参考资料，也可供从事无损检测研究与工程应用工作的科研人员和工程师的参考。

图书在版编目(CIP)数据

弱磁无损检测技术/于润桥，胡博著. —北京：科学出版社，2018.11

ISBN 978-7-03-059222-4

Ⅰ. ①弱… Ⅱ. ①于…②胡… Ⅲ. ①工程材料-弱磁场-无损检验 Ⅳ. ①TB302.5

中国版本图书馆 CIP 数据核字（2018）第 242768 号

责任编辑：朱英彪 赵晓廷／责任校对：张小霞
责任印制：徐晓晨／封面设计：蓝正设计

科学出版社出版
北京东黄城根北街 16 号
邮政编码：100717
http://www.sciencep.com

北京中石油彩色印刷有限责任公司 印刷

科学出版社发行 各地新华书店经销

*

2018 年 11 月第 一 版 开本：720 × 1000 1/16
2019 年 7 月第二次印刷 印张：13
字数：257 000

定价：88.00 元

(如有印装质量问题，我社负责调换)

前　　言

地球内部存在的天然磁场，称为地磁场，它和一个置于地心的磁偶极子的磁场很相似。地球上所有的物体都处于地磁场之中，无论是铁磁性材料、非铁磁性材料，还是金属材料、非金属材料，哪怕是人类、动物和植物等，在其表面都能检测到磁场。

人们应用磁技术进行无损检测，始于磁粉检测技术。随着计算机、电子技术的发展，漏磁检测技术和金属磁记忆检测技术逐渐取代磁粉检测技术，成为磁法检测的主要方法。这些磁法检测技术的应用对象都是铁磁性材料，即磁法检测技术只能用于铁磁性材料，不能用于非铁磁性材料或非金属材料。

弱磁无损检测技术是在天然地磁场的环境下，通过测磁传感器在试件表面采集不同方向上磁感应强度的变化数据，经过处理后判断试件中是否存在缺陷及缺陷位置和大小的一种电磁无损检测技术。弱磁无损检测技术打破了磁法检测只能应用于铁磁性材料检测的现状，开创了磁检测领域的先河。本书的撰写旨在普及弱磁无损检测技术，加快该领域技术的研究与发展，同时展现近年来作者在弱磁无损检测技术领域的研究成果。

本书内容丰富，涵盖面广，可读性强，其中既有对弱磁基本理论的阐述，也有对弱磁应用案例的详细介绍；既有对弱磁检测仪器研制的分析，也有对弱磁检测工艺的探讨。第 1 章介绍弱磁无损检测技术的特点及发展趋势；第 2 章介绍弱磁无损检测的基本理论；第 3 章介绍弱磁检测仪器的研制思路；第 4 章介绍铁磁性金属材料弱磁无损检测的若干案例；第 5 章介绍非铁磁性金属材料弱磁无损检测的若干案例；第 6 章介绍非金属材料弱磁无损检测的若干案例；附录中给出了特殊材料的磁化曲线及磁化率，以及风电叶片的检测结果。

本书第 1 章和第 2 章由于润桥撰写，第 3~6 章由胡博撰写，夏桂锁、程东方和程强强为本书提供了部分资料。本书的出版得到国家自然科学基金项目(51765048)的资助，在此表示感谢！

限于作者水平，书中难免存在不妥之处，敬请广大读者不吝指正。

作　者
2018 年 2 月

目　　录

第1章　绪　　论

1.1　弱磁无损检测技术简介

弱磁无损检测技术是在天然地磁场的环境下，通过磁矢量传感器对检测对象表面或近表面进行扫查，根据不同方向上磁感应强度的变化来判断检测试样中是否存在缺陷，并经过数据处理分析检测对象中存在缺陷的位置和大小的一种无损检测技术，在电力冶金、铁路运输、石油天然气和航空航天等领域已得到应用。

弱磁无损检测技术是在天然地磁场的环境下进行检测的，不需要外加激励源，且自主研发的测磁传感器具有体积小、灵敏度高的特点。因此，弱磁无损检测技术具有如下优点。

(1) 不需要对被检测工件的表面进行清理或其他预处理，使待检试件在原始状态下进行检测，可同时检测表面和内部缺陷，操作方便、快速，能够很好地适应现场检测的需求。

(2) 适用于铁磁性材料和部分非铁磁性材料(包含顺磁性和抗磁性)，可检测多种材料，如碳钢、不锈钢、铝合金、复合材料和有机玻璃等，突破传统磁法不能检测非铁磁性材料的局限。

(3) 适用于检测管材、棒材、板材、型材及各种焊接件，根据检测对象的不同，可设计不同的传感器阵列。

(4) 可检测裂纹、夹杂、气孔、腐蚀和变形等多种类型的缺陷。

(5) 对于埋地管道，可进行不开挖的在役检测，且对管道内部的传输介质没有限制；对于带包覆层的管道，可在不拆除包覆层的情况下进行检测。

(6) 可实时传递数据，查看检测结果，检测设备轻便、灵敏度高，重复性与可靠性好。

弱磁无损检测按被检材料可分为金属材料的检测和非金属材料的检测。金属材料的检测包括常见的金属焊缝、钢制管道和合金构件的缺陷检测，金属焊缝有不锈钢焊缝、铝合金搅拌摩擦焊缝、钢结构焊缝、平板对接焊缝、激光焊缝和 TKY 角焊缝等，钢制管道有连续油管、埋地管道、带包覆层管道和不锈钢管等，合金构件有铝合金构件、高温合金涡轮盘件、镍铜合金棒材和火车轮等。非金属材料的检测包括复合材料、晶体硅和有机玻璃等。

弱磁无损检测按检测方式可以分为接触式检测方式和非接触式检测方式。接触式检测方式是将检测探头紧贴在被检工件表面进行扫查，能够满足被检工件不同表面形状的要求，且受工件表面粗糙程度的影响较小。非接触式检测方式是将检测探头提离距被检工件一定的高度后进行扫查，这样避免了工件表面粗糙程度或形状不规则对检测结果的影响，保证检测探头在扫查时的稳定性，检测结果直观、可靠。非接触式检测方式在检测时探头有一定的提离高度，较接触式检测方式的检测灵敏度低，但很好地减小了其他客观因素对检测结果的影响。通常情况下，可根据实际检测情况来选择合适的检测方式。

1.2　弱磁无损检测技术的应用效果

弱磁无损检测技术是基于材料磁特性、磁敏传感器、磁效应现象、磁信号处理技术和计算机技术等发展起来的一种磁法无损检测技术。弱磁检测的检出率受到提离效应、工件磁导率、工件形状、表面状态、缺陷大小、缺陷位置、探头测磁精度、检测环境及磁信号处理和磁性特征提取算法等因素的影响。

弱磁无损检测技术是利用高精度测磁传感器测量地磁场激励下薄壁铝合金材料的表面磁场，发现其微弱的变化，从缺陷处和母材磁导率变化上提出检测机理，并通过晶相分析验证弱磁无损检测技术检测铝合金这种顺磁性材料缺陷的有效性[1]。此外，铁磁性材料的相对磁导率远大于顺磁性材料，因此弱磁无损检测技术更加适用于铁磁性材料(如钢制管道)的检测场合。如今，弱磁无损检测在很多方面已经得到很好的应用，如热力管道[2]、埋地管道[3]、带包覆层管道[4]、焊缝[5,6]、氧化皮[7]和火车轮[8]等的检测。

焊缝中的一般缺陷都可利用弱磁无损检测技术进行检测评定，可检测的缺陷分为两类：裂纹类和气孔类。对于裂纹、未焊透和未熔合等裂纹类缺陷，最小检测能力达到 0.1mm；对于气孔、夹渣等气孔类缺陷，最小检测能力达到 ϕ1mm。弱磁无损检测技术已应用于平板对接焊缝、薄板焊缝、TKY 焊缝、铝合金搅拌摩擦焊缝、不锈钢焊缝和钢结构焊缝等焊接件的检测上，例如，在陕西某化工厂现场检测管体温度达到 170℃的管道焊缝。

弱磁无损检测技术可有效地识别埋深在 2m 以内金属管道中的焊缝，并能对金属管道中的腐蚀和裂纹类缺陷进行检测评估，最小可分辨 ϕ5mm 的单量孔，最小裂纹长度可达到5mm。该技术已在辽河油田、长庆油田、内蒙古巴彦淖尔市特种设备检验所、北京燃气公司和广东省特种设备检测研究院等得到实际应用。

弱磁无损检测技术可用于埋深为 0.5～3.5m 的不同管径热力管道的泄漏检测，能够高效地辨别地下热力管道的泄漏点，已在北京、无锡和呼和浩特等地进行应用，成功定位泄漏点，经开挖验证，定位结果与实际泄漏位置相符。

对于带包覆层管道，弱磁无损检测技术能够检测管道包覆层和管道本体，可有效地探测出5mm宽的裂纹型缺陷。该技术已在陕西某化工厂、信义光伏产业(芜湖)控股有限公司进行现场验证，取得较好的检测效果。

对于火车轮，弱磁无损检测技术已实现对踏面和轮缘的全方位实时检测，可有效探测出0.1mm的裂纹及ϕ1mm的夹杂，并实现缺陷的可视化。在中国铁道科学研究院的现场检测中，成功测得3处超声检测未能发现的微小夹杂，并得到验证。

弱磁无损检测技术对锅炉管内氧化皮堵塞情况及管内氧化皮质量的检测也是可行的。目前，对氧化皮堵塞度的检测误差控制在10%以内，已在浙江台州华能玉环电厂得到实际应用。另外，还可对锅炉管本体的缺陷进行检测，如腐蚀、裂纹等。

此外，弱磁无损检测技术在检测非铁磁性材料方面也取得了良好进展，如铝合金、镍铜合金、晶体硅和有机玻璃等。

综上可知，弱磁无损检测技术在许多应用领域已取得了良好的经济效益，并将得到更大的推广。

1.3　弱磁无损检测技术的发展趋势

为了更好地适应现场环境的检测，目前弱磁无损检测设备已完成了从固定式、移动式到便携式的转变，正朝着小型化、多功能化和智能化等方向发展，或将融入其他检测技术进行进一步的开发。弱磁无损检测技术的发展可归纳为以下几点。

1. 检测探头的优化设计

探头是检测设备的关键，如何通过探头参数的优化设计来满足不同应用领域的检测是一个很重要的发展方向。如今，虽然已根据不同被检工件研究出不同的弱磁无损检测探头，如适用于火车轮轮辋检测的阵列式探头、埋地管道检测的三通道磁通门传感器等，但仍然有必要加快适用于各种应用场合的高性能新式传感器的研制工作，发展无损检测智能传感器。

2. 检测设备的智能化

为进一步提高弱磁无损检测结果的可靠性以及检测设备的自动化程度，需要加快发展数字化、智能化的检测仪器。新型电子元器件的使用使得弱磁检测设备小型化成为可能，利用最新的电子技术和计算机技术来改进磁场采集的相关电路，研发多信息融合的检测设备，可实现检测设备的智能化。

3. 磁屏蔽技术

若检测环境中存在强烈的磁场干扰，则会对检测探头采集的磁信号产生很大的影响，进而影响检测结果的可靠性。因此，可结合现场实际情况，设计有效的磁屏蔽装置，以保障检测的可靠性和准确性。

4. 缺陷参数的评判

快速评定管道内部缺陷的埋深，区分管道包覆层缺陷及管体内部腐蚀，确定缺陷的大小、类型和方向等参数发生改变时其磁性的变化规律，预测工件的使用寿命等，这些方面还有很大的发展空间。

5. 动态跟踪检测

随着信息融合和网络化技术的发展，在不久的将来人们可以实现大型设备的动态跟踪检测，即实时获取所检对象的相关数据。将多种无损检测与评价融合应用，利用计算机的强大数据处理能力，可鉴别检测出缺陷的真伪，预估在役设备或重要部件的使用寿命。

1.4　本书的主要内容

本书第 1 章介绍弱磁无损检测技术的特点及发展趋势；第 2 章介绍弱磁无损检测的基本理论，阐述处于地磁场中的任何物体都会被磁化，以及磁信号异常产生的原因及缺陷判别方法；第 3 章介绍弱磁检测仪器的研制思路，重点介绍测磁传感器的核心技术与原理；第 4 章介绍铁磁性金属材料弱磁无损检测的若干案例，包括对连续油管、埋地管道、带包覆层管道、火车轮和地下储气井的检测必要性及检测案例分析；第 5 章介绍非铁磁性金属材料弱磁无损检测的若干案例，包括对奥氏体不锈钢油管、奥氏体锅炉管氧化皮堵塞、铝合金、发动机涡轮盘和镍铜合金棒材的检测必要性及检测案例分析；第 6 章介绍非金属材料弱磁无损检测的若干案例，包括晶体硅和碳纤维增强复合材料的检测必要性及检测案例分析；附录中给出了特殊材料的磁化曲线及磁化率，以及风电叶片的检测结果。

1.5　本 章 小 结

弱磁无损检测技术是在天然地磁场的环境下进行检测的，不需要外加激励源，测磁传感器具有体积小、灵敏度高等特点。弱磁无损检测按被检材料可分为金属材料的检测和非金属材料的检测，按检测方式可以分为接触式检测方式和非接触式检测方式。弱磁无损检测检出率受提离效应、工件磁导率、工件形状、表面状态、缺陷大小、缺陷位置、探头测磁精度、检测环境及磁信号处理和磁性特征提取算法等因素的影响。目前，弱磁无损检测技术在很多方面已经得到很好的应用，获得了良好的经济效益，并将得到更大的推广。

参 考 文 献

[1] Hu B, Yu R Q, Zou H C. Magnetic non-destructive testing method for thin-plate aluminum alloys[J]. NDT & E International, 2012, 47(2): 66-69.
[2] 赵龙灿，孟永乐，于润桥，等. 非开挖热力管道磁-温梯度差检测技术研究[J]. 暖通空调, 2017, 47(4):109-112.
[3] 饶晓龙，孟永乐，宋日生，等. 金属埋地管道被动式弱磁检测技术研究[J]. 失效分析与预防, 2016, 11(2):72-76.
[4] 于润桥，徐伟津，胡博，等. 带包覆层管道腐蚀缺陷的微磁检测技术[J]. 失效分析与预防, 2013, 8(6):337-340.
[5] Yu R Q, Hu B, Zou H C. Magnetic detection technology for tiny flaws in FSW of aluminium alloy[J]. Science & Technology of Welding & Joining, 2013, 17(7):534-538.
[6] 肖楠，于润桥，王焱祥，等. 检测方向对对接焊缝弱磁检测的影响研究[J]. 无损探伤, 2017, (2):5-8.
[7] 吉雷. 不锈钢锅炉管氧化皮堵塞检测系统研制[D]. 南昌：南昌航空大学, 2015.
[8] 庞智辉，于润桥，胡诚，等. 微磁检测在火车轮轮对检测中的应用研究[J]. 失效分析与预防, 2017, 12(2):94-100.

第 2 章　弱磁无损检测的基本理论

弱磁无损检测是在天然地磁场环境下进行的，属于恒定磁场的范畴。由于不额外施加激励，采集的磁场信号较弱。磁化特性不同的物质，在地磁场中会表现出不同的磁异常特征。本章主要介绍地磁场的结构特点、满足的控制方程、物质的磁性和磁化特点，以及用于磁信号特征分析的相关理论和方法等。

2.1　地磁场结构特点

地磁场是一个矢量场，是空间位置和时间的函数。要描述地磁场的空间分布特点，一般采用如图 2.1 所示的观测点之间的坐标系，以观测点为坐标原点 O，x 轴指向地理北，y 轴指向地理东，z 轴垂直向下并指向地心。在坐标系中，矢量 $\boldsymbol{T}$ 在水平面的投影与 x 轴的夹角，即 $\boldsymbol{T}$ 的方位角，称为磁偏角，记为 D，地磁场东偏为正。矢量 $\boldsymbol{T}$ 的倾角，称为磁倾角，记为 Q，磁场下倾为正。矢量 $\boldsymbol{T}$ 在坐标系的 xOy 水平面上及沿各坐标轴的投影 H、X、Y 和 Z 分别称为水平分量、北分量、东分量和垂直分量。磁偏角 D、磁倾角 Q、总磁场强度的值 T 及其各个分量，统称为地磁要素，它们随时间而不断发生变化。为确定某一点的地磁场情况，通常需要磁偏角 D、磁倾角 Q 和水平分量 H 三个要素，其余要素可由这三个要素求出，具体关系如下：

$$
\begin{aligned}
&H=\sqrt{X^2+Y^2}\\
&\tan D=\frac{Y}{X}\\
&\sin D=\frac{Y}{H}\\
&\tan Q=\frac{Z}{H}\\
&\sin Q=\frac{Z}{T}\\
&T=\sqrt{H^2+Z^2}=\sqrt{X^2+Y^2+Z^2}
\end{aligned}
\tag{2.1}
$$

地球磁场类似于一磁偏极子或均匀磁化球体的磁场。地球有两个磁极，靠近地理两极。除高纬度地区之外，磁偏角 D 一般都很小，这说明地磁场大致沿南北方向。在两极处，磁倾角 Q 最大，垂直分量 Z 最大，水平分量 $H=0$；在赤道处，磁倾角

Q 最小，垂直分量 Z 趋向于 0，水平分量 H 最大。H 指向磁北，Z 在北半球时向下，在南半球时向上。磁轴和地球旋转轴不重合，夹角约为 11.5°。

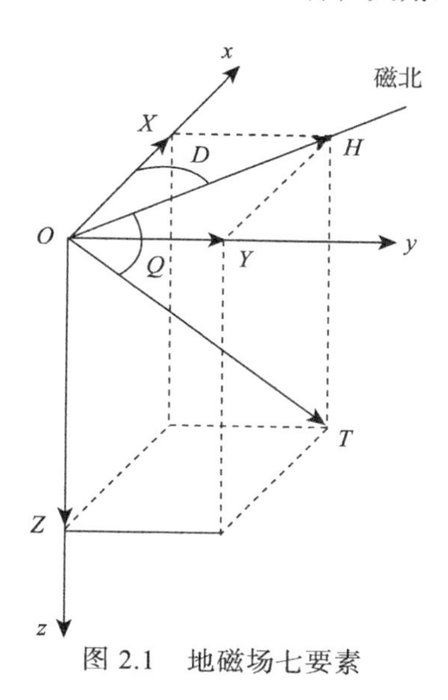

图 2.1　地磁场七要素

地磁场很弱，最大地表磁场强度约为 $6\times10^{-5}\,\text{T}$，但一个长为 2 cm 的标定磁针的磁场强度可达到 $0.1\,\text{T}$。因此，地磁场中习惯采用一个更小的单位——纳特(nT)，$1\text{nT}=10^{-9}\,\text{T}$。最大地表现象涉及的磁场强度范围很大，可以超过 7 个数量级：主磁场的强度为 $10^5\,\text{nT}$ 量级，强的局部磁异常可达 $10^6\,\text{nT}$，地磁场平静太阳日变化的幅度约为 $10^2\,\text{nT}$，扰动变化有时可达 $10^3\,\text{nT}$，地磁脉动的强度一般为 $10^{-2}\sim10^1\,\text{nT}$ [1]。

2.2　电磁场方程组

麦克斯韦总结了安培、法拉第和高斯等有关电磁学说的全部成就，并引入"位移电流"的概念，把电与磁的全部关系归纳成一组以他名字命名的方程，即著名的麦克斯韦方程组。麦克斯韦方程组完整地概括了电磁场的基本规律，建立了完整的电磁场理论基础。地磁场环境下实施的弱磁无损检测，属于电磁场检测范畴，同样适用于麦克斯韦方程组[2]。

麦克斯韦方程组的积分形式描述了某有限区域内(任意闭合曲面或闭合曲线所占空间范围)场与场源(电荷、电流以及变化的电场和磁场)之间的关系。

1. 变化电场和磁场的联系

"位移电流"的提出将安培环路定理的应用推广到非恒定场合，其公式可表示为

$$\oint_l \boldsymbol{H}\cdot \mathrm{d}\boldsymbol{l}=\int_S \boldsymbol{J}\cdot \mathrm{d}\boldsymbol{S}+\int_S \frac{\partial \boldsymbol{D}}{\partial t}\cdot \mathrm{d}\boldsymbol{S} \tag{2.2}$$

式中，$\boldsymbol{H}$ 为磁场强度；$\boldsymbol{J}$ 为传导电流密度；$\frac{\partial \boldsymbol{D}}{\partial t}$ 为位移电流密度，t 为时间。

式(2.2)揭示了传导电流的磁场和变化电场激发磁场的规律。它表明在任何磁场中，磁场强度沿任意闭合曲线的线积分等于穿过以该闭合曲线为边界的任意曲面的传导电流和位移电流之和。

2. 变化磁场和电场的联系

麦克斯韦“位移电流”假说的中心思想是变化电场激发涡旋磁场。在研究了许多电磁现象之后，麦克斯韦又提出了“涡旋电场”的概念，将法拉第电磁感应定律的应用推广到非恒定条件下，其公式可表示为

$$\oint_l \boldsymbol{E}\cdot \mathrm{d}\boldsymbol{l}=-\int_S \frac{\partial \boldsymbol{B}}{\partial t}\cdot \mathrm{d}\boldsymbol{S} \tag{2.3}$$

式中，$\boldsymbol{E}$ 为电场强度；$\boldsymbol{B}$ 为磁感应强度；t 为时间。

式(2.3)揭示了变化磁场激发电场的规律，一般情况下，式中的 $\boldsymbol{E}$ 是电荷的静电场与变化磁场所激发的总场强。这说明在任何电场中，电场强度沿任意闭合曲线的线积分等于穿过以该闭合曲线为边界的任意曲面的磁通量变化率的负值。

3. 电场的高斯定理

对于电场的高斯定理，有

$$\oint_S \boldsymbol{D}\cdot \mathrm{d}\boldsymbol{S}=\sum q \tag{2.4}$$

式中，$\boldsymbol{D}$ 为电位移矢量；q 为电荷量。

麦克斯韦发现在非恒定条件下电场的高斯定理同样适用，即在任何电场中，穿过任意曲面的电位移的通量等于该闭合面所包围的自由电荷的代数和。

4. 磁场的高斯定理

对于磁场的高斯定理，有

$$\oint_S \boldsymbol{B}\cdot \mathrm{d}\boldsymbol{S}=0 \tag{2.5}$$

式中，$\boldsymbol{B}$ 为磁感应强度。

麦克斯韦对此加以推广，认为高斯定理可用于非恒定条件下，即在任何磁场中穿过任意曲面的磁通量总是等于 0。

式(2.2)～式(2.5)就称为麦克斯韦方程组的积分形式。麦克斯韦方程组以积分形式联系各点的电磁场量和电荷、电流之间的依存关系，并不能直接表示某一点上的电磁场量和该点电荷、电流之间的相互联系。但通过数学变化，可以得到麦克斯韦方程组的微分形式，它给出了电磁场中逐点电荷、电流和电场、磁场场量之间的相

互依存关系。麦克斯韦方程组的微分形式如下：

$$\nabla\times\boldsymbol{H}=\boldsymbol{J}+\frac{\partial\boldsymbol{D}}{\partial t} \tag{2.6}$$

$$\nabla\times\boldsymbol{E}=-\frac{\partial\boldsymbol{B}}{\partial t} \tag{2.7}$$

$$\nabla\cdot\boldsymbol{D}=\rho \tag{2.8}$$

$$\nabla\cdot\boldsymbol{B}=0 \tag{2.9}$$

式中，ρ 为自由电荷体密度。

通常所说的麦克斯韦方程组，大多是指它的微分形式。在应用麦克斯韦方程组解决实际问题时，常常要设计电磁场和物质的相互作用。

当有介质存在时，麦克斯韦方程组尚不够完备，因此需补充描述介质特性的方程。对于各向同性的线性介质，其场矢量存在以下关系：

$$\boldsymbol{D}=\varepsilon\boldsymbol{E} \tag{2.10}$$

$$\boldsymbol{B}=\mu\boldsymbol{H} \tag{2.11}$$

$$\boldsymbol{J}=\sigma\boldsymbol{E} \tag{2.12}$$

式中，ε 为介电常数；μ 为磁导率；σ 为电导率。

式(2.10)～式(2.12)又称为介质的本构方程，表征介质宏观电磁特性的本构关系。

麦克斯韦方程组含有 5 个矢量($\boldsymbol{E}$、$\boldsymbol{D}$、$\boldsymbol{H}$、$\boldsymbol{B}$、$\boldsymbol{J}$)和 1 个标量(ρ)，每个矢量含有 3 个标量，因此共有 16 个标量作为方程组的变量。在这些标量所满足的麦克斯韦方程组中，矢量方程(2.6)和(2.7)各自可分解成 3 个标量方程，方程(2.8)和(2.9)本身就是标量方程，因此麦克斯韦方程组共有 8 个标量方程，且其中有 7 个是独立方程，再加上本构方程分解出的 9 个独立标量方程，就可以准确地求解 16 个未知标量了。在求解场矢量时，本构方程是必不可少的，因此也称为麦克斯韦方程组的辅助方程。

在实际问题中往往存在两种不同介质的分界面，要在这种情况下求解电磁场问题，必须知道在两种不同介质分界面上电磁场量的关系。电磁场矢量 $\boldsymbol{E}$、$\boldsymbol{D}$、$\boldsymbol{B}$、$\boldsymbol{H}$ 在不同介质分界面上各自满足的关系称为电磁场的边界条件。

在不同介质分界面上，介质的本征参数 ε、μ、σ 发生突变，某些场分量也随之发生突变，使得麦克斯韦方程组的微分形式失去意义。因此，一般将麦克斯韦方程组的积分形式应用于分界面上的闭曲面或闭曲线，导出边界条件，麦克斯韦方程组加边界条件即可求解出电磁场的唯一解。

2.3　物质的磁性

不同类物质在外加磁场中的磁学表现取决于其内部的结构。任何物质都是由分子或原子构成的，它们所包含的每一个电子都同时参与了两种运动：一种是电子绕原子核的轨道运动；另一种是电子的自旋。物质的磁性就是因电子的这些运动而产生的。

电子绕原子核的轨道运动如图 2.2(a)所示。设电荷量为 $-e$ ，运动速度为恒定值 v ，电子运行的轨道半径为 r ，则其运行周期为 $T=\dfrac{2\pi r}{v}$ 。电子围绕原子核做圆周运动，形成了一个电流强度为 I 的微小电流环：

$$I=-\frac{e}{T}=-\frac{ev}{2\pi r} \tag{2.13}$$

相应的轨道磁矩 $\boldsymbol{m}_0$ 的幅值为

$$m_0=-\frac{ev}{2\pi r}\pi r^2=-\frac{evr}{2}=-\frac{e}{2m_{\mathrm{e}}}L_{\mathrm{e}} \tag{2.14}$$

式中， $L_{\mathrm{e}}=m_{\mathrm{e}}vr$ 为电子的角动量； m_{e} 为电子的质量。

根据量子物理学，轨道角动量是量子化的，即 L_{e} 是 $\hbar$ 的整数倍， $\hbar=\dfrac{h}{2\pi}$ ，其中 $\hbar$ 是约化普朗克常量， h 是普朗克常量。因此，有 $L_{\mathrm{e}}=0,\hbar,2\hbar,\cdots$ 。可见，电子围绕原子核运动的轨道磁矩的最小非零负值为

$$m_0=-\frac{e\hbar}{2m_{\mathrm{e}}} \tag{2.15}$$

电子除绕轨道旋转产生轨道磁矩 $\boldsymbol{m}_0$ 外，还绕自身轴线自旋产生自旋磁矩 $\boldsymbol{m}_{\mathrm{s}}$ ，如图 2.2(b)所示。由量子理论可知， $\boldsymbol{m}_{\mathrm{s}}$ 的幅值为

$$m_{\mathrm{s}}=-\frac{e\hbar}{2m_{\mathrm{e}}} \tag{2.16}$$

它与轨道磁矩的最小值非零负值相等。若原子具有偶数个电子，则其电子通常是成对的，成对的电子自旋方向相反，因此每对电子的自旋磁矩相互抵消。如果原子的电子数为奇数，则该原子存在一个未配对的电子，因此具有非零的自旋磁矩。

原子中所有电子的轨道磁矩、自旋磁矩以及原子核自旋磁矩的矢量和构成了原子的总磁矩，原子核自旋磁矩很小，一般忽略不计。由于不同的原子具有不同的磁矩，当这些原子组成不同的物质时，物质表现出不同的磁性。通常在无外加磁场时，大多数物质的原子排布是随机取向、无序的，物体本身的轨道磁矩和自旋磁矩之和为 0，因此物体对外一般不显磁性。但在外磁场 $\boldsymbol{B}_0$ 作用下，分子或原子与每个电子相联系的磁矩都受到磁力矩的作用，由于电子以一定的角动量做高速转动，这时每个电子除了要保持以上两种运动外，还要进行以外磁场方向为轴向的转动，称为电子的进动，如图 2.3 所示。电子的进动也相当于一个圆电流，电子带负电，这种等效圆电流磁矩的方向永远与 $\boldsymbol{B}_0$ 的方向相反。原子或分子中各电子由进动产生的磁

效应的总和也可用一个等效的分子电流的磁矩来表示，由进动产生的等效电流的磁矩称为附加磁矩，用 $\Delta \boldsymbol{m}$ 表示。

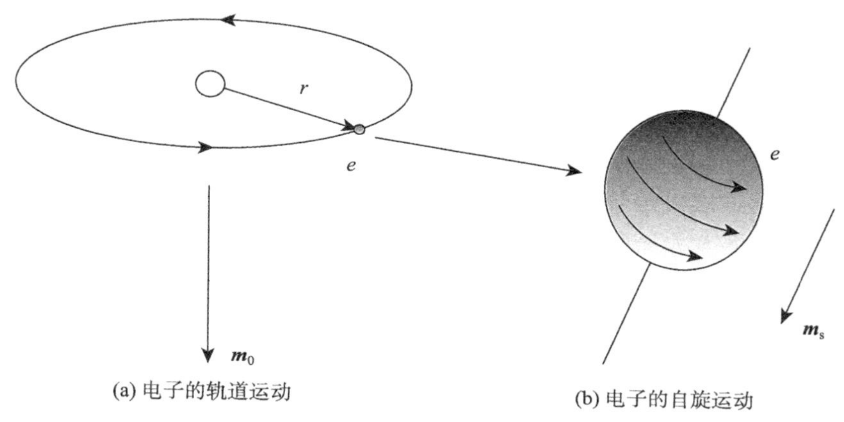

(a) 电子的轨道运动　　(b) 电子的自旋运动

图 2.2　电子的两种运动

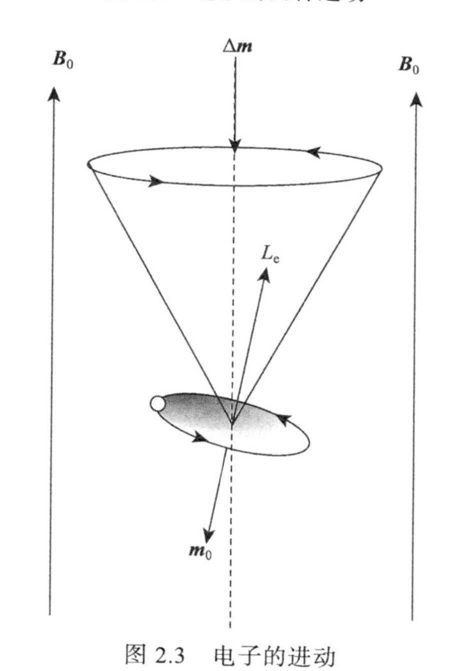

图 2.3　电子的进动

2.4　磁　　化

如果磁场中有物质存在，则由于磁场和物质之间的相互作用，物质的分子状态将发生变化，从而改变原来的磁场分布。物质在磁场中受磁场的作用而表现出一定的磁性，这种现象称为磁化[3]。这种在磁场作用下内部状态发生变化并反过来影响磁场分布的物质称为磁介质。任何物质在磁场作用下都或多或少地发生磁化并反过来影响原来的磁场，因此任何物质都是磁介质。

2.4.1 磁介质的分类

不同物质对磁场的影响也互不相同。设真空中原来磁场的磁感应强度为 $\boldsymbol{B}_0$，引入磁介质后，磁介质因磁化而产生附加磁场，其磁感应强度为 $\boldsymbol{B}'$，则磁介质中总的磁感应强度 $\boldsymbol{B}$ 为矢量 $\boldsymbol{B}_0$ 和 $\boldsymbol{B}'$ 的和，即

$$\boldsymbol{B} = \boldsymbol{B}_0 + \boldsymbol{B}' \tag{2.17}$$

由于磁介质具有不同的磁化特性，磁介质被磁化后所激发的附加磁场也有所不同。根据物质磁化后对磁场的影响，可以把磁介质分为三类。

(1) 顺磁质：顺磁性材料被磁化后，磁介质中的磁感应强度 $\boldsymbol{B}$ 稍大于 $\boldsymbol{B}_0$，即 $\boldsymbol{B} > \boldsymbol{B}_0$，顺磁质产生的附加磁场 $\boldsymbol{B}'$ 与 $\boldsymbol{B}_0$ 同向。铝、铬、锰和钛等都属于顺磁性物质，能被磁体轻微吸引。

(2) 抗磁质：抗磁性材料被磁化后，磁介质中的磁感应强度 $\boldsymbol{B}$ 稍小于 $\boldsymbol{B}_0$，即 $\boldsymbol{B} < \boldsymbol{B}_0$，抗磁质产生的附加磁场 $\boldsymbol{B}'$ 与 $\boldsymbol{B}_0$ 反向。铜、硫、氯、银、金和铅等都属于抗磁性物质。所有抗磁质和绝大多数顺磁质有一个共同点，就是它们所激发的附加磁场 $\boldsymbol{B}'$ 极其微弱，$\boldsymbol{B}$ 和 $\boldsymbol{B}_0$ 相差很小，能被磁体轻微排斥。

(3) 铁磁质：铁磁性材料被磁化后，磁介质中的磁感应强度 $\boldsymbol{B}$ 远大于 $\boldsymbol{B}_0$，即 $\boldsymbol{B} \gg \boldsymbol{B}_0$，铁磁质产生的附加磁场 $\boldsymbol{B}'$ 与 $\boldsymbol{B}_0$ 同向。铁、镍、钴及它们的合金以及铁氧体等都属于铁磁性物质，能被磁体强烈吸引。

2.4.2 磁化率与磁导率

为表征磁介质磁化的程度，这里引入一个宏观物理量，称为磁化强度。在被磁化后的磁介质中，任一体积 V 内所有的轨道磁矩、自旋磁矩及附加磁矩的矢量和与该体积的比值，即单位体积内分子磁矩的矢量和，称为磁化强度[4]，用 $\boldsymbol{M}$ 表示，其大小表示为

$$M = \frac{\sum m_0}{V} \tag{2.18}$$

式中，m_0 为磁矩的幅值；$\sum m_0$ 为一定体积内所有自旋、轨道及附加磁矩之和。

磁介质的磁化是由外磁场引起的。对于各向同性的磁介质，磁化强度 $\boldsymbol{M}$ 和外加磁场强度 $\boldsymbol{H}$ 之间的关系为

$$\boldsymbol{M} = \chi_{\mathrm{m}} \boldsymbol{H} \tag{2.19}$$

式中，χ_{m} 为物质的磁化率。不同磁介质的磁化率是不同的。抗磁质的磁化率为负

值；顺磁质的磁化率为正值，但很小；铁磁质的磁化率为正值，且其值很大，远大于 1。

磁场强度 $\boldsymbol{H}$ 和磁感应强度 $\boldsymbol{B}$ 均为表征磁场强弱和方向的物理量。真空中，磁场强度与磁感应强度之间的关系为

$$\boldsymbol{H} = \frac{\boldsymbol{B}}{\mu_0} \tag{2.20}$$

式中，μ_0 为真空磁导率，其大小为 $4\pi\times10^{-7}$ H/m。

当磁场 $\boldsymbol{H}$ 中存在磁介质时，磁介质因磁化而产生附加磁场 $\boldsymbol{H}'$，其大小为 $\boldsymbol{H}' = \boldsymbol{M}$。附加磁场与原来磁场叠加后产生另一个磁场，叠加后磁场的总磁感应强度为 $\boldsymbol{B}$，则原磁场 $\boldsymbol{H}$ 与 $\boldsymbol{B}$ 之间的关系为

$$\boldsymbol{H} = \frac{\boldsymbol{B}}{\mu_0} - \boldsymbol{M} \tag{2.21}$$

或

$$\boldsymbol{B} = \mu_0\boldsymbol{H} + \mu_0\boldsymbol{M} \tag{2.22}$$

代入式(2.19)，有

$$\boldsymbol{B} = \mu_0(1+\chi_{\mathrm{m}})\boldsymbol{H} \tag{2.23}$$

通常令 $\mu_{\mathrm{r}} = 1+\chi_{\mathrm{m}}$，则有

$$\boldsymbol{B} = \mu_0\mu_{\mathrm{r}}\boldsymbol{H} = \mu\boldsymbol{H} \tag{2.24}$$

式中，$\mu = \mu_0\mu_{\mathrm{r}}$ 为介质的磁导率，单位为 H/m；μ_{r} 为相对磁导率，无量纲。不同磁介质的相对磁导率是不同的，抗磁质的相对磁导率 $\mu_{\mathrm{r}}<1$，顺磁质的相对磁导率 $\mu_{\mathrm{r}}>1$，铁磁质的相对磁导率 $\mu_{\mathrm{r}}\gg1$。

由式(2.23)和式(2.24)可知，磁介质的磁化率与磁导率之间的关系为

$$\mu = \mu_0(1+\chi_{\mathrm{m}}) \tag{2.25}$$

2.4.3　抗磁性物质的磁化

由 2.3 节可知，原子的磁矩为电子轨道磁矩与自旋磁矩的总和。在抗磁性物质的原子中，电子总是成对存在的，其自旋磁矩两两抵消，轨道磁矩也两两抵消，在没有外加磁场时，原子总磁矩为 0，因此抗磁性物质不显示宏观磁性。

当有外磁场存在时，电子绕核运动的轨道平面往外磁场方向进动，且其轨道角动量进动的方向在任何情况下都是沿着磁场方向的，与电子轨道运动的方向无关，并在外加磁场中以相同的加速度进动，产生附加磁矩，不管电子原有磁矩方向如何，进动产生的附加磁矩总是与外磁场方向相反，从而使磁介质获得与外磁场相反的磁化，这就是抗磁性的起源。抗磁性既然源于外磁场对轨道运动作用的结果，那么应该在任何原子或分子的结构中都会产生，因此它是所有磁介质共有的性质。抗磁性

物质的磁性很弱，其磁化率一般为10^{-6}～10^{-4}，且磁化过程是可逆的。

2.4.4 顺磁性物质的磁化

在顺磁性物质中，原子含有不成对的电子，电子磁矩不能完全抵消，即每个原子都具有固定磁矩。在没有磁场时，由于分子的无规则热运动，介质中原子磁矩的排列杂乱无章，对任何一个体积元来说，每个原子磁矩的矢量和为零，所以对外界不显示宏观磁效应。当有外磁场作用时，各原子固有磁矩受外磁场力矩的作用沿区域外磁场方向排列，使整个磁介质获得与外磁场方向相同的磁化，这就是顺磁性的起源。

顺磁性物质受到外磁场的作用后，其内部原子也会产生抗磁性，但通常情况下，产生的附加磁矩要比原子磁矩小得多，因此这些磁介质主要显示出顺磁性。顺磁性物质的磁性较弱，其磁化率一般为10^{-5}～10^{-3}，磁化过程也是可逆的。

2.4.5 铁磁性物质的磁化

铁磁性物质和顺磁性物质一样，原子固有磁矩为零，但是铁磁质的磁化不能用一般顺磁质的磁化理论来解释。下面将重点介绍铁磁性物质的磁化机理[5]。

1. *磁畴*

在铁磁性物质中，原子磁矩主要来于电子的自旋磁矩，这些磁矩的方向不是随意的，而是趋于一定的优势方向。由于原子之间存在非常强的交换耦合作用，原子固有磁矩在小范围内自发地沿某个方向排列，形成一个个小的自发磁化区，这些自发磁化的微小区域称为磁畴，其尺度为微米到毫米量级，磁畴壁的厚度约为0.01μm。在没有外磁场作用时，介质中不同磁矩的方向是不同的，因此未被磁化的铁磁体一般不显示宏观磁性，如图2.4(a)所示。

在外磁场的作用下，自发磁化磁矩与外磁场成小角度的磁畴通过畴壁的移动扩大尺寸，这些磁畴的体积不断扩大，而自发磁化磁矩与外磁场成较大角度的磁畴体积逐渐减小。随着外磁场的不断增强，与外磁场成较大角度的磁畴全部消失，留存的磁畴向外磁场的方向旋转。当外磁场增加到一定强度时，所有磁畴的磁矩方向完全转向外磁场方向，此时磁化达到饱和，如图2.4(b)所示。

与抗磁性物质和顺磁性物质相比，铁磁性物质具有一系列特殊的性质。在外磁场中，它们获得的磁化强度不与外磁场强度成正比，当外磁场增大时，磁化强度会达到饱和；此后，当外磁场逐渐减小时，已经被磁化的铁磁性物质内的各个磁畴由于受到阻碍它们转向的摩擦阻力，不能逆着原来的磁化规律恢复到磁化前的状态，形成磁滞现象；当外磁场减小至0时，铁磁性物质内部仍留有部分磁性，如图2.4(c)所示。可见，铁磁性物质的磁化是不可逆的。

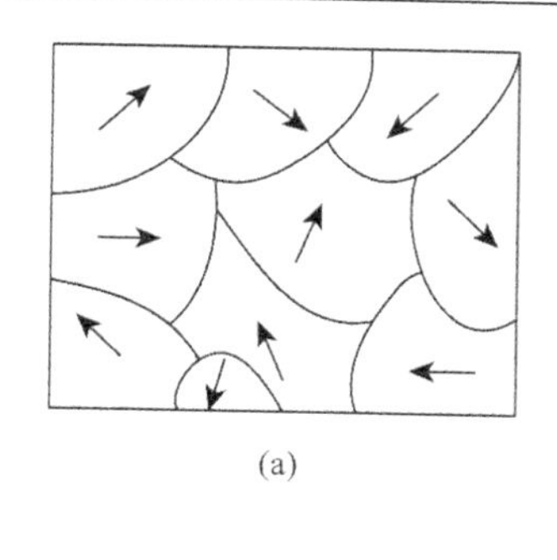

(a)

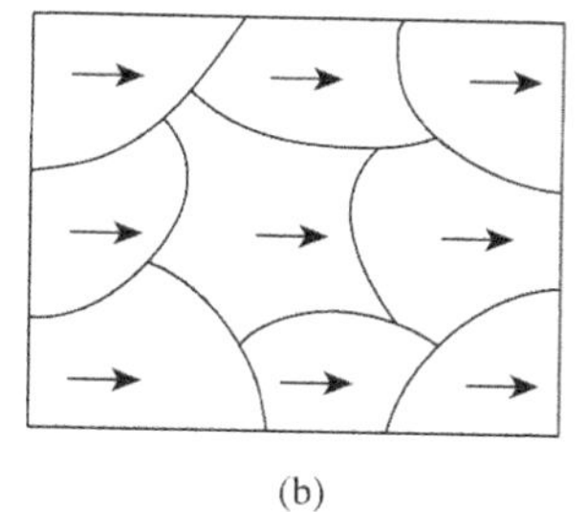

(b)

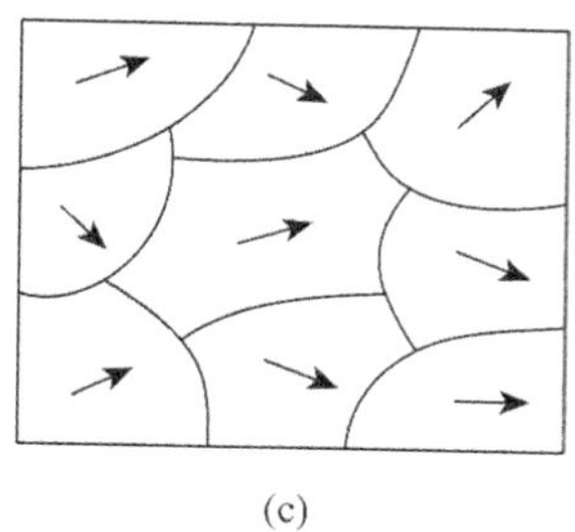

(c)

图 2.4　铁磁性物质的磁畴方向

磁畴的形成是原子中电子自旋磁矩的自发有序排列，可根据铁磁性物质的磁畴观点来解释高温退磁作用。在高温情况下，铁磁性物质的分子热运动会瓦解磁畴内磁矩的有序排列；当温度达到临界温度时，磁畴全部被破坏，铁磁性物质也就转变为普通的顺磁性物质，实现了材料的退磁。铁磁性物质在此温度以上不能再被外加磁场磁化，铁磁性物质失去原有磁性的临界温度称为居里点或者居里温度。当从居里温度以上的高温冷却下来时，只要没有外磁场的影响，磁质仍处于退磁状态。

2. 磁化的基本过程

在外磁场的作用下，磁畴结构从磁中性状态到饱和状态的过程，称为磁化过程。初始磁化曲线是表征铁磁性物质磁特性的曲线，用以表示 $\boldsymbol{M}$与$\boldsymbol{H}$ 的量化关系，如图 2.5 所示。

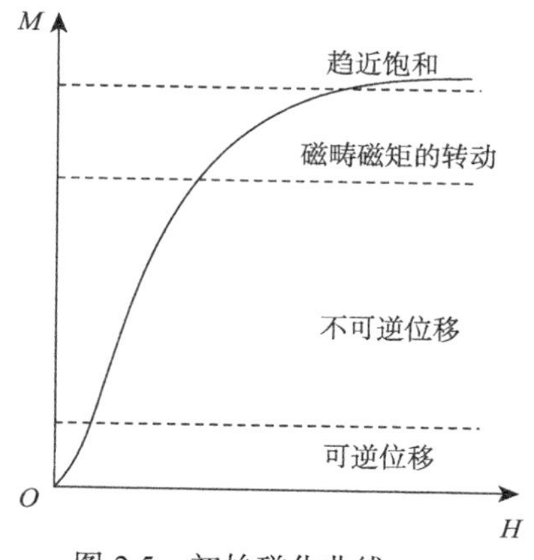

图 2.5　初始磁化曲线

磁化过程大致分为以下四个阶段。

第一个阶段：可逆位移。在外磁场较小时，畴壁的移动使某些磁畴的体积扩大，造成物质的磁化。图 2.5 中磁化曲线的起始部分，就是畴壁的位移阶段。这时如果把外磁场去掉，畴壁又会回到原地，这样整个物质回到磁中性状态。可见，畴壁在这个阶段的移动是可逆的。

第二个阶段：不可逆位移。随着外磁场的增大，磁化曲线上升很快，样品的磁化强度急剧增加，这是因为畴壁的移动是跳跃式的，或者磁畴结果的突然改组。前者称为巴克豪森跳变，后者称为磁场结构的突变，这两个过程都是不可逆的。也就是说，即使外磁场降到原来的数值，磁畴壁的位置或者磁畴的结构也回不到原来的状态。

第三个阶段：磁畴磁矩的转动。随着外磁场的进一步增加，样品内的畴壁移动已经基本完毕，只有靠磁畴磁矩的转动才能使磁化强度增加。也就是说，磁畴磁矩的方向又远离外磁场的方向，逐渐向外磁场方向靠近，使得外磁场方向的磁化强度增强。磁畴磁矩的转动，既可以是可逆的，也可以是不可逆的。一般情况下，两种过程(可逆或者不可逆)同时发生在这个阶段。

第四个阶段：趋近饱和。这一阶段的特点是尽管外磁场的增加很大，磁化强度的增加却很小。磁化强度的增加都是由磁畴磁矩的可逆转动造成的。

从磁畴结构变化的角度来看，磁化过程的四个阶段又可归纳为两种基本方式：磁畴壁的移动和磁畴磁矩的转动。任何铁磁性物质的磁化，都是通过这两种方式实现的，而这两种方式的先后次序需视具体情况而定。例如，在磁化的第一个阶段中，对大多数的铁磁性物质，主要是磁畴壁的可逆位移，但是在有些磁导率不高的铁氧体中，则主要是磁畴磁矩的可逆转动。

3. *磁滞回线*

当铁磁性物质经外磁场的磁化达到磁饱和之后，若外磁场逐渐减小，已经被磁化的铁磁质内的各个磁畴会受到阻碍它们转向的摩擦阻力，不能逆着原来的磁化规律恢复到磁化前的状态而形成磁滞现象。描述磁滞现象的闭合磁化曲线如图 2.6 所示。图中的 0—1 曲线为初始磁化曲线，当外加磁场强度的值增加至 H_m 时，磁感应强度达到饱和值，B_m 不再增加。若将磁场强度减小至 0，此时磁感应强度并不沿原来的磁化曲线恢复到原来状态，而是沿着曲线 1—2 减小，这种磁感应强度的变化滞后于磁场强度变化的现象称为磁滞现象，简称磁滞。将外加磁场减小到 0 时的磁感应强度称为剩余磁感应强度，其值为 B_r，简称剩磁。只有在反向再加大小为 H_c 的外磁场后磁感应强度才能逐渐恢复到 0，通常将所施加的外磁场称为矫顽力，此时的铁磁体处于退磁状态。如果反向磁场强度继续增加，铁磁性物质中的磁感应强度也变成反向，开始反向磁化，当反向磁场的值增加到 $-H_m$ 时，铁磁体达到反向磁化饱和点，如磁滞曲线中的 3—4 段。铁磁体从一个方向上的磁化饱和状态变为反向磁化饱和状态的过程称为反磁化过程，即 1—2—3—4 过程。此后，随着磁场强度的值从反向的 H_m 减小到 0 再正向增大，再进行反向退磁，退磁曲线沿 4—5—6 进行，之后随着磁场强度值的增加，沿曲线 6—1 充磁，直到正向磁化饱和点，完成一个循环，这个循环过程所形成的闭合曲线就是磁滞回线，即图中 1—2—3—4—5—6—1 形成的闭合曲线。图 2.6 中，饱和磁感应强度的值 $-B_m$，表示铁磁体在饱和磁场强度 $-H_m$ 磁化下磁感应强度达到饱和，不再随磁场强度的增大而增大，对于磁畴，其全部转向与磁场方向一致；α 为初始磁化曲线在坐标原点处的切线与坐标系横轴之间的夹角，故

$$\alpha = \arctan\frac{B}{H} \tag{2.26}$$

式中，B 为磁感应强度的大小；H 为磁场强度的大小；α 的大小反映了铁磁性物质被磁化的难易程度。

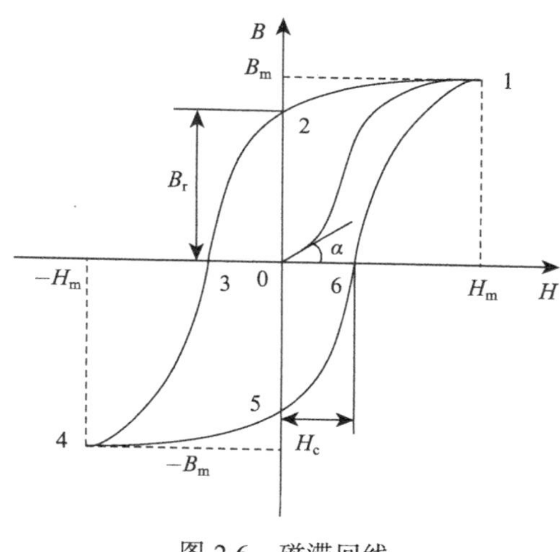

图 2.6　磁滞回线

根据磁滞回线的不同，可将铁磁性物质分为软磁材料和硬磁材料两大类。

1) 软磁材料

软磁材料的矫顽力小，数值小于 100A/m，其磁滞回线呈细长条形状，且具有高磁导率和低磁阻等特性。软磁材料容易被磁化，也容易退磁，适用于交变磁场，可用来制造变压器、继电器、电磁铁和电机等的磁芯等。表 2.1 列出了几种常用软磁材料的性能参量。

当铁磁性物质在交变磁场的作用下反复磁化时，磁体内原子的状态不断改变，分子振动加剧导致磁体发热，温度升高，损耗了磁化电流的能量。这种在反复磁化过程中能量的损失称为磁滞损耗。磁滞回线所包围的面积越大，磁滞损耗也就越大，这是十分有害的。软磁材料的磁滞回线细长，面积很小，如图 2.7(a) 所示。因此，软磁材料磁滞损耗也较小，适合作为各种高频电磁元件的铁芯。

表 2.1　金属软磁材料

材料名称	成分	μ_r最大值	B_m/T	H_c / (A/m)	用途
工程纯铁	99.9%铁	5000	2.15	100	直流继电器、电磁铁铁芯
硅钢	96%铁、4%硅	700	1.97	50	大型电磁铁、变压器
坡莫合金	78%铁、22%镍	100000	1.07	5	强磁场线圈的铁芯
超坡莫合金	49%铁、49%钴、2%钒	66000	2.4	26	小型电磁铁、继电器铁芯

2) 硬磁材料

硬磁材料的矫顽力大，数值大于100A/m，且具有低磁导率、高剩磁和高磁阻等特性，难以被磁化，也难以退磁。由于硬磁材料的磁滞特性显著，其磁滞回线形状肥大，如图 2.7(b) 所示，磁滞损耗也比较大，不适合用于交变磁场。但硬磁材料磁化后留有很强的剩磁且不易消除，因此适合用于制成永久磁铁，例如，常见的耳机、磁电式电表、永磁扬声器和小型直流电机中的永久磁铁等都是用硬磁材料做成的。表 2.2 列出了几种常见的金属硬磁材料的成分和参数。

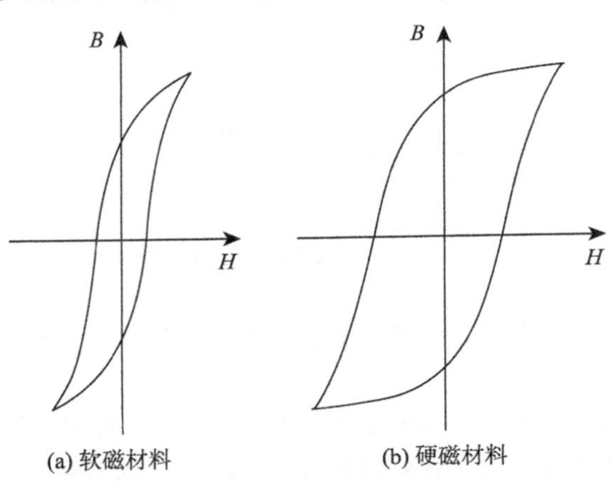

图 2.7　不同材料的磁滞回线

表 2.2　金属硬磁材料

材料名称	成分	B_m / T	H_c / (A/m)
碳钢	0.9%碳、99.1%铁	1	5000
钨钢	6%钨、0.7%碳、0.3%锰、93%铁	1.05	6500
铝镍钴第五号	8%铝、14%镍、24%钴、3%铜、51%铁	1.27	60000

3. 退磁曲线和磁能积

当外加磁场减小至 0 后，磁性材料中仍然留有一定的剩磁，若要完全去除剩余的磁感应强度，就必须加一个反向磁场，当反向磁场数值达到 H_c 时，铁磁性物质才能完全退磁，即达到磁感应强度数值为零的状态。通常把剩磁状态到完全退磁状态的这段曲线 2—3 称为退磁曲线，如图 2.8 所示。

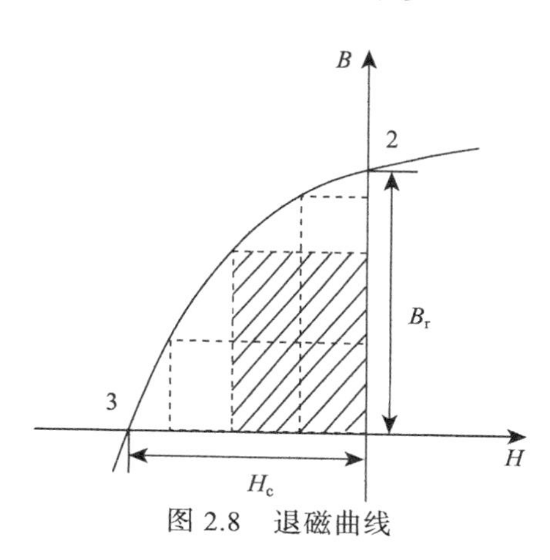

图 2.8　退磁曲线

由电磁场理论可知，在磁场中的磁场能量体密度为 $\omega_m = BH/2$，退磁曲线上任何一点所对应的 B 和 H 的乘积称为磁能积。磁能积是衡量磁性材料所储存能量大小的重要参数之一，标志着磁性材料在该点上单位体积内所具有的能量。图 2.8 中，BH 的值正比于图中斜线矩形的面积，退磁曲线上的每个点都对应一个矩形面积，其中矩形面积最大的点即最大磁能积点。最大磁能积点用 $(BH)_m$ 表示，指材料在磁化后保留磁能量的大小，即剩磁的大小。$(BH)_m$ 的数值越大，表明保留在材料中的磁能越多。

2.5　磁　　路

若分界面两侧介质的相对磁导率相差很大，如铁磁材料和空气等，那么当磁感应线自铁(μ_{r2})到空气(μ_{r1})时，假设磁感应线在铁中的入射角为 α_2，在空气中的折射角为 α_1，根据磁场折射规律，分界面两侧的磁感应强度的方向满足

$$\frac{\tan\alpha_2}{\tan\alpha_1} = \frac{\mu_2}{\mu_1} = \frac{\mu_{r2}}{\mu_{r1}} \tag{2.27}$$

由于两种介质的相对磁导率相差悬殊，$\mu_{r1} \approx 1$，而 μ_{r2} 可达数千甚至数十万，因而除了 $\alpha_1 = \alpha_2 = 0$ 这种特殊情况外，一般总有 $\alpha_1 \ll \alpha_2$，且通常是 $\alpha_2 \approx 90°$，$\alpha_1 \approx 0°$。这

样，铁磁性物质内的磁感应线几乎与分界面平行，且非常密集，μ_{r2}越大，α_2越接近于90°，磁感应线就越接近于与铁介质表面平行，从而泄漏到铁介质外面的磁通也就越小，即铁磁性物质的内部磁感应强度远大于外部磁感应强度，如图2.9所示。这种磁感应线的分布特征可以形象地比喻为“磁感应线沿铁走”。

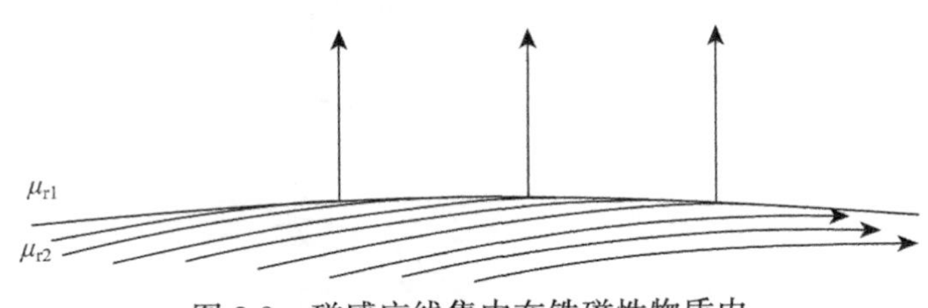

图2.9 磁感应线集中在铁磁性物质内

利用上述铁磁质与非铁磁质分界面处磁场分布的特征，如果铁磁性物质为闭合或者基本闭合状，磁感应线就会基本上聚集在铁芯内部，这一情况与电流几乎全部集中在导体内部的情况相似。电流流经的区域称为电路，故把能使磁通集中通过的区域称为磁路。

2.6 弱磁无损检测的磁异常特征

弱磁无损检测的基本原理是利用母材与缺陷处相对磁导率差异产生的微弱磁异常特征来进行缺陷的识别和检测。在弱磁无损检测中，所测的磁场信号包括正常地磁场(正常磁场)和磁异常(异常磁场)两部分，正常磁场与异常磁场是相辅相成的。异常磁场的检测建立在正常磁场的基础上，即异常磁场以正常磁场作为基准，若磁场的变化不符合正常磁场的规律，则判断该磁场为异常磁场。因此，研究异常磁场的变化规律对于弱磁检测是至关重要的。具体的磁异常特征，根据被检材料的磁特性和缺陷性质的不同而有不同的表现。

1. 铁磁性材料和顺磁性材料的磁异常特征

将被检试件置于地磁场中，若材料的材质是连续、均匀的铁磁性物质或顺磁性物质，则磁感应线被约束在材料中；但当材料中存在不连续缺陷时，材料的组织状态变化会使磁导率发生变化，在材料中的不连续缺陷处会发生磁异常。若材料本身的相对磁导率大于材料中不连续缺陷处的相对磁导率，则在缺陷附近的局部区域中磁阻将增加，原因是磁阻与相对磁导率成反比。因此，通过材料的磁力线发生弯曲，绕过缺陷而从其附近的材料中通过。

当缺陷位于试件内部时，若缺陷内介质的相对磁导率小于试件本体的相对磁导率，缺陷会排斥磁力线，试件表面的磁感应强度将变大，采集到的磁感应强度曲线表现出向上凸起的磁异常。若缺陷内介质的相对磁导率大于试件本体的相对磁导率，缺陷会吸引磁力线，试件表面的磁感应强度将变小，采集到的磁感应强度曲线表现出向下凸起的磁异常。检测原理示意图如图 2.10 所示。

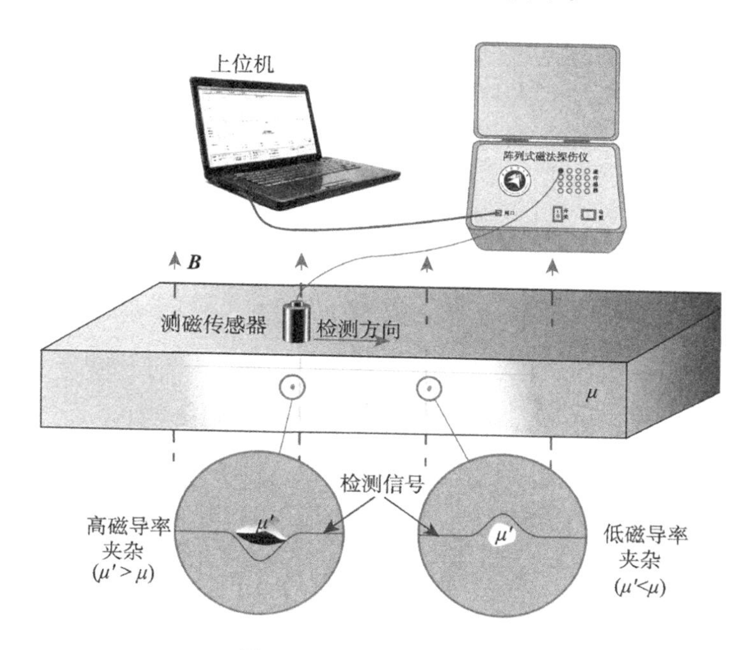

图 2.10　检测原理示意图

当缺陷位于试件表面时，若缺陷内介质的相对磁导率小于试件本体的相对磁导率，裂纹缺陷会排斥磁力线，试件表面的磁感应强度将变小，采集到的磁感应强度曲线表现出向下凸起的磁异常；若缺陷内夹杂了铁磁性介质，其相对磁导率远大于试件本体的相对磁导率，裂纹缺陷会吸引磁力线，试件表面的磁感应强度将变大，采集到的磁感应强度曲线表现出向上凸起的磁异常。

铁磁质材料的磁异常特征与顺磁质材料一致，但异常的幅值变化更加显著。

2. 抗磁性材料的磁异常特征

由抗磁性材料的特性可知，随着外加磁场的增大，磁感应强度逐渐减小。将被检试件置于地磁场中，当缺陷位于试件内部时，若缺陷内介质的相对磁导率小于试件本体的相对磁导率，缺陷会排斥磁力线，试件表面的磁感应强度将变大，采集到的磁感应强度曲线表现出向上凸起的磁异常；若缺陷内介质的相对磁导率大于试件本体的相对磁导率，缺陷会吸引磁力线，试件表面的磁感应强度将变小，采集到的磁感应强度曲线表现出向下凸起的磁异常。当缺陷位于试件表面时，磁异常特征与上述相反。

2.7 磁化测试和相对磁导率的计算

判断一种材料是否适用于弱磁无损检测的主要依据是材料的相对磁导率参数。对于已知相对磁导率的材料或者铁磁性材料，不需要额外进行磁化测试，而对于不明磁性的特种材料、顺磁性材料和抗磁性材料，在检测前应该进行磁化测试，以得到不同外加磁场下的磁化率参数。磁化率是表征磁介质属性的物理量，可看成通过材料的磁场衰减系数。磁化率加上 1 就是相对磁导率。明确计算出材料的相对磁导率，可用以判断该材料是否适用于弱磁无损检测方法，并对缺陷产生的磁异常特征进行定性分析[6]。

相对磁导率的计算方法如下：

$$\boldsymbol{M}_{\mathrm{v}} = \chi_{\mathrm{m}} \boldsymbol{H} \tag{2.28}$$

$$\boldsymbol{M}_{\mathrm{v}} = \frac{\boldsymbol{M}_{\mathrm{m}}}{V} = \frac{\boldsymbol{M}_{\mathrm{m}}}{\frac{m}{p}} = \frac{\boldsymbol{M}_{\mathrm{m}} p}{m} \tag{2.29}$$

$$\chi_{\mathrm{m}} = \frac{\boldsymbol{M}_{\mathrm{m}} p}{m \boldsymbol{H}} \tag{2.30}$$

$$\mu_{\mathrm{r}} = \frac{\mu}{\mu_0} = 1 + \chi_{\mathrm{m}} \tag{2.31}$$

式中，$\boldsymbol{M}_{\mathrm{v}}$ 为材料的体积磁矩；χ_{m} 为材料的磁化率；$\boldsymbol{H}$ 为磁化磁场强度；$\boldsymbol{M}_{\mathrm{m}}$ 为材料的质量磁矩；V 为材料的体积；m 为材料的质量；p 为材料的密度；μ 为材料的磁导率；μ_0 为真空磁导率；μ_{r} 为材料的相对磁导率。

利用 SQUID-VSM 磁学测量系统进行磁化测试，得到几种非铁磁性材料的磁化曲线及磁化率的换算曲线，详见附录 A。经计算得到的相对磁导率参数如表 2.3 所示。

表 2.3 几种非铁磁性材料的相对磁导率参数

材料名称	相对磁导率取值范围
铝合金(2024)	1.00005～1.0002
高温合金(GH4169)	1.0235～1.0265
碳纤维复合材料	1.0005～1.001
玻璃纤维复合材料	1.0007～1.0015
多晶硅	0.9999985～0.9999995
304 不锈钢	1.08～1.35

2.8 缺陷识别

2.8.1 基于统计原理的缺陷识别方法

弱磁无损检测采集的原始数据是试件表面的磁感应强度数值，需要对采集到的磁感应强度数据进行差分处理。由于在实际检测过程中存在着随机干扰信号，对各通道的检测信号进行差分处理后得到的差分信号并不是恒定不变的，而是随着某个值上下波动，该信号服从正态分布，根据数理统计的原理可知，随机信号强度在$[u-Z\Phi,u+Z\Phi]$区间时，其概率为

$$P(\xi)=P(u-Z\Phi<\xi<u+Z\Phi)=\int_{u-Z\Phi}^{u+Z\Phi}y\mathrm{d}x \tag{2.32}$$

式中，$P(x)=\left(\Phi\sqrt{2\pi}\right)^{-1}\mathrm{e}^{1/(2\Phi^2)}(x-u)^2$，以差分信号的平均值 u 为期望，Φ 为方差。

假设差分处理后随机信号的概率为 90%，对照正态分布表，则 Z 的值约为 1.65。以 ξ 的极大极小值为阈值，认为随机信号出现在阈值线之外的可能性很小。磁异常对应的是超出阈值线的极大值与极小值之间的区域。因此，可以根据差分信号是否超出阈值线，来进一步辅助对缺陷做出判断。

2.8.2 视磁化率的计算

可测量通过试件的地磁场强度的变化来计算视磁化率，进而利用视磁化率的变化进行成像。根据能量衰减公式$\boldsymbol{W}=\boldsymbol{W}_0\mathrm{e}^{-\alpha d}$，$\boldsymbol{W}_0$为外加能量强度，$\boldsymbol{W}$ 为外加能量穿过一定厚度试件后的能量强度，α 为材料的衰减系数，d 为试件厚度，可推导出地磁场作用下的磁场强度衰减公式 $\boldsymbol{H}\propto\boldsymbol{H}_0\mathrm{e}^{-\chi d}$，$\boldsymbol{H}_0$ 为地磁场强度，$\boldsymbol{H}$ 为地磁场穿过一定厚度试件后的磁场强度。由于 $\boldsymbol{B}=\mu_{\mathrm{r}}\boldsymbol{H}$，$\mu_{\mathrm{r}}$ 为相对磁导率，可知 $\boldsymbol{B}\propto\boldsymbol{B}_0\mathrm{e}^{-\chi d}$，$\boldsymbol{B}_0$ 为地磁场的磁感应强度，$\boldsymbol{B}$ 为地磁场穿过一定厚度试件后的磁感应强度。设比例系数为 K，则 $\boldsymbol{B}\propto\boldsymbol{B}_0\mathrm{e}^{-\chi d}$ 可写成 $\boldsymbol{B}=K\boldsymbol{B}_0\mathrm{e}^{-\chi d}$，将比例系数 K 放到指数部分，用常数 K_1 表示，则 $\boldsymbol{B}=\boldsymbol{B}_0\mathrm{e}^{-K_1\chi d}$，其中 $K_1\chi$ 为试件的衰减系数，即视磁化率。把函数 e^x (设 x 为自变量)按幂级数公式展开，可知当 $|x|<<1$ 时，$\mathrm{e}^x\approx1+x$，因此当 $|-K_1\chi d|\ll1$ 时，$\mathrm{e}^{-K_1\chi d}\approx1-K_1\chi d$，则视磁化率可近似用式(2.32)计算得到：

$$K_1\chi\approx(\boldsymbol{B}_0-\boldsymbol{B})/(\boldsymbol{B}_0 d) \tag{2.33}$$

若采用阵列式传感器进行检测，有 m 个传感器，每个传感器所测的数据有 n 个测点，每个测点对应 1 个视磁化率，那么一组数据中所有的视磁化率就组成一个 $m\times n$ 的矩阵。由于每个传感器之间存在一定的空隙，可采用线性插值的方式来消

除传感器之间空隙的影响，经过处理后，视磁化率 χ_r 的矩阵形式变为

$$\boldsymbol{\chi}_\mathrm{r} = \begin{bmatrix} \chi_{\mathrm{r}11} & \cdots & \chi_{\mathrm{r}1n} \\ \vdots & & \vdots \\ \chi_{\mathrm{r}m1} & \cdots & \chi_{\mathrm{r}mn} \end{bmatrix} \tag{2.34}$$

函数矩阵的每一个元素对应一个视磁化率。通过视磁化率函数矩阵表达出缺陷图像，可实现缺陷的二维成像。

2.9 本 章 小 结

地磁场是静态磁场，满足静磁场的麦克斯韦方程组。如果在磁场中放入一物质，不论是什么，都会使物质所占空间的磁场发生变化，称为磁化。抗磁性物质在被磁化时磁场略有减小，顺磁性物质在被磁化时磁场略有增强，铁磁性物质在被磁化时磁场显著增强。利用这些特性，可得到弱磁无损检测的磁异常特征。进一步，可通过磁化测试和相对磁导率的计算来判断材料是否适用于弱磁无损检测，并利用数学方法对缺陷进行识别和成像。

参 考 文 献

[1] 徐文耀. 地磁学[M]. 北京：地震出版社, 2003.
[2] 张胜业，潘玉玲. 应用地球物理学原理[M]. 武汉：中国地质大学出版社, 2004.
[3] 刘天佑. 地球物理勘探概论[M]. 北京：地质出版社, 2007.
[4] 仲维畅. 铁磁性物质在地磁场中的静置磁化和退磁[J]. 无损检测, 2009, 31(6):451-452.
[5] Stohr J, Siegmann H C. 磁学：从基础知识到纳米尺度超快动力学[M]. 姬扬，译. 北京：高等教育出版社, 2012.
[6] 任吉林，林俊明. 电磁无损检测[M]. 北京：科学出版社, 2008.

第 3 章　弱磁无损检测仪器

为了能够将弱磁无损检测技术应用于实际的检测中，一些检测仪器相继被研究开发出来，以适用于不同领域。弱磁无损检测仪器的基本系统组成如图 3.1 所示。首先由测磁传感器采集磁感应强度信号并传送给信号采集处理单元，然后处理单元将磁信号处理后通过以太网与工控机通信，最后利用工控机上的上位机控制软件对数据进行处理，通过成像算法呈现缺陷图像，以供检测人员分析、判断和处理。本章主要介绍测磁传感器的设计原理、相关匹配电路和数据通信协议。

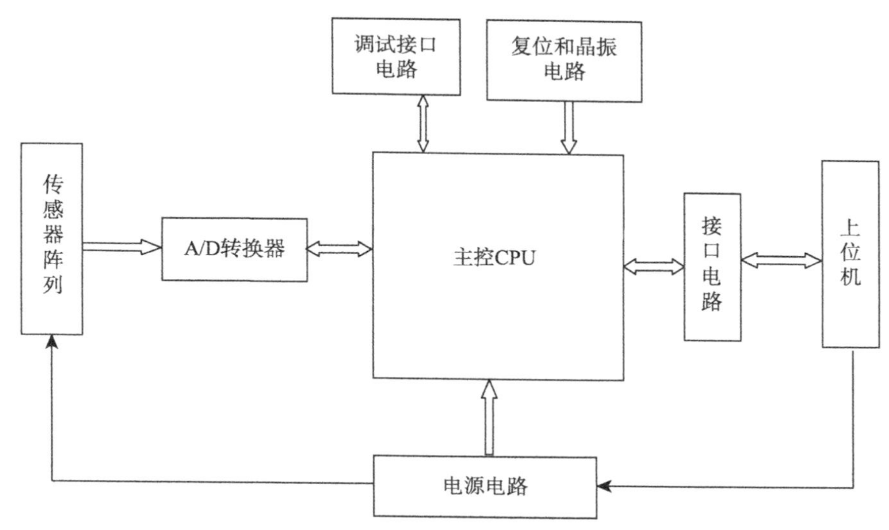

图 3.1　弱磁无损检测仪器系统框图

3.1　测磁传感器

3.1.1　工作原理

测磁传感器采用磁通门原理进行工作[1,2]，磁通门传感器以软磁材料为敏感元件，不需要外加偏置，噪声很低，对于直流磁场或低频交流磁场的测量效果较好，测量范围为 10^{-10}～10^{-3}T。基本磁通门传感器是一个磁芯由软磁材料构成的检测线圈，其简化模型如图 3.2 所示。

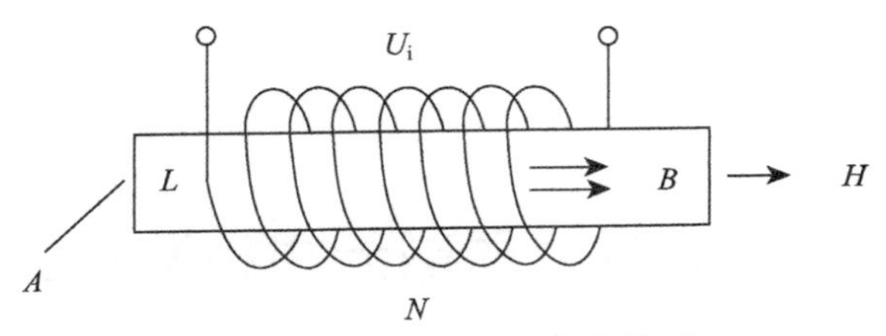

图 3.2　磁通门传感器简化模型

下面介绍传感器的工作原理，所述磁感应强度和磁场强度均为场量的数值。假定磁芯的磁化性质如图 3.3(a)所示，即

$$B=\begin{cases}-B_s, & H<-H_s \\ \mu_r H, & -H_s\leqslant H\leqslant H_s \\ B_s, & H>H_s\end{cases} \tag{3.1}$$

式中，μ_r 为磁芯的相对磁导率；B_s 为磁芯的饱和磁感应强度值；H_s 为与 B_s 对应的磁场强度值，$H_s=B_s/\mu_d$，μ_d 为饱和磁导率。

假定外加激励源是一个周期性的对称三角波，如图 3.3(b)所示，即

$$H_{ex}=\begin{cases}H_m\left(1-\dfrac{2\omega t}{\pi}\right), & 0\leqslant\omega t<\pi \\ -H_m\left[1+\dfrac{2(\omega t-\pi)}{\pi}\right], & \pi\leqslant\omega t<2\pi\end{cases} \tag{3.2}$$

式中，H_m 为激励源的最大值，$H_m>H_s$，完全能够将磁芯激励到深度饱和。

假定被检测磁场是恒定磁场，其大小为 H_a，且方向与磁芯的轴线相同。磁通门的磁芯在激励磁场 H_{ex} 和被测磁场 H_a 的共同作用下，其相对磁导率 μ_r 和磁感应强度值 B 都将发生周期性的变化，并在检测线圈的两端形成周期性的感应电压 U_i。磁感应强度值 B 和相对磁导率 μ_r 的变化规律分别如图 3.3(c)和图 3.3(d)所示，图 3.3(e)所示为检测线圈感应电压 U_i 的波形。其中，实线是被测磁场 H_a 为零时的情形，虚线是 H_a 不为零时的情形。由图可知，当 $H_a=0$ 时，三条曲线的波形在时间轴上的分布是均匀的；当 $H_a\neq 0$ 时，该波形分布的均匀性会产生变化。

根据电磁感应定律，可知线圈中的感应电压为

$$U_i=-NA\frac{\mathrm{d}B(t)}{\mathrm{d}t} \tag{3.3}$$

式中，N 为检测线圈匝数；A 为磁芯的横截面积。

磁芯中磁感应强度的变化规律为

$$B(\omega t)=\begin{cases}B_s, & 0\leqslant \omega t<\dfrac{\pi}{2}-\theta+\delta\\ \dfrac{B_s}{\theta}\left[\left(\dfrac{\pi}{2}+\delta\right)-\omega t\right], & \dfrac{\pi}{2}-\theta+\delta\leqslant \omega t<\dfrac{\pi}{2}+\theta+\delta\\ -B_s, & \dfrac{\pi}{2}+\theta+\delta\leqslant \omega t<\dfrac{3\pi}{2}-\theta-\delta\\ \dfrac{B}{\theta}\left[\left(\dfrac{\pi}{2}-\delta\right)+(\omega t-\pi)\right], & \dfrac{3\pi}{2}-\theta-\delta\leqslant \omega t<\dfrac{3\pi}{2}+\theta-\delta\\ B_s, & \dfrac{3\pi}{2}+\theta-\delta\leqslant \omega t<2\pi\end{cases} \tag{3.4}$$

式中，θ 为磁感应饱和角，即 $\theta=\dfrac{\pi H_s}{2H_m}$；$\delta$ 为被测磁场 H_a 的相移，即 $\delta=\dfrac{\pi H_a}{2H_m}$。

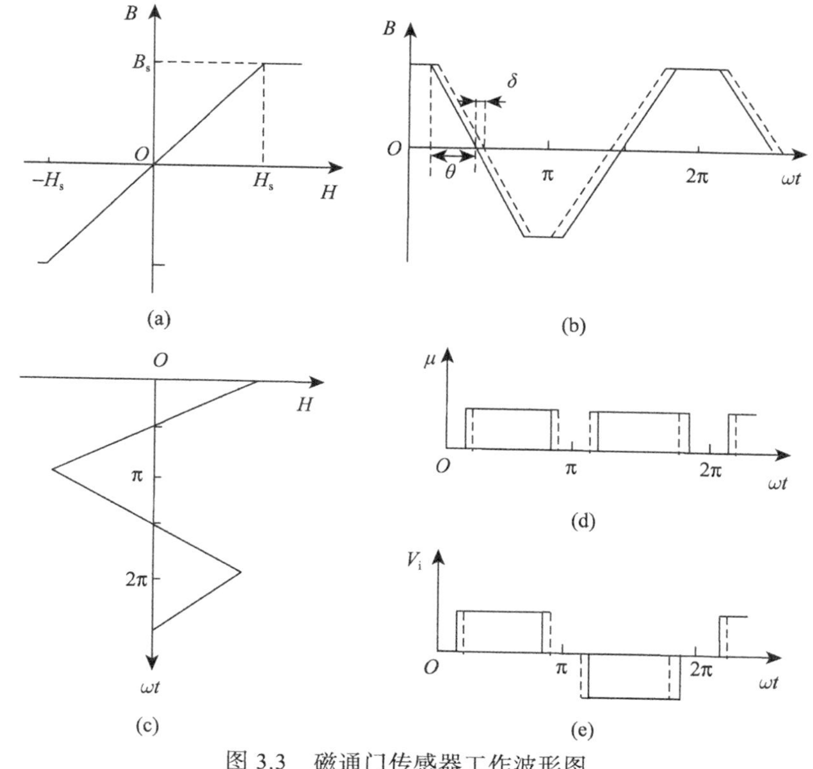

图 3.3　磁通门传感器工作波形图

为分析磁感应强度的频率成分，将 $B(\omega t)$ 展开成傅里叶级数，则有

$$B(\omega t)=a_0+\sum_{n=1}^{\infty}a_n\cos(n\omega t)\mathrm{d}(\omega t) \tag{3.5}$$

式中，

$$a_n = \frac{2}{\pi}\int_0^{\pi} B(\omega t)\cos(n\omega t)\mathrm{d}(\omega t) \tag{3.6}$$

计算可得

$$a_n = \frac{8\mu_{\mathrm{r}}H_{\mathrm{m}}}{n^2\pi^2}\sin(n\theta)\sin\left[n\frac{\pi}{2}\left(1+\frac{H_{\mathrm{a}}}{H_{\mathrm{m}}}\right)\right] \tag{3.7}$$

由此得

$$\frac{\mathrm{d}B(t)}{\mathrm{d}t} = \sum_{n=1}^{\infty}\frac{16f\mu_{\mathrm{r}}H_{\mathrm{m}}}{n\pi}\sin(n\theta)\sin\left[n\frac{\pi}{2}\left(1+\frac{H_{\mathrm{a}}}{H_{\mathrm{m}}}\right)\right]\sin(n\omega t) \tag{3.8}$$

式中，$f=\omega/(2\pi)$。

将式(3.8)代入式(3.3)，可得

$$U_{\mathrm{i}} = -NA\sum_{n=1}^{\infty} b_n\sin(n\omega t) \tag{3.9}$$

$$b_n = \frac{16f\mu_{\mathrm{r}}H_{\mathrm{m}}}{n\pi}\sin(n\theta)\sin\left[n\frac{\pi}{2}\left(1+\frac{H_{\mathrm{a}}}{H_{\mathrm{m}}}\right)\right] \tag{3.10}$$

式中，N为线圈匝数；A为磁芯横截面积；H_{m}为激励磁场的最大值；θ为磁感应饱和角。

式(3.10)是所求感应电压的傅里叶级数。当n为奇数时，$b_n(-H_{\mathrm{a}})=b_n(H_{\mathrm{a}})$；当$n$为偶数时，$b_n(-H_{\mathrm{a}})=-b_n(H_{\mathrm{a}})$。这表明在感应电压中，奇次谐波分量只能反映被测磁场的大小，不能反映被测磁场的方向；而偶次谐波分量能将被测磁场的大小和方向都反映出来。因此，磁通门传感器的结构设计应该最大限度地消除检测线圈感应电压中的奇次谐波，增强偶次谐波。

根据激励磁场与被测磁场的方向关系，可以把常用的磁通门传感器结构分成两大类：平行励磁式和正交励磁式。在平行励磁式结构中，磁通门磁芯的激励磁场与被测磁场方向平行，因此激励磁场自身的周期性变化必然会耦合到检测线圈上，形成很大的零场电压。为了消除激励磁场直接耦合的影响，平行励磁式磁通门大多采用双芯结构或环芯结构来进行磁通抵消或感应电压抵消。双磁芯串联结构平行励磁式磁通门传感器是仪器研制中常采用的传感器结构，如图 3.4 所示。由于两个磁化线

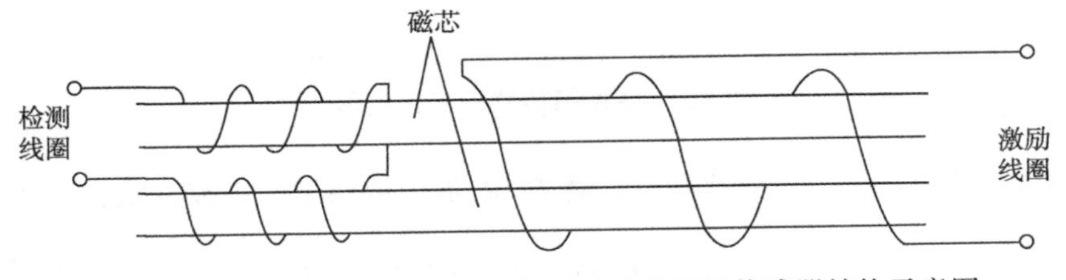

图 3.4　双磁芯串联结构平行励磁式磁通门传感器结构示意图

圈的励磁方向相反，它们在检测线圈中所产生的磁通互相抵消，只有被测磁场和周期性变化的磁芯磁导率引起检测线圈的磁通变化。

3.1.2　磁芯材料的选择和设计

磁芯是磁通门传感器的核心零件，磁通门系统的所有性能均与磁芯的电磁和形状尺寸参数有关。磁芯材料的高磁导率、低矫顽力等特点决定了传感器的优越性能[3]。通常要求磁芯材料的性能指标满足如下几方面要求。

1. 高磁导率

由磁感应强度与磁场强度的关系，能够求出初始相对磁导率和最大相对磁导率，通常情况下，初始相对磁导率高的磁芯材料其微分相对磁导率也较高。磁芯的相对磁导率及其微分形式会对磁通门效应产生重要的影响，它们会影响磁通门传感器输出信号的谐波组成。

2. 低矫顽力

磁感矫顽力是指磁体在反向充磁时，使磁感应强度降为零所需反向磁场强度的值。磁通门传感器通常是在弱磁场下进行测磁的，矫顽力越低的材料，其磁化曲线的拐点越靠近零磁场点，这样才能获得较高的灵敏度和较低的探头剩磁；同样，低矫顽力使得激励磁通门所产生的功率损耗很小。硬磁材料的矫顽力一般较高，软磁材料的矫顽力较低。

3. 低饱和磁场强度

降低饱和磁场强度可以减小激励信号的频率，在实际应用中为了提高磁场灵敏度，希望饱和磁场强度越小越好。

4. 材料噪声小

磁性材料在磁化时因磁畴转动、磁致伸缩等因素而产生噪声，会影响探头的信号输出。材料噪声越小，对弱磁检测越有利。

为了减小磁损耗，常常选择低矫顽力、高磁导率的软磁材料作为磁芯，各种磁芯材料的性能指标如表 3.1 所示[3,4]。

表 3.1　各种磁芯材料的性能指标

材料	饱和磁感应强度/T	相对磁导率	矫顽力/(A/m)	电阻率/(μΩ·cm)
非晶态合金	0.85～1.58	14000～56000	1.4～4.5	132～147
纳米晶合金	1.24～1.70	9000～100000	0.53～12.8	56～80
坡莫合金	0.70	20000	0.8	56
铁氧体	0.50	2500	16.0	—
硅钢	1.97	770	41.0	48

软磁材料可以使铁芯材料所处的磁感应强度在外磁场有微小变化时就会产生显著变化，在感应线圈两端产生明显的感应电动势，因此可以在很大程度上提高传感器的灵敏度。

通过对比各项参数可知，非晶态合金是一种性能较好的软磁材料。非晶态合金是一种内部原子凝在一起，长程无序而短程有序的合金材料。它不但微观构造独特，宏观性质优异，而且磁敏感功能和物理特性多样而明显。非晶态合金的原子排列是无规则的，不同于晶态合金，它具有如下特性：①由结晶的对称性引起的磁各向异性小，故磁致伸缩选择为零，可实现高透磁率、低损耗；非晶态合金本质上不存在磁各向异性，结构上没有结晶缺陷，因此便于磁畴壁移动，容易得到高透磁率；②片薄，电阻率高，涡电流损耗低，即便在高频范围内也能得到较好的磁特性；③因为原子组合无序，所以本质上没有结晶缺陷，具有很好的机械强度和良好的化学特性。根据具体成分，目前应用比较普遍的非晶态合金有三种，即过渡金属-类金属(TM-M)型合金、稀土-过渡金属(RE-TM)型合金和过渡金属-过渡金属(TM-TM)型合金。TM-M 型非晶态合金按基体又可分成 Fe 基、Co 基和 Fe-Ni 基材料。

非晶态合金的技术磁化曲线和晶态合金基本一致，如图 3.5 所示。整个磁化曲线可以分成五个磁化区域：1 为可逆磁化区；2 为瑞利区；3 为不可逆磁化区；4 为趋近饱和区；5 为顺磁区。磁滞回线是描述磁性材料技术磁化特性的另一个更直观、更全面的图形，它是试件对不同频率和方向的外部磁场的反映。非晶态合金的典型磁滞回线如图 3.6 所示。选择钴基非晶态合金 $Co_{68.15}Fe_{4.35}Si_{12.5}B_{15}$ 作为磁芯材料，它是一种高磁导率、低矫顽力的钴基非晶态合金，且热膨胀系数低，不需要进行退火处理，同时用非晶态合金制成的磁芯的空载损耗下降为硅钢片的 80%左右，能有效地减少电能损耗。

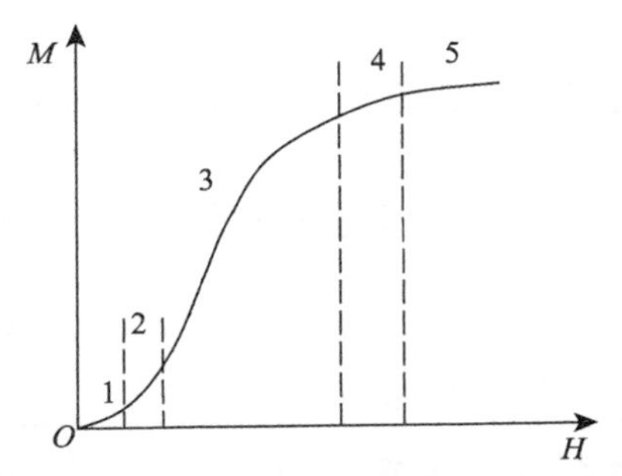

图 3.5　非晶态合金薄带的典型磁化曲线

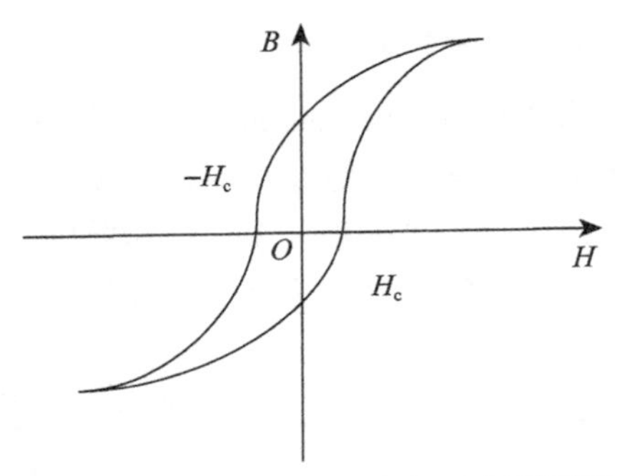

图 3.6　非晶态合金的典型磁滞回线

为了进一步提高传感器性能，可将磁芯设计为跑道形，如图 3.7 所示，用钴基非晶态合金带材绕着骨架形成磁芯结构，使用该磁芯制作的测磁传感器的分辨率可达到 0.1nT。

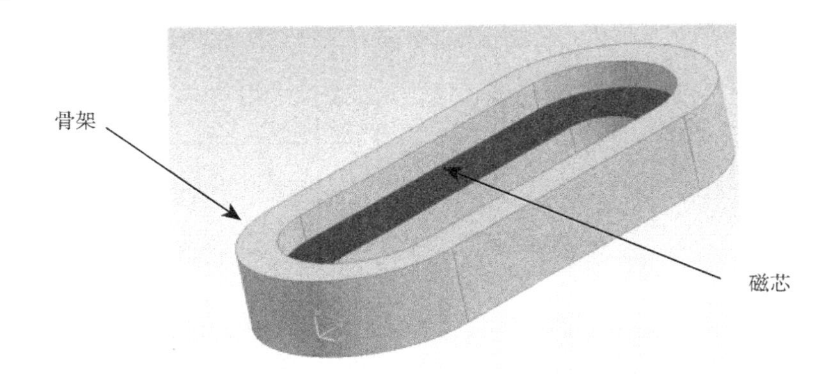

图 3.7　跑道形磁芯示意图

3.1.3　调理电路

测磁传感器信号调理电路由励磁电路和信号处理电路构成，如图 3.8 所示。励磁电路和信号处理电路频率的稳定度、相位稳定度以及电压幅值稳定度等对磁通门信号的稳定性和系统性能有很大的影响。励磁电路主要由波形产生器、分频器和功率放大器等构成。信号处理电路主要由选频放大模块、相敏检波模块、积分滤波模块和反馈环节等构成。传感器检测到的空间磁场强度经以上几个环节后，输出一个与空间磁场强度成比例的电压信号，此信号先由信号采集器采集，然后送到计算机或其他电路进行处理。

上述各模块中，选频放大电路用于选取传感器所采集信号的二次谐波分量，并进行适当放大。设计时要特别注意信号增益的稳定性，其品质因数不能过高，以防出现振荡或增益不稳定的情形。当基准信号和采集信号同相时，能够实现完整的半波整流，谐波分量通过相敏检波调制器的效率最高，如图 3.9 所示。积分滤波电路的作用是滤除一切脉动分量，是电路输出的最终环节。表 3.2 列出了测磁传感器的主要技术参数。

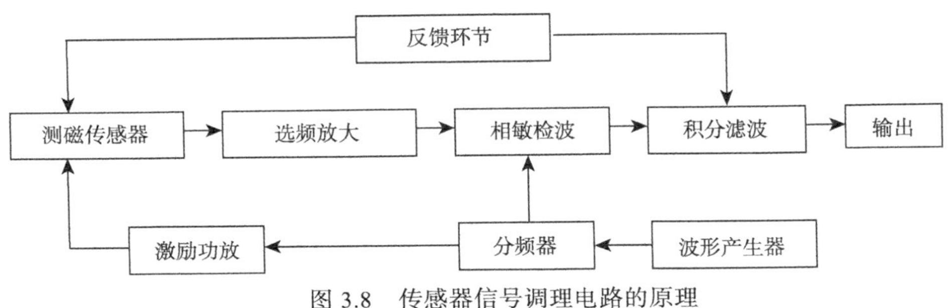

图 3.8　传感器信号调理电路的原理

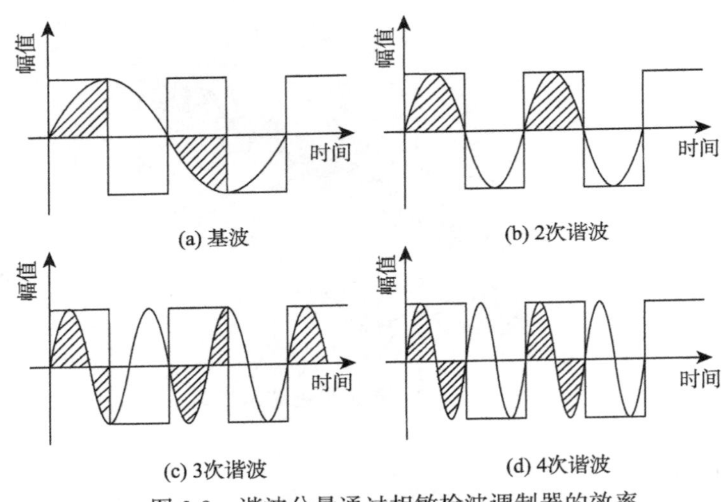

(a) 基波　(b) 2次谐波　(c) 3次谐波　(d) 4次谐波

图 3.9　谐波分量通过相敏检波调制器的效率

表 3.2　测磁传感器的主要技术参数

参数	指标
量程	±200μT
分辨率	0.1nT
零场偏移	±100nT
线性误差	0.0033%
磁滞	＜2nT(接通电源时)
工作电压	12V
工作温度	−40～85°C

3.2　数据通信

3.2.1　处理器和工控机

基于检测系统与弱磁无损检测技术的兼容性和开发的一致性原则，系统的中央处理单元模块选用 LPC2366FBD100 芯片。LPC2366FBD100 芯片是一款性价比高、功能强大的 32bit 的 ARM7 芯片，工作时的最高频率可达 72MHz。该芯片拥有 512KB 的片内 Flash 程序存储器，用于串行接口连接，进行系统编程、应用编程；拥有 32KB 的片内 SRAM 存储器，用于高速缓存。该芯片拥有 70 个 I/O 端口，工作频率可达 18MHz；内置 4 个通用定时器，每个定时器都具有对应的外部计数输入端；配有 32 个向量中断控制器，对应引脚都具有请求终端功能。该芯片可以在−40～85℃环境中工作。

采用触摸式工业平板电脑作为工控机，拥有功能强大的 I/O 接口，易于与其他设备进行通信，I/O 接口包括 RS-232 串行接口、RS-422/485 接口、以太网接口和 USB 接口；可以支持多样化 Windows 平台，如 Windows CE、Windows XP 和 Windows 7 等，本书采用 Windows XP 系统；支持符合 Personal Java 1.2 标准的 JVM 供电；工作主频不低于 1.1GHz，内存不低于 1GB，携带方便。

此外，工控机还支持 CF 卡、工业鼠标本和可拆卸锂电池等。

3.2.2　通信方式的选择

系统采用 RS-232 串口通信和以太网通信两种方式。RS-232 串口通信是一种很常用的通信方式，串口按位发送字节，再按位接收字节，因此可以通过一根线接收数据，用另一根线来发送数据以实现远距离通信。

以太网通信是一种以载波监听多路访问和冲突检测为主要技术的通信方式，其数据传输速率的发展惊人，1980～1990 年为 10Mbit/s，1990～1996 年达到 100Mbit/s，1997 年至今，1000Mbit/s 的速率在广泛运用，将来可达到 10Gbit/s 的速率。采用普通双绞线的最大传输距离为 100m，采用光纤传输可达上千米，千兆以太网和万兆以太网的传输距离则更远。

串口通信可用来修改仪器的 IP 地址等参数，以太网通信可用来进行采集与控制。采集处理模块与工控机控制程序之间的通信协议采用用户数据报协议(user datagram protocol, UDP)[5]，采集处理模块的 IP 地址、网卡号和端口可通过串口查看与修改。工控机和采集处理模块的 IP 地址必须在同一网段上，工控机可使用任意的可用端口。

3.2.3　ID 设置

通过串口设置参数时，工控机和采集处理模块通过 RS-232 直连电缆相连。直连电缆的两端为 D 形 9 孔插头，一公一母。如果工控机没有 RS-232 串口，那么需要用 USB 接口转串口的电缆扩展一个 RS-232 串口，注意扩展得到的 COM 端口可能不是 COM1。工控机端的软件使用 Windows 自带的超级终端(位置：开始/程序/通信/超级终端)。

仪器 IP 地址的设置步骤：插上直连串口线，打开串口调试助手或者超级终端。输入区号，按默认设置进入新建连接页面，输入连接名，任意选择一个图标进入下一步，在打开的对话框中设置串口属性为 9600/8/无/1/无，如图 3.10 所示。

3.2.4　报文编码

工控机控制中心与采集处理模块之间的报文采用 UDP 方式，控制中心软件编写时采用相应编译软件的 UDP 控件，输入目标采集处理模块的 IP 地址与端口，即可连接仪器。双方应答命令有停止、开始、读写标定值等。停止命令是工控机向采集处理模块发送停止采集与数据发送的命令。开始命令是指示采集处理模块按设定采样速率采集所有通道的磁感应强度数据。为了方便用户灵活设置 A/D 的参数，开始命令包含 2 字节的 A/D 参数，工控机与采集处理模块建立连接后，每次开始采集数据时都需要发送 A/D 参数。读写标定值命令是指示采集处理模块按请求命令发送所需的某测磁通道的标定值(如果请求命令标志位为 12，则连续发送 12 次)，把整个机箱内所有通道的标定值发送回来。

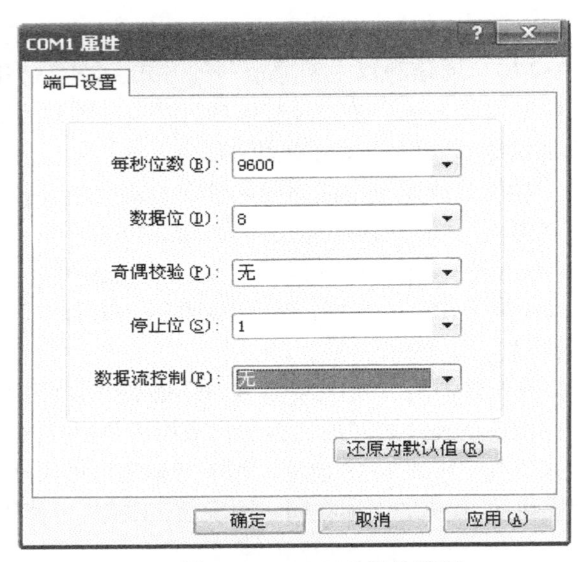

图 3.10　RS-232 属性设置

3.3　本 章 小 结

弱磁无损检测系统的磁信号是由磁通门矢量传感器采集的磁感应强度信号。磁通门传感器以钴基非晶态合金材料为敏感元件，其磁导率高、矫顽力低，不需要外加偏置，噪声很低，对于直流磁场或低频交流磁场的测量效果较好，测量范围为 $10^{-10}\sim10^{-3}$T，将磁芯设计为跑道形，分辨率可达 0.1nT。信号采集处理单元将磁信号处理后通过以太网传输给工控机，通过工控机上编写的上位机控制软件对数据进行显示和处理。

参 考 文 献

[1]　张学孚，陆怡良．磁通门技术[M]．北京：国防工业出版社，1995.
[2]　郭爱煌，傅君眉．磁通门技术及其应用[J]．传感器技术，2000，19(4):1-4.

[3] 陈国钧, 李茂昌, 周元龙. 金属软磁材料及其热处理[M]. 北京: 机械工业出版社, 1986.
[4] 赵英俊, 杨克冲, 杨叔子. 非晶态合金传感器技术与应用[M]. 武汉: 华中理工大学出版社, 1998.
[5] 王继刚, 顾国昌, 徐立峰, 等. 可靠 UDP 数据传输协议的研究与设计[J]. 计算机工程与应用, 2006, 42(15):113-116.

第 4 章　铁磁性金属材料检测

弱磁无损检测技术适用于铁磁性金属材料的检测，可应用的领域和范围较广，本章涉及的几个应用领域均是生产应用中无有效检测技术和设备的案例。针对现场的具体情况，设计开发了相应的检测设备和工装，具体的应用有连续油管在役检测、埋地管道检测、带包覆层管道检测、火车轮检测和地下储气井检测。

4.1　连续油管在役检测

4.1.1　概述

连续油管是一种由若干段长度在百米以上的柔性管通过对焊或斜焊工艺焊接而成的无接头管，长度一般在几千米以上，可以卷绕在卷筒上，拉直后能直接下井作业。最初连续油管由于当时的工业生产技术不完善以及材料本身强度较弱、可靠性较差等，作业故障频繁发生，一般仅用于油气井的生产油管内下入小直径的连续油管，以完成简单的打捞、洗井等作业。自 1980 年以来，基于生产工艺的需要、钢材材质和管材制造技术的改进以及大量新技术的应用，连续油管作业领域不断扩大，除清蜡、酸化、压井、冲洗砂堵、负压射孔、试井、大斜度井电测、打捞以及作为生产油管等常规应用外，还广泛应用于钻井、完井、采油和修井等作业的各个领域，因此也造成了复杂多样的连续油管的失效形式，图 4.1 显示了 2004～2005 年连续油管失效的统计情况。图 4.2 为缺陷对连续油管循环次数的影响，从中可以看出，

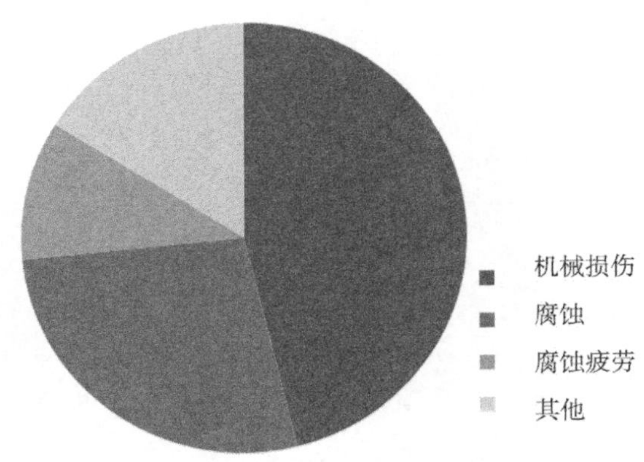

图 4.1　连续油管失效统计图

油管出现缺陷后疲劳循环次数降低。如果提前检查到发生缺陷的区域并采取相应的补救措施，则可以对油管的疲劳寿命进行预测。表 4.1 列出了不同缺陷的产生原因和检测方法。因此，无损检测对连续管的安全应用意义重大。

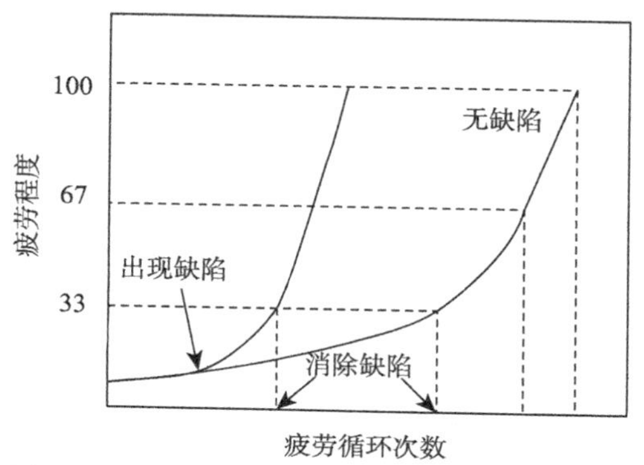

图 4.2　缺陷对连续油管疲劳循环次数的影响

表 4.1　缺陷类型及检测方法对比

缺陷	原因	检测方法
椭圆度	循环运动	涡流检测
鼓泡	压力下循环	涡流检测
内部腐蚀坑	酸性溶液和 CO_2	漏磁检测
外部腐蚀坑	酸性溶液和 CO_2	漏磁检测
横向疲劳裂纹	管壁上一点往复循环	漏磁检测
纵向裂纹	焊缝不完全融合	涡流检测
强度缺失	钢材的结晶转变	涡流检测
注入头割环	连续管在注入头内的旋转	漏磁检测
夹持器印记	压力过大	漏磁检测
内径腐蚀	油管与地层的摩擦	漏磁检测
外径腐蚀	固井、酸化	漏磁检测
缩颈	受力过大	涡流检测

连续油管和连续油管作业机的制造厂商主要集中在美国[1,2]。连续油管检测技术起步较早，目前已成功研制出各种连续油管在役检测装置。现阶段，我国对连续油管的检测仍处于实验室研究阶段，还不能很好地将其应用于现场的在役检测中，而对于连续油管的使用周期也往往是靠现场施工人员的经验来判断。目前，所存在的连续油管的检测系统大多从连续油管制造厂的新管质量检测系统演变而来，可检测腐蚀、椭圆度和裂纹等缺陷，但是现场在线检测技术还不成熟，已有的检测技术只能检测单一的缺陷类型，无法精确地对现场作业的连续油管的安全性进行评价[3]。

4.1.2 连续油管的失效

连续油管在作业中会受轴向载荷、内压和弯曲复杂应力而出现失效，主要形式有两个方面。

1. 椭圆度变化

连续油管的椭圆度发生急剧变化是油管塑性破坏的根本原因[4]。由于连续油管在不作业时始终弯形缠绕在油管滚筒上，在一次下井作业周期中要经过三次弯形到直形、三次直形到弯形的变化过程，油管的管体一直处于弹性变形的状态。连续油管在工作时，管体又经常会受到注入头夹持器的挤压、井壁与防喷器之间的摩擦、管体的内外压力差和轴向载荷等的作用，这些因素都会使连续油管的截面发生椭圆化的趋势。当椭圆度变化达到极限值时，油管的抗挤毁能力将大大降低，管体在通过注入头和防喷器时也会受到阻碍，从而影响密封。

2. 腐蚀

连续油管输送的液体对管体的腐蚀比较严重，主要有岩屑的冲蚀、连续油管在井内屈曲与井壁的磨蚀、内部剩余的水和大气的腐蚀、凹陷和裂缝的腐蚀、海蚀、环境破裂、鼓泡、硫化物应力开裂(sulfide stress corrosion cracking, SSCC)、应力腐蚀开裂(stress corrosion cracking, SCC)和表面微裂缝。连续油管上的一些表面缺陷，如划痕、砂眼和凹坑等，也容易造成油管被卡断、拉断、皱折和瘪胀等问题。此外，还存在小孔、部分开裂的焊缝、低物理性能和材料不合格等制造缺陷。

为了确保连续油管的安全使用，必须对现场作业的连续油管的椭圆度、腐蚀和裂纹等缺陷进行实时监控，一旦其管壁厚度达到规定的极限、椭圆度超过一定数值或发现油管表面存在缺陷，应立即停止使用，避免因连续油管断裂而发生事故。

4.1.3 连续油管在役检测方法

连续油管作业技术已经在多种井下作业领域得到广泛应用，在役缺陷检测对于保证连续油管的安全运行意义重大。将弱磁无损检测技术引入连续油管管体的缺陷检测，并融合电涡流检测，可实现连续油管椭圆度的测量。常见的连续油管缺陷包括椭圆度变化、管体缺陷，其检测设备包括探伤仪器和检测探头，而探头性能的好坏与探伤灵敏度及可靠性密切相关。连续油管检测时油管一直处于运动状态，因此要求检测仪器的灵敏度极高，可以接收并分辨出磁场的微弱变化，故采用精度高达0.1nT 的磁通门传感器来实现油管的缺陷检测。另外，电涡流位移传感器是一种非接触的线性化计量工具，能准确测量被测体(必须是金属导体)与探头端面之间静态和动态的相对位移变化，具有长期工作可靠性好、测量范围宽、灵敏度高和分辨率高等优点[5]。

1. 管体缺陷检测原理

由于空气的相对磁导率远远小于连续油管本体的相对磁导率，对于管壁腐蚀和裂纹等缺陷，该处磁场强度曲线会产生一个向上凸的磁信号异常；而对于管中的夹杂，其相对磁导率大于管体本身的相对磁导率，则会产生一个向下凹的磁信号异常。管壁腐蚀一般具有一定范围，因此磁信号的异常变化比较平缓，而对于裂纹等小范围内产生的缺陷，其磁信号变化相对剧烈，磁信号会产生一个冲激信号异常。

2. 椭圆度的计算

椭圆度的定义方法很多，例如，将椭圆度定义为同一截面上直径的最大值和最小值之差与标称值的比值再乘以 100%。可见，椭圆度的变化与连续油管的使用极限有密切关系，而对连续油管进行椭圆度检测的最终目的也是确定连续油管是否达到使用极限。根据这个定义对椭圆度进行检测，实际上就是对连续油管同一截面上各个方向的直径进行测量，从中找出最大值与最小值，通过相互比较得到椭圆度。因此，对椭圆度的检测实际上归结为对连续油管外径的测量。采用涡流测距原理检测连续油管外径可以实现无损、非接触、连续的测量，且不会受连续油管表面非导磁性杂物的影响。电涡流位移传感器工作时，其信号发送工作面会立即产生一个交变磁场，一旦有金属体靠近这个交变磁场的区域，金属体表面会吸收传感器中的高频振荡能量的特性，使振荡器输出的幅度出现较大线性的衰减，而涡流效应的强弱主要与金属体到产生交变磁场的感应工作面间的距离有关，因此通过对涡流效应强弱的检测可测量出金属体与传感器间的距离，油管椭圆度的测量就是利用涡流传感器实现的。

处于同一截面内任意位置的椭圆可以用 5 个独立参数来唯一确定，即椭圆中心坐标(x_0, y_0)、长轴半径 a 、短轴半径 b 、长轴与 x 轴的夹角 θ ，用数学语言可将平面任意位置椭圆的方程表达为

$$\frac{\left[(x-x_0)\cos\theta+(y-y_0)\sin\theta\right]^2}{a^2}+\frac{\left[-(x-x_0)\sin\theta+(y-y_0)\cos\theta\right]^2}{b^2}=1 \tag{4.1}$$

将式(4.1)展开，可表示为线性方程

$$x^2+Axy+By^2+Cx+Dy+E=0 \tag{4.2}$$

式中，

$$A=\frac{(b^2-a^2)\sin 2\theta}{b^2\cos^2\theta+a^2\sin^2\theta}$$

$$B=\frac{b^2\sin^2\theta+a^2\cos^2\theta}{b^2\cos^2\theta+a^2\sin^2\theta}$$

$$C=-\frac{2x_0(b^2\cos^2\theta+a^2\sin^2\theta)+y_0(b^2-a^2)\sin 2\theta}{b^2\cos^2\theta+a^2\sin^2\theta}$$

$$D=-\frac{2y_0(b^2\sin^2\theta+a^2\cos^2\theta)+x_0(b^2-a^2)\sin 2\theta}{b^2\cos^2\theta+a^2\sin^2\theta}$$

$$E=\frac{a^2(y_0\cos\theta-x_0\sin\theta)^2+b^2(x_0\cos\theta+y_0\sin\theta)^2-a^2b^2}{b^2\cos^2\theta+a^2\sin^2\theta}$$

A、B、C、D、E 分别为椭圆的 5 个参数。采用最小二乘法进行椭圆拟合，计算这 5 个参数后代入式(4.2)，即可求得连续油管该处的椭圆度大小。

下面根据最小二乘原理建立椭圆拟合的数学模型，以获取代表平面任意位置理想椭圆的 5 个特征参数。所谓最小二乘椭圆的拟合，就是当椭圆轮廓上的测量点数大于最少测点数 5 时，根据最小二乘原理确定“最具代表性”椭圆的一种计算方法，也就是说，用所有测量点到理想椭圆的距离的平方和最小这一准则来确定理想椭圆的 5 个参数(x_0 、 y_0 、 a 、 b 和 θ)。

在计算过程中通过式(4.2)先求取代换变量 A、B、C、D 和 E 的值，再利用式(4.1)反求椭圆的实际参数 x_0、y_0、a、b 和 θ 。

设 $P_1(x_i,y_i)(i=1,2,\cdots,N)$ 为椭圆轮廓上的 $N(N\geqslant 5)$ 个测量点，平面任意位置理想椭圆方程为式(4.2)。根据最小二乘原理，应通过求目标函数的最小值来确定参数 A、B、C、 D 和 E ，由极值原理，欲使 F 值最小，必有

$$F(A,B,C,D,E)=\sum_{i=1}^{N}(x_i^2+Ax_iy_i+By_i^2+Cx_i+Dy_i+E)^2 \tag{4.3}$$

$$\frac{\partial F}{\partial A}=\frac{\partial F}{\partial B}=\frac{\partial F}{\partial C}=\frac{\partial F}{\partial D}=\frac{\partial F}{\partial E}=0 \tag{4.4}$$

由此可得如下正规方程组：

$$\begin{bmatrix}
\sum_{i=1}^{N}x_i^2y_i^2 & \sum_{i=1}^{N}x_iy_i^3 & \sum_{i=1}^{N}x_i^2y_i & \sum_{i=1}^{N}x_iy_i^2 & \sum_{i=1}^{N}x_iy_i \\
\sum_{i=1}^{N}x_iy_i^3 & \sum_{i=1}^{N}y_i^4 & \sum_{i=1}^{N}x_iy_i^2 & \sum_{i=1}^{N}y_i^3 & \sum_{i=1}^{N}y_i^2 \\
\sum_{i=1}^{N}x_i^2y_i & \sum_{i=1}^{N}x_iy_i^2 & \sum_{i=1}^{N}x_i^2 & \sum_{i=1}^{N}x_iy_i & \sum_{i=1}^{N}x_i \\
\sum_{i=1}^{N}x_iy_i^2 & \sum_{i=1}^{N}y_i^3 & \sum_{i=1}^{N}x_iy_i & \sum_{i=1}^{N}y_i^2 & \sum_{i=1}^{N}y_i \\
\sum_{i=1}^{N}x_iy_i & \sum_{i=1}^{N}y_i^2 & \sum_{i=1}^{N}x_i & \sum_{i=1}^{N}y_i & N
\end{bmatrix}
\begin{bmatrix}A\\B\\C\\D\\E\end{bmatrix}=
\begin{bmatrix}
\sum_{i=1}^{N}x_i^3y_i \\
\sum_{i=1}^{N}x_i^2y_i^2 \\
\sum_{i=1}^{N}x_i^3 \\
\sum_{i=1}^{N}x_i^2y_i \\
\sum_{i=1}^{N}x_i^2
\end{bmatrix} \tag{4.5}$$

用线性方程组的任何一种算法可求解得到 A、B、C、 D 和 E 的值。可反求得到平面任意位置椭圆的 5 个实际参数，即

$$x_0=\frac{2BC-AD}{A^2-4B}$$

$$y_0 = \frac{2D - AD}{A^2 - 4B}$$

$$a = \sqrt{\frac{2(ACD - BC^2 - D^2 + 4BE - A^2E)}{(A^2 - 4B)\left(B - \sqrt{A^2 + (1-B)^2} + 1\right)}} \tag{4.6}$$

$$b = \sqrt{\frac{2(ACD - BC^2 - D^2 + 4BE - A^2E)}{(A^2 - 4B)\left(B + \sqrt{A^2 + (1-B)^2} + 1\right)}}$$

$$\theta = \arctan\sqrt{\frac{a^2 - b^2B}{a^2B - b^2}}$$

因此，连续油管椭圆度 e 的计算公式为

$$e = \frac{2(b-a)}{b+a} \times 100\% \tag{4.7}$$

3. 检测工装

基于弱磁无损检测技术的连续油管在线检测系统的检测探头采用 6 个磁通门测磁传感器进行磁信号的检测，同时安装 6 个电涡流传感器用于椭圆度的测量。一般将检测探头环绕在被检油管表面，以便对油管进行全覆盖检查。连续油管检测探头如图 4.3 所示，在一个圆周上每 60°布置一个测磁传感器和一个涡流传感器，其中电涡流位移传感器的提离高度应小于 2mm，两种传感器并排放置，实现椭圆度和管体缺陷的在线同步检测。

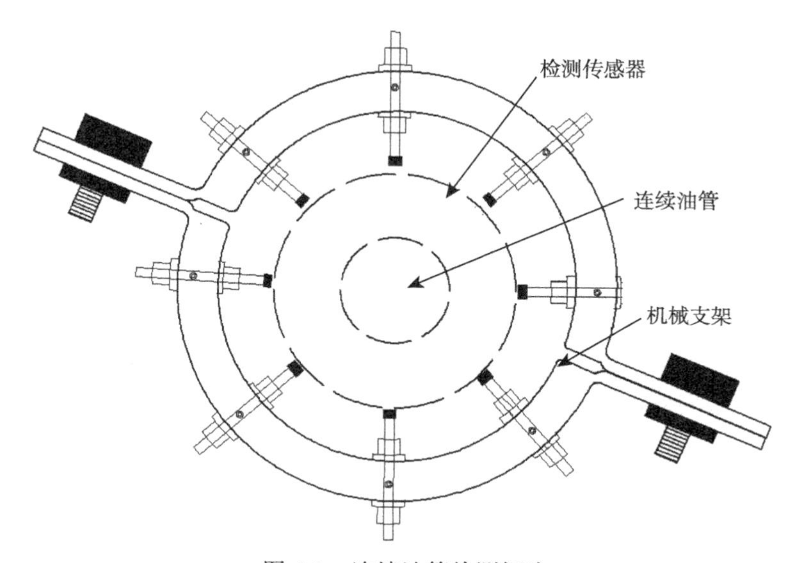

图 4.3　连续油管检测探头

基于弱磁无损检测技术的连续油管在线检测系统的检测速度达到 1m/s，其椭圆度的测量灵敏度为 1%，壁厚测量灵敏度达到壁厚的 1/8，裂纹测量宽度达到 0.3mm，深度为 0.5mm。由于探头支架可活动，连续油管在线检测系统满足了不同管径油管的在线检测，可测管径范围有“1～1/4” “1～1/2” “1～3/4” “2～3/8” “2～7/8”和“3～1/4”。连续油管在线检测系统已在许多地方得到实际应用，现场的检测效果得到了用户的肯定。

4.1.4 连续油管检测案例

1. 重庆合川某油井连续油管作业

重庆合川某油井连续油管作业的项目是气举排液，油管外径为 38.1mm，油管壁厚为 3.18mm，所检测的连续油管长度为 2500m。当进行连续油管作业时，使用弱磁检测仪对油管进行在线检测，图 4.4 为现场检测图。现场检测结果如图 4.5 所示，图中(a)～(d)分别为原始信号曲线、处理信号曲线、椭圆度曲线和二维缺陷成像图。从二维缺陷成像图可以看出，连续油管没有出现缺陷，仅在被检连续油管的 181m 处存在一个面积约为 40mm^2 的表面细微损伤；从椭圆度曲线可以看出，被检连续油管 1669.6m 处的椭圆度为 4.9%，1688.5m 处的椭圆度为 4.5%，1700.5m 处的椭圆度为 4.2%，其他各处椭圆度均小于 4.0%。后经现场验证，检测结果与实际连续管的损伤情况基本一致。

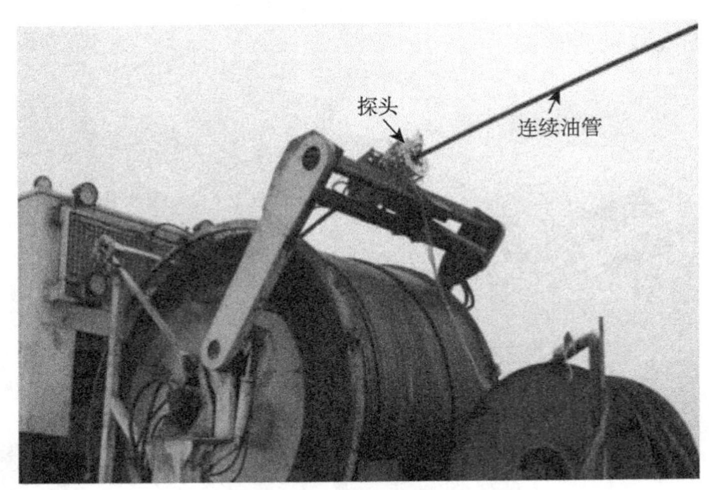

图 4.4 重庆合川某油井现场检测图

2. 四川蓬安某油井连续油管作业

四川蓬安某油井连续油管作业的项目是射孔，油管外径为 50.80mm，油管壁厚为 4.775mm，所检测的连续油管长度为 6000m，图 4.6 为现场检测图，现场检测

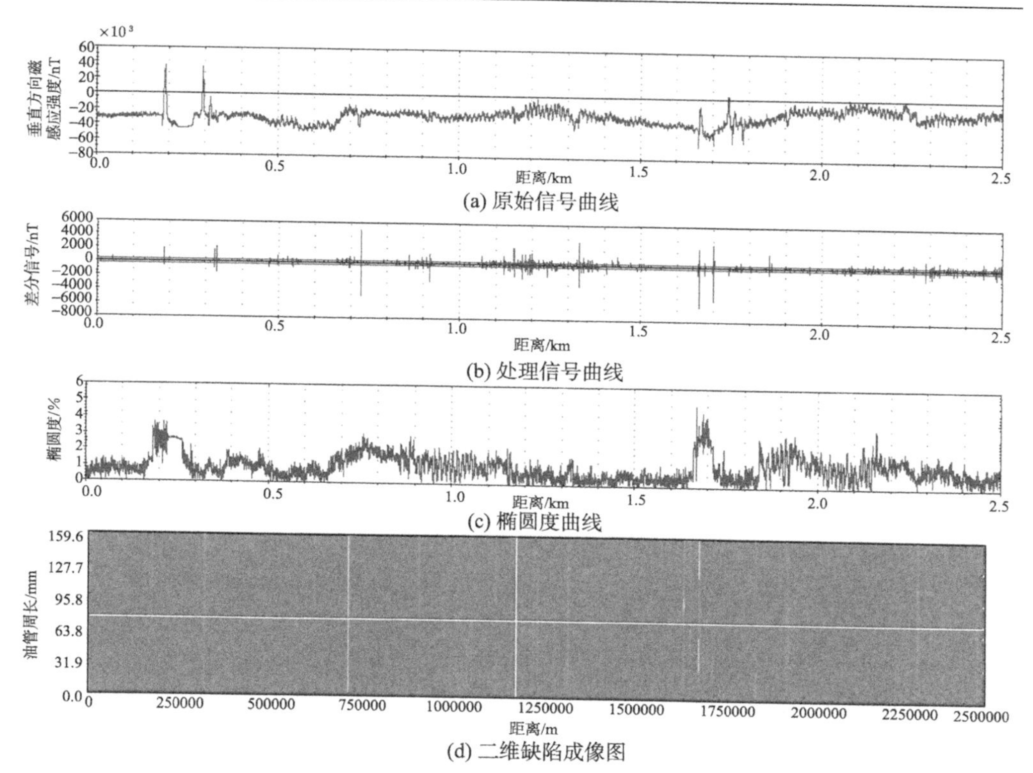

(a) 原始信号曲线

(b) 处理信号曲线

(c) 椭圆度曲线

(d) 二维缺陷成像图

图 4.5　重庆合川某油井现场检测结果图

图 4.6　四川蓬安某油井现场检测图

结果如图 4.7 所示。从图中可看出，被检连续油管在 600m 处有一个较大的腐蚀区域，在 4412m 处存在一个面积为 55mm^2 的表面细微损伤。对比椭圆度曲线可知，被检连续油管的椭圆度均小于 3.0%，连续油管的椭圆度没有太大变化。由现场的检测结果与连续油管的观察验证可以发现，基于弱磁无损检测技术的连续油管在线检测系统的检测信号能准确反映油管的磨损状况，有助于准确判断连续油管的损伤形式、损伤程度及椭圆度的变化，对指导连续油管现场安全作业有着重要的意义。

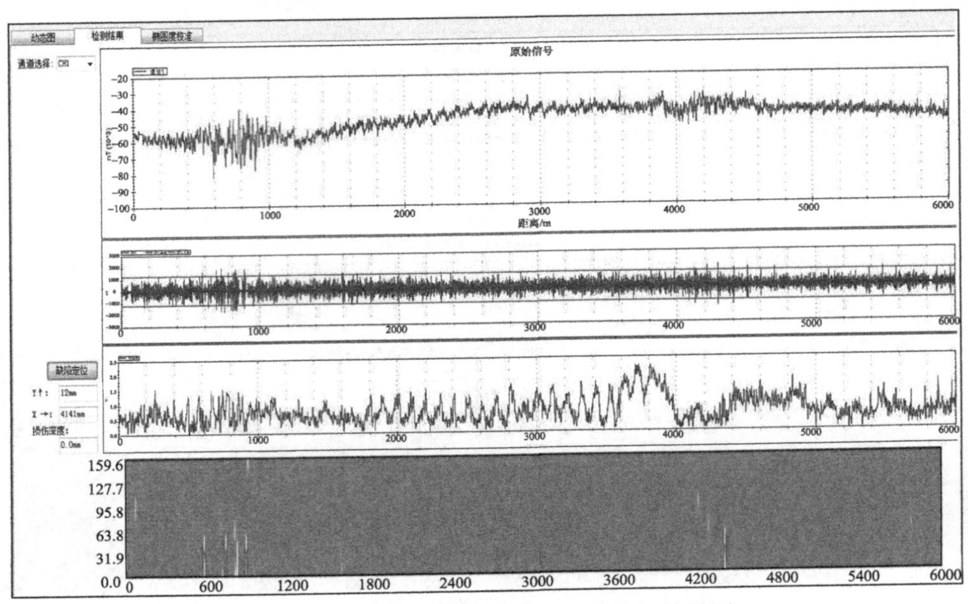

图 4.7　四川蓬安某油井现场检测结果图

4.2　埋地管道检测

4.2.1　概述

随着石油产业的发展，管道运输成为货物运输的一种新方式，它利用埋地管道不间断地将流体性质的介质输送到目的地，这些介质包括原油、成品油、天然气和矿浆等。在我国，管道运输已经与公路输运、水路输运、航空输运、铁路输运并列为五大交通运输方式。长输油气管道通常采用大口径压力管道，而压力管道以铸铁和钢制的埋地管道为主。埋地金属管道长期处于恶劣的地下环境，受到土壤腐蚀、杂散电流腐蚀和细菌腐蚀的共同影响，时常有穿孔现象产生，而管道穿孔会导致油气泄漏，油气泄漏容易造成火灾，燃气泄漏容易引起爆炸。除了管体穿孔导致管体泄漏之外，还存在人为盗油，以及在管道上非法安装盗油阀门而造成的泄漏，国内每年因管线泄漏带来的损失都以亿元计。

目前，对埋地金属管道的检测包括管道本体的检测和外部防腐层的检测，管道本体的检测方法有智能清管器超声波法、智能清管器漏磁法、地面非开挖电磁法和磁力层析检测技术等，对管道外部防腐层的检测方法有管中电流法、电位梯度法和近间距对地电位测量等。表 4.2 为几种管道检测方法的比较。

表 4.2 几种管道检测方法的比较

项目	管道本体检测技术				管道外部防腐层检测技术		
	超声波法	漏磁法	电磁法	磁力层析检测技术	管中电流法	电位梯度法	近间距对地电位测量
功能	检测管道内腐蚀	检测管道内腐蚀	检测金属管体的腐蚀程度	检测金属管体内外壁腐蚀、变形	检测管道走向、埋深、防腐层的绝缘性能	探测施加阴极保护的管道防腐层破损点	检测阴极保护效果和防腐层失效范围
优点	检测准确率高，不受外界环境因素干扰	准确度较高，清蜡要求不高	发现管体腐蚀的准确率很高，无堵塞的危险	被动时间长，无须外加发射部分，可连续检测	功能多，单根管道，检测准确率较高	清除干扰后准确率较高	检测速度快，配合电位梯度法重点定位检测
缺点	检测费用高，要清除管壁结蜡，有堵塞危险	检测轴向裂纹困难，且需要管线停止运行并清管	许多小腐蚀点难以发现	信号过于微弱，易受干扰，检测条件苛刻	有干扰或者土壤电阻率高时准确率低	土壤电阻率高时测量结果不稳定	准确率不高

比较而言，弱磁无损检测技术实现了埋地金属管道的非开挖在役检测，且检测过程不受土壤电阻率影响。弱磁检测是利用地磁场穿过缺陷后产生的磁场变化进行管道缺陷检测的，可以直接在地面上沿着管线上方进行检测，根据管道周围磁场的变化检测和评估埋地管道的缺陷。弱磁无损检测技术可用于管道在役时期、竣工验收时期或者定期技术检测等其他安全检验时期的检测。埋地管道弱磁无损检测技术采用外检测的方式，能对覆盖范围内的部分管道进行全覆盖检测，可检管道直径为 50～1200mm，埋深为 500～2500mm；能检测多种类型缺陷，如金属损失(点状、面状)、应力异常、裂纹和几何变形(凹槽、褶皱)等，对于腐蚀缺陷，其检测能力达到壁厚的 1/8，预测管道壁厚损失误差小于 25%，对于裂纹型缺陷，能检测出最小深度为 1.5mm、宽度为 0.2mm、长度为 5mm 的裂纹，其缺陷检出率达到 90%以上。

4.2.2 埋地管道的腐蚀因素

长期埋于恶劣环境条件下的金属管道，其管体受到周围介质的长期腐蚀作用，常出现的缺陷类型有点蚀、缝隙腐蚀和应力腐蚀开裂等。点蚀的范围大小不一。通常情况下，点蚀一旦发生，其腐蚀的深度要大于腐蚀的半径。另外，点蚀常容易成片出现，且随时间的延长，点蚀会形成片区，进而形成面积类的腐蚀区。缝隙腐蚀与点蚀不同，它一旦发生，由于管体处于电解质中，金属与金属或金属与非金属表面之间会形成狭窄的缝隙。埋于地下的金属管道在特定的腐蚀介质中和在静拉伸应力作用下，时常会出现低于强度极限的脆性开裂现象，称为应力腐蚀开裂。应力腐蚀开裂会产生细而长的裂缝，并扩展迅速，可能在短期内对管体产生严重破坏。综上可知，埋地管道的常见缺陷类型为腐蚀缺陷和裂缝类缺陷。下面主要分析埋地管道腐蚀现象的形成机理[6-8]。

管道腐蚀是埋地钢制管道的主要破坏形式，它是外部环境和输送介质共同作用的结果。目前，国内埋地输油管道输送的介质主要为经处理后的净化天然气或原油，相对于环境因素造成的外部腐蚀，介质的腐蚀性较小，场站埋地管线出现的腐蚀穿孔大多是由外部腐蚀造成的。

1. 管内原油腐蚀

从井下抽出的原油在进入联合站之前没有进行任何处理，从油井套管到联合站的所有管线内壁腐蚀是原油集输管线的主要腐蚀形式。

管道输送的介质中含腐蚀性的物质主要有硫、硫化物、氯盐、酸性水、氢等。H_2S 在无水的情况下与 Fe 发生化学反应，其温度必须在 200℃以上，在低温下 H_2S 只有溶解于水才有腐蚀性。低温下由于金属表面往往存在水或水膜，在 H_2S-H_2O 体系中的 H^+、HS^-、S^{2-} 和 H_2S 分子对金属腐蚀为氢去极化作用。

当原油中 Cl^- 含量达到一定临界值后，就会发生点蚀，且浓度越高点蚀越严重。此外，大量 Cl^- 的存在还容易发生缝隙腐蚀，含水原油中的 Mg^{2+} 、Ca^{2+} 含量较高，$CaCO_3$和$MgCO_3$ 等垢物及腐蚀产物沉积在管线下部，会加剧垢下腐蚀的发生。

2. 管道外部腐蚀

1) 防腐层破损或失效引起的腐蚀

防腐层破损或失效会造成管线外部腐蚀，埋地管线大多采用聚氨酯泡沫夹克管(俗称泡夹管)，既对管道起保温作用又起防腐保护作用，一旦夹克层出现问题，水就会进入管道外壁腐蚀钢管。

泡夹管出现问题的原因主要有：①井场作业时机械设备碰撞造成夹克管破损；②露在地面的夹克管外层没有采取适当的保护措施，在阳光的暴晒下夹克层开裂；③现场补口的施工队伍资质低，管理不到位，补口质量低下，已有事例表明腐蚀多从补口处开始。

2) 土壤腐蚀

土壤是由多种无机物、有机物、水和空气组成的极其复杂的不均匀多相体系，含有多种矿物盐，如钠、钾、镁的氧化物及硫酸盐等，在土壤的颗粒之间存在大量的孔隙，孔隙中充满空气和水，盐类溶解在水中，土壤就成了电解质。具体有以下三种腐蚀。

(1) 宏观电池腐蚀。氧气扩散速率不同，形成宏观电池腐蚀。由于土壤各处的组成和性能存在差异，透气条件不一致，氧的渗透率变化幅度很大，氧气沿着金属表面扩散的突然变化直接影响与土壤接触的金属各部位的电位，从而使金属的不同部位出现不同的电极电位，形成氧浓差腐蚀。另外，土壤的 pH 、盐含量的变化也会形成宏观电池腐蚀。

(2) 微观电池腐蚀。除了宏观电池腐蚀外，在土壤里的金属表面上还会形成两种微电池腐蚀：一种是土壤结构不均匀而形成的微电池腐蚀，另一种是由金属本身存在的不均匀性形成的微电池腐蚀。在土壤腐蚀中，由微电池引起的腐蚀具有较均匀的特征。

(3) 细菌腐蚀。土壤中的细菌，如硫酸盐还原菌、硫氧化细菌等，会对管道产生腐蚀作用。以硫酸盐还原菌为例，在氢原子存在的条件下，硫酸盐还原菌能将硫酸盐还原成硫化物，从而促进金属表面的阳极离子化反应，加速管道的腐蚀。

埋地管线在管内硫化物、氯盐腐蚀及管外土壤宏观电池、微观电池和细菌腐蚀的共同作用下，最终出现局部腐蚀穿孔。以下列举几种常见的管道缺陷，如图 4.8～图 4.13 所示。

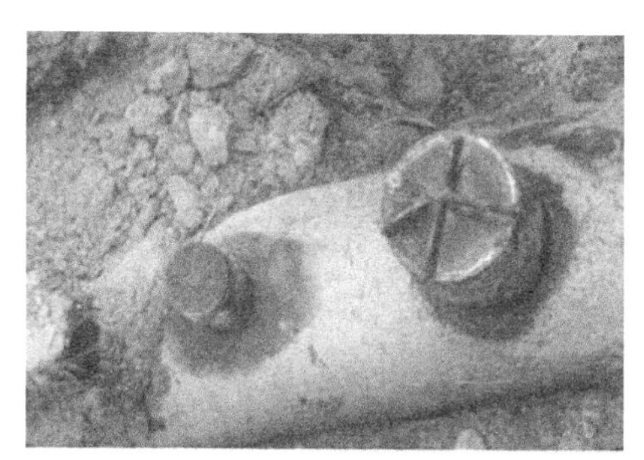

图 4.8　盗油阀

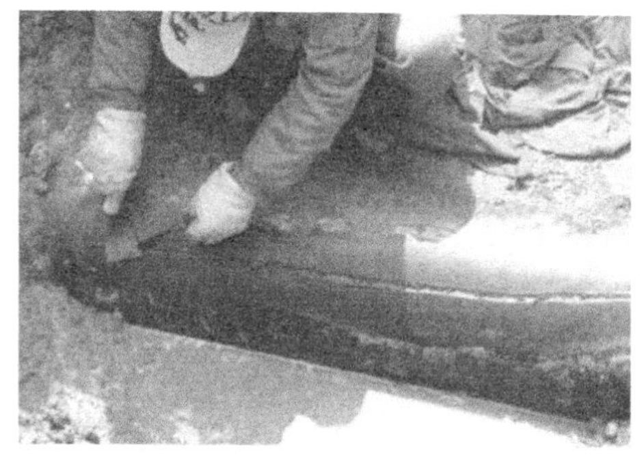

图 4.9　防腐层破损

图 4.10　管道内壁腐蚀

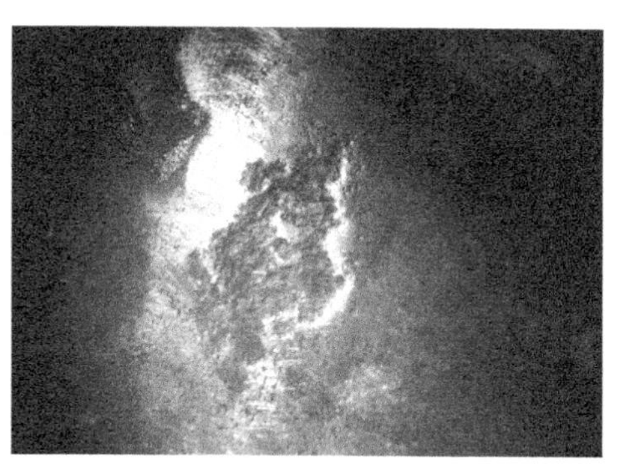

图 4.11　管道外壁腐蚀

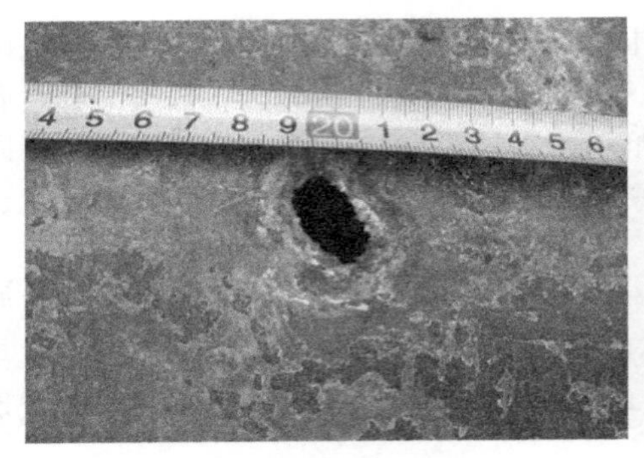

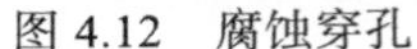

图 4.12　腐蚀穿孔

图 4.13　大面积腐蚀变形

4.2.3　埋地管道检测方法

1. 磁梯度测量传感装置

基于埋地金属管道所处的物理环境，金属管道中出现的缺陷大部分是管壁腐蚀减薄，当管道某处发生腐蚀减薄时，此位置的管道金属量发生相应的减少，相当于该处金属介质由低磁导率的空气和土壤等物质所替代，这必然将对穿透该区域的地球磁场产生影响，弱磁无损检测技术就是基于此对埋地管道腐蚀等缺陷进行检测的。

弱磁检测系统是在管道非开挖的条件下进行检测的，而野外检测环境存在较多的干扰磁场，为提高检测精度，埋地管道的检测探头一般采用四个三轴磁通门传感器，三轴磁通门呈十字形排列，称为磁梯度测量传感器，如图 4.14 所示。

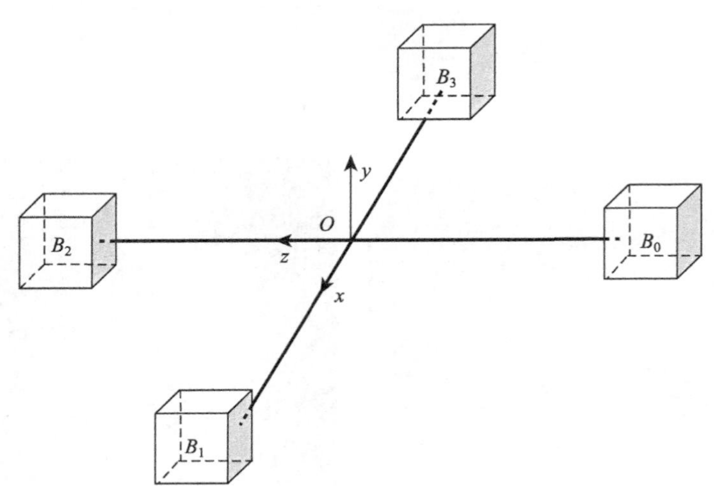

图 4.14　十字交叉式磁梯度测量传感器示意图

磁梯度实质上是磁场矢量的二阶导数，共包括 9 个元素，分别为 B_{xx}、B_{xy}、B_{xz}、B_{yx}、B_{yy}、B_{yz}、B_{zx}、B_{zy}、B_{zz}，可表示为如下矩阵：

$$\boldsymbol{G}=\begin{bmatrix}\dfrac{\partial B_x}{\partial x} & \dfrac{\partial B_x}{\partial y} & \dfrac{\partial B_x}{\partial z}\\ \dfrac{\partial B_y}{\partial x} & \dfrac{\partial B_y}{\partial y} & \dfrac{\partial B_y}{\partial z}\\ \dfrac{\partial B_z}{\partial x} & \dfrac{\partial B_z}{\partial y} & \dfrac{\partial B_z}{\partial z}\end{bmatrix}=\begin{bmatrix}B_{xx} & B_{xy} & B_{xz}\\ B_{yx} & B_{yy} & B_{yz}\\ B_{zx} & B_{zy} & B_{zz}\end{bmatrix} \tag{4.8}$$

由式(4.8)可知，磁场三分量在相互正交的三个方向上的空间变化率，即磁场矢量分量 B_x、B_y、B_z 在空间相互垂直的三个方向 x、y、z 上的变化率组成了磁梯度。磁场的总场强度、磁场三分量以及磁梯度矩阵中各元素在直角坐标系中的关系如图 4.15 所示。

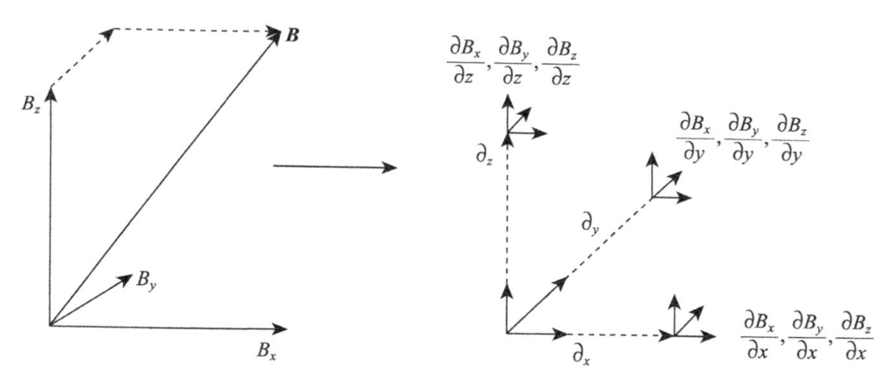

图 4.15　总磁场与磁场分量的换算

又有

$$\nabla\times\boldsymbol{B}=\frac{\partial B_x}{\partial x}+\frac{\partial B_y}{\partial y}+\frac{\partial B_z}{\partial z}=B_{xx}+B_{yy}+B_{zz}=0 \tag{4.9}$$

$$\nabla\times\boldsymbol{B}=\begin{bmatrix}i & j & k\\ \dfrac{\partial}{\partial x} & \dfrac{\partial}{\partial y} & \dfrac{\partial}{\partial z}\\ B_x & B_y & B_z\end{bmatrix}=0 \tag{4.10}$$

由式(4.9)和式(4.10)可知，式(4.8)中的 9 个磁梯度分量中只有 5 个分量是独立的。实际工程中，磁梯度矩阵是基于微分和差分近似等效来计算的。在图 4.14 中，B_0、B_1、B_2、B_3 为三轴磁通门传感器，根据式(4.8)～式(4.10)以及微分和差分近似等效得到磁梯度矩阵 $\boldsymbol{G}$：

$$\boldsymbol{G}=\begin{bmatrix}\dfrac{\partial B_x}{\partial x} & \dfrac{\partial B_x}{\partial y} & \dfrac{\partial B_x}{\partial z}\\ \dfrac{\partial B_y}{\partial x} & \dfrac{\partial B_y}{\partial y} & \dfrac{\partial B_y}{\partial z}\\ \dfrac{\partial B_z}{\partial x} & \dfrac{\partial B_z}{\partial y} & \dfrac{\partial B_z}{\partial z}\end{bmatrix}=\begin{bmatrix}B_{xx} & B_{xy} & B_{xz}\\ B_{yx} & B_{yy} & B_{yz}\\ B_{zx} & B_{zy} & B_{zz}\end{bmatrix}$$

$$=\begin{bmatrix}\dfrac{B_{1x}-B_{3x}}{\Delta x} & \dfrac{B_{1y}-B_{3y}}{\Delta x} & \dfrac{B_{2x}-B_{0x}}{\Delta z}\\ \dfrac{B_{1y}-B_{3y}}{\Delta x} & -\left(\dfrac{B_{1x}-B_{3x}}{\Delta x}+\dfrac{B_{2z}-B_{0z}}{\Delta z}\right) & \dfrac{B_{2y}-B_{0y}}{\Delta z}\\ \dfrac{B_{1z}-B_{3z}}{\Delta x} & \dfrac{B_{2y}-B_{0y}}{\Delta z} & \dfrac{B_{2z}-B_{0z}}{\Delta z}\end{bmatrix} \tag{4.11}$$

式中，Δx、Δz 分别为 B_1 与 B_3 之间的距离、B_0 与 B_2 之间的距离；B_{1x} 为 B_1 传感器测得的 x 方向的磁感应强度分量；B_{3x} 为 B_3 传感器测得的 x 方向的磁感应强度分量；B_{1y} 为 B_1 传感器测得的 y 方向的磁感应强度分量；B_{3y} 为 B_3 传感器测得的 y 方向的磁感应强度分量，依次类推。由式(4.11)可以计算得到磁梯度测量传感器中心点的磁场梯度矩阵 $\boldsymbol{G}$。

磁梯度传感器的详细结构如图 4.16 所示，主要包括滑块、三轴磁通门传感器和工装盒等，其工装盒的三维图如图 4.17 所示。工装盒的长、宽、高分别为 220mm、220mm、350mm。为了能够进行不同基距试验，保证在调整该传感器基距时

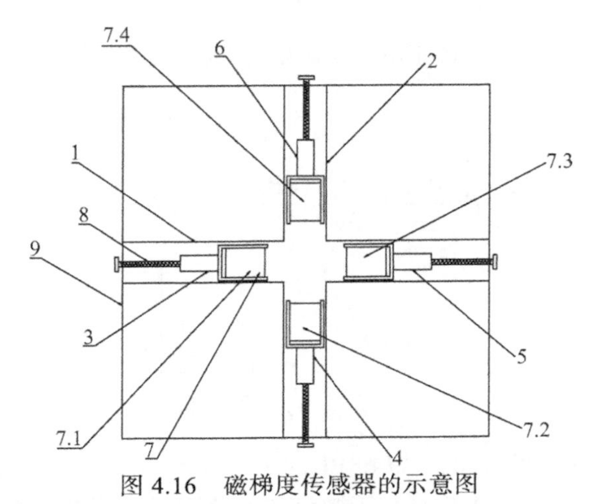

图 4.16　磁梯度传感器的示意图

1、2-滑槽；3、4、5、6-滑块；7-三轴磁通门传感器；7.1、7.2、7.3、7.4-三轴磁通门传感器；8-调整螺杆；9-磁梯度传感器壳体

四个三轴磁通门传感器之间的角度不会发生变化，设计时在磁梯度传感器中将三轴磁通门传感器固定在滑块上，通过滑块在滑槽中的前后移动来带动三轴磁通门传感器，通过滑槽上的刻度能够准确、快速地测量出基距。滑块在滑槽中的移动能够确保各个三轴磁通门传感器之间的夹角保持不变，使得试验的结果不受干扰。

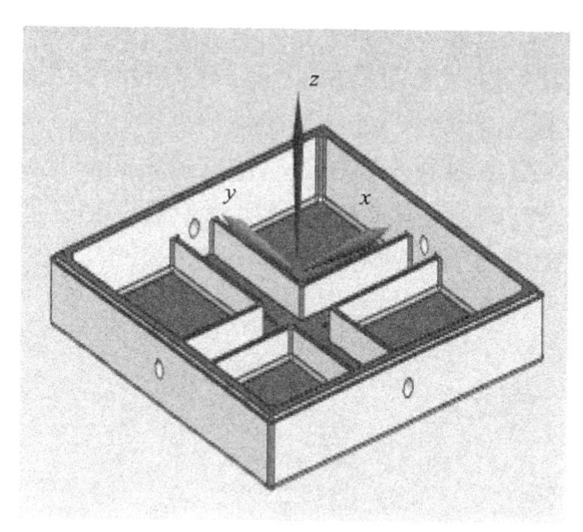

图 4.17　工装盒的三维图

在图 4.16 中，1、2 表示滑槽，代表第一滑槽和第二滑槽；3、4、5、6 均是滑块，即第一滑块 3、第二滑块 4、第三滑块 5、第四滑块 6；7 表示三轴磁通门传感器，7.1、7.2、7.3、7.4 分别表示第一个、第二个、第三个、第四个三轴磁通门传感器；8 为磁梯度传感器基距的调整螺杆；9 为磁梯度传感器壳体。特别说明，在同一滑槽内的两个三轴磁通门传感器之间的距离定义为基距。

从图 4.16 和图 4.17 中可知，第一滑槽 1 和第二滑槽 2 相互垂直。第一滑槽 1 和第二滑槽 2 的长度相同，第一滑槽 1 和第二滑槽 2 相交的位置位于第一滑槽 1 和第二滑槽 2 的中心。第一滑块 3 和第三滑块 5 分别在第一滑槽 1 中心的两边且关于中心对称，第二滑块 4 和第四滑块 6 分别在第二滑槽 2 中心的两边且关于中心对称。第一滑块 3、第二滑块 4、第三滑块 5 和第四滑块 6 与相邻两滑块垂直相交的位置距离相同。第一滑块 3 和第三滑块 5 在第一滑槽 1 内周向限位，即第一滑块和第三滑块在第一滑槽内只可以平移而不能转动。第二滑块 4、第四滑块 6 在第二滑槽 2 的移动方向的限制和第一滑块、第三滑块在第一滑槽内一样。每一个滑块内各有一个三轴磁通门传感器，也就是三分量测磁传感器。第一滑块 3、第二滑块 4、第三滑块 5 和第四滑块 6 上均设有用于调节滑块在滑槽中位置的调整螺杆 8，即磁梯度传感器共有四个调整螺杆。调整螺杆 8 一端穿过磁梯度传感器壳体 9，另一端通过内螺纹孔连接在滑块上。这样可以在不打开磁梯度传感器壳体的情况下，通过磁梯度传感器壳体 9 上的螺杆来调整滑块在滑槽中的位置。旋转调整螺杆可以改变第一个与第三个三分量测磁传感器之间的距离、第二个与第四个三分量测磁传感器之间的距离。为方便编程计算，第一滑槽内的两个三分量测磁传感器之间的距离和第二滑槽内两个三分量测磁传感器之间的距离相等。基距的大小对梯度信息的准确度有影响，通过改变磁梯度传感器中的基距能够适应不同的探测范围。

图 4.18 为磁梯度传感器实物图。在传感器的四个方向均有调节基距的旋钮，顺时针调节旋钮，在同一滑槽内的三轴磁通门传感器之间的距离即基距将增加，反之则减小；在滑槽两侧标有刻度，使得基距发生改变后三轴磁通门传感器在滑槽中的位置可视化，单个三轴磁通门传感器每移动一格是 1cm。

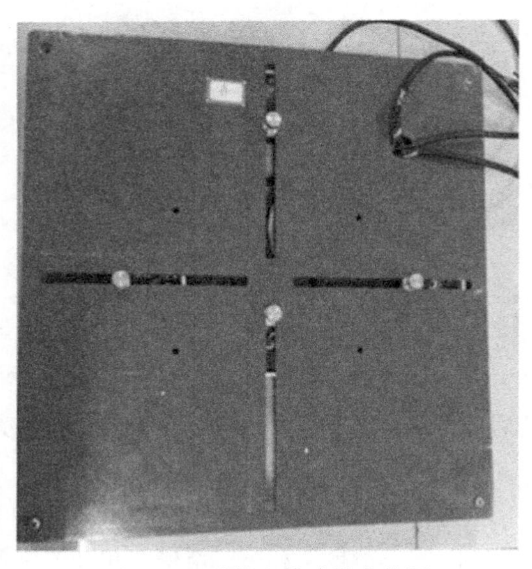

图 4.18　磁梯度传感器实物图

2. 操作要点

在对埋地管道进行弱磁检测之前，应先查阅管道的相关施工资料、运行资料和维修资料等，明确管线位置，确保检测探头位于需要检测的管道管体的正上方。此外，由于检测探头的灵敏度高，要求记录人员、计算机操作人员及其周围 3m 范围内无任何金属物质(如皮带扣、手机等)。开挖验证时，应先用高斯计检测管体的磁化情况，如果管体被磁化，则表明分析结果不准确，此次检测无效。

在确定埋地管道地面走向后，采用磁梯度传感器对埋地管道进行地面扫查，采集被测埋地管道在地面不同方向的磁场强度信号，根据磁梯度信号的变化来判断被检试件是否存在缺陷。梯度法埋地管道检测示意图如图 4.19 所示。待检测的管道埋

于地下深度 d 处，当被检管道本身不存在腐蚀及其他类型缺陷时，检测曲线变化应较为均匀。若待检的埋地管道自身存在腐蚀或裂纹类缺陷，当地磁场穿透管道时，管道完整区段与存在腐蚀的区段将发生异常畸变，使检测探头通过管道正上方的轨道并实时记录各位置的空间磁场，磁场数据经上位机中相应的软件处理后得出检测结果。

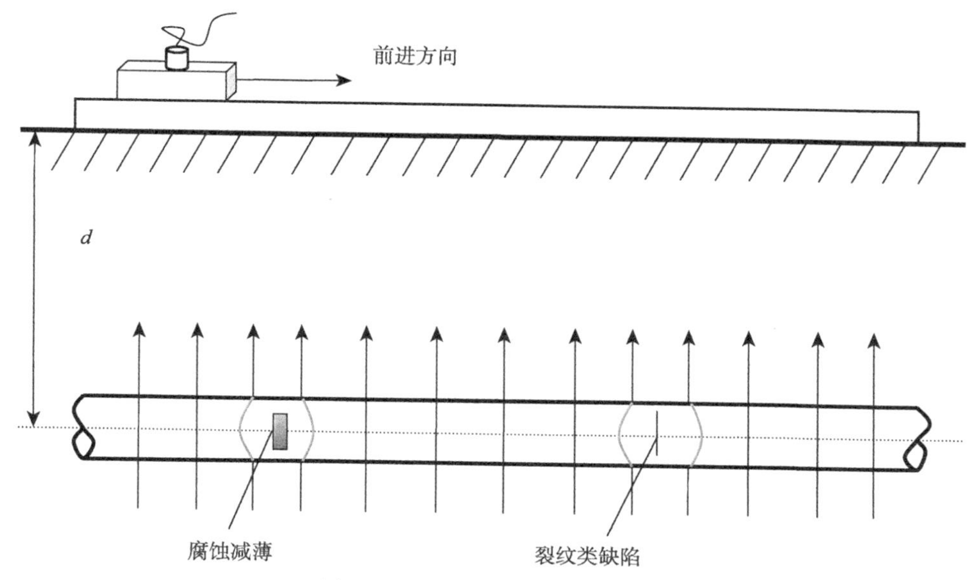

图 4.19　梯度法埋地管道检测示意图

在现场检测时，为保证测磁传感器的稳定性，通常将检测探头置于非铁磁性材料制作的轨道上，轨道置于待测金属埋地管道的正上方，检测探头沿着轨道滑行，测量其下方管道的空间磁场强度。

4.2.4　埋地管道检测案例

1. 辽河油田输油管道检测

2015 年 1 月，应中国石油辽河油田公司(简称辽河油田)要求，本书作者团队使用弱磁管道检测系统对其在役埋地输油管道进行非开挖检测与评价。待检测管道区段处于农田之内，属于冻土地质。其管线是单独的一条输油管线。管道规格为 $\phi 323\times 7\text{mm}$，管道埋深 1.5m。该管线铺设运营时间已超十年，现仍处于在役状态，图 4.20 为现场检测图。由于该处输油管道铺设运营时间较长，难以确切判断管道的具体位置，在检测前先通过 SL-2188 型埋地管道防腐层探测检漏仪确定管线的走向，之后使用测磁传感器在这个方向上采集埋地金属管道正上方空间的磁场强度。

图 4.20　辽河油田输油管道现场检测图

对待检测管道分段进行检测，其中单次扫查长度为 6m，在 3.1m 左右位置发现磁场异常信号，现场检测结果及开挖验证如图 4.21 所示。在调整检测灵敏度后发现该处检测信号依然存在，因此判断该处异常是由对接焊缝造成的，开挖验证证实了这一判断。

2. 中原油田输油管道检测

2015 年 6 月，应中原油田要求，本书作者团队使用弱磁管道检测系统对河南濮阳废弃埋地输油管道进行非开挖检测评价。待检测管道区段处于农田之内，属于沙土地质。该段管线是单独的一条输油管线，管道规格为 $\phi 68 \times 4.5\text{mm}$，管道埋深为 0.8m。该管线铺设运营时间已超十年，处于停运状态，图 4.22 为现场检测图。同

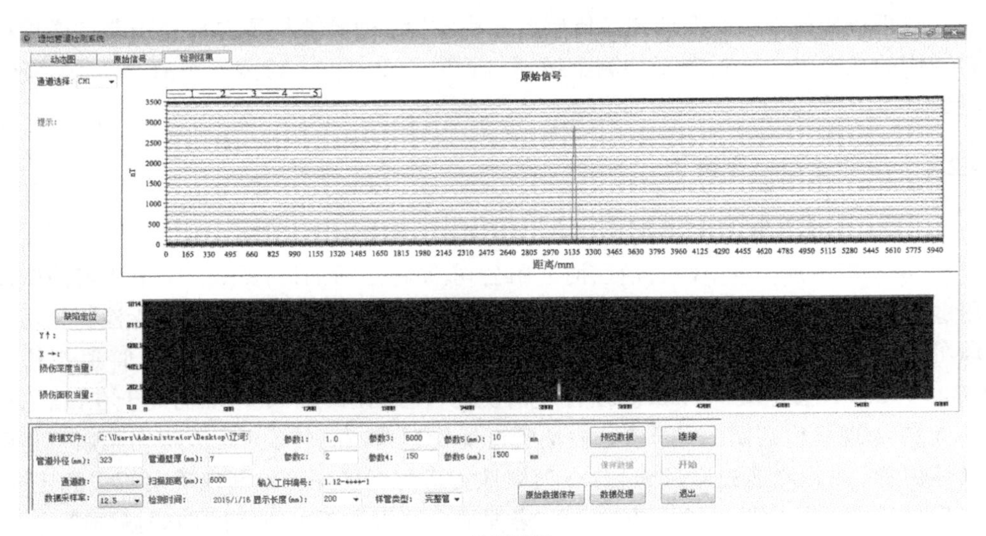

(a) 检测结果

(b) 开挖验证

图 4.21 辽河油田现场检测结果及开挖验证

样，该管道铺设时间较长，难以确切判断管道的具体位置和走向，因此在检测前先通过雷迪 DM 内外业一体化型管道防腐层检测仪确定管道的具体方位，再使用测磁传感器在这个方向上采集埋地管道上方空间的磁场强度。

图 4.22 河南濮阳输油管道现场检测图

对待检测管道分段进行检测，其中一段检测区域长度为 3.8m。使用雷迪检测仪找到管道埋设走向后，在管道上方用非铁磁性材料制作轨道，让测磁传感器在轨道上驶过管道上方，连续测试多次，测试结果都是一致的，现场检测结果及开挖验证如图 4.23 所示。在 293mm、1026mm、2198mm、2481mm、2931mm 和 3495mm 位置检测出有腐蚀减薄异常，开挖验证的结果显示缺陷位置存在误差，误差小于 5cm。

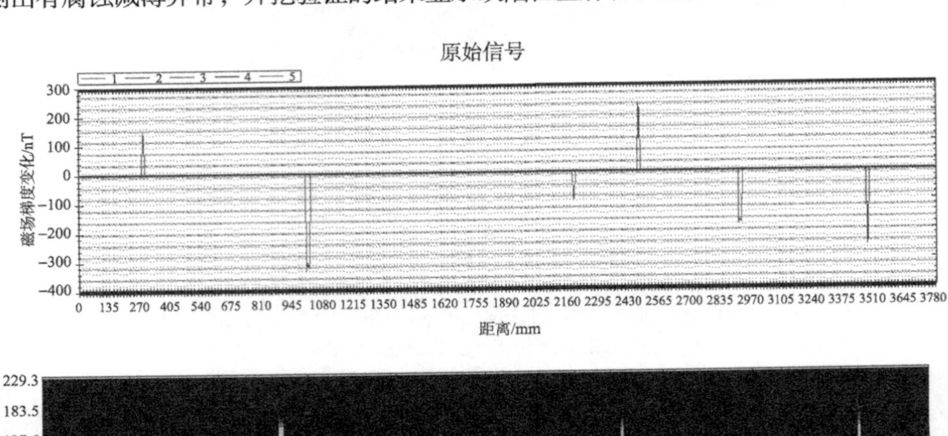

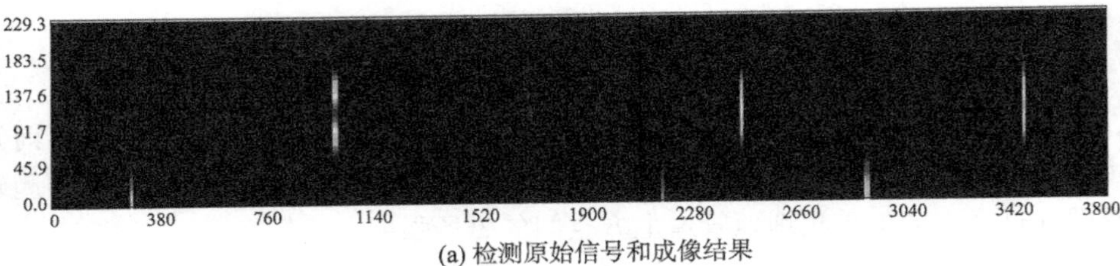

(a) 检测原始信号和成像结果

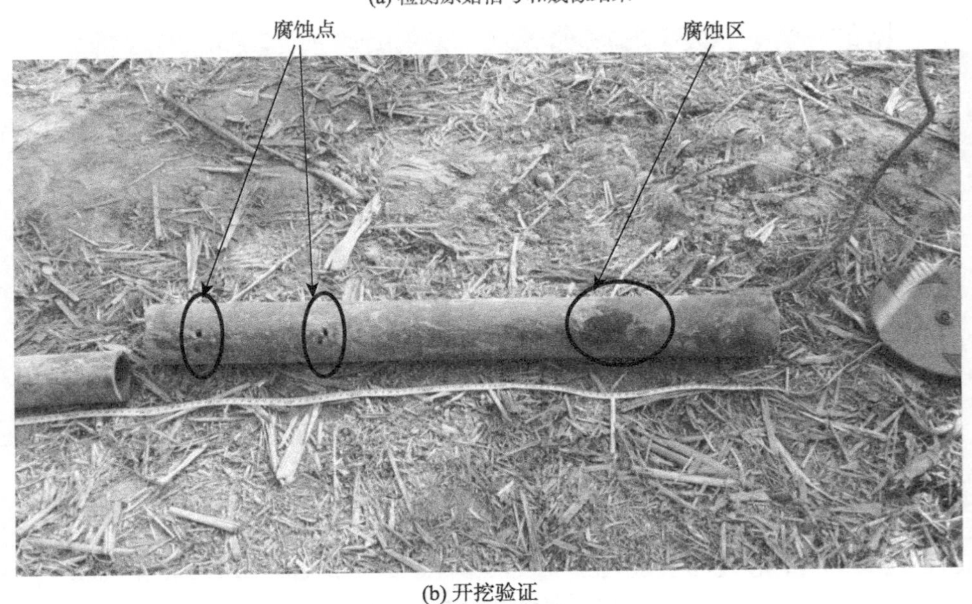

(b) 开挖验证

图 4.23　河南濮阳现场检测结果及开挖验证

4.3　带包覆层管道检测

4.3.1　概述

对服役于高温或低温深冷条件下的设备和管道施加保温层结构，是工业上降低能耗和节约燃料的一项有效措施，同时能改善生产中的某些工艺条件，提高设备和管道的运行能力，达到延长其服役寿命的目的。一般保温层材料为岩棉、聚氨酯和硅酸钙等，可以减少热量损失、维持介质的温度、节约能源。在保温层外表面包裹0.2～1mm 厚的金属保护层(材料分为不锈钢皮、铝皮和铁皮三种)，可以阻止外界有害介质接触到管道表面而发生腐蚀现象，提高管道运行能力，延长其使用年限。

然而，带保温层的设备或管道若防雨材料和保温材料安装不合格，或保温外防护层在使用过程中受到外界损伤、性能劣化，可能造成外部水分的渗入而使保温材料受潮或受湿，逐渐在保温层与金属外表面间形成潮湿腐蚀环境，而随着薄层电解质液膜的聚积，保温层包裹下的设备和管道外表面将发生腐蚀，由腐蚀引起的管壁厚度减薄是造成保温层失效、破坏的主要原因之一。保温材料由矿物制成，其中或多或少地存在着对金属有害的成分，且多孔易吸水，在一定条件下会与钢管外壁发生电化学作用，形成包覆层下腐蚀(corrosion under insulation, CUI)。钢管内壁也易腐蚀，腐蚀机理与内部承载的介质种类有关，由于工业管道运输的介质多为有毒、高温高压、带腐蚀的化学品，它们长期冲蚀管道内壁，极易造成管道内壁腐蚀。管道内壁腐蚀主要分为流动加速腐蚀(flow accelerated corrosion, FAC)和液滴冲击侵蚀(liquid droplet impingement erosion, LDIE)。FAC 存在于流体与金属结构表面的接触过程中，可分为两个过程，一是腐蚀(化学)过程，即金属壁表面起保护作用的氧化膜在高速流体中溶解，二是流体动力学(物理)过程，而前者是 FAC 的主要成因。对于蒸汽管线，在管道的弯管段、三通、限流段和孔板下游，流向的改变引起高温高压的气液两相流冲击管壁，容易引起 LDIE。据统计，国内石化行业中由 CUI 引发的管道故障超过 60%。由于保温层的存在，CUI 问题存在一定的隐蔽性，很难在第一时间察觉，这有别于以往直接接触大气环境的腐蚀问题，设备和管道的例行检查及防护工作往往要在外部保温材料去除后才能进行，有时甚至当设备和管道泄漏已发生 CUI 问题时才会被发现，容易引起突发的严重泄漏事故。

目前，针对带包覆层管道的检测技术多为无损检测，包括宏观外部检查、超声波厚度测量、剖面射线照相、射线实时成像、脉冲涡流、射线数字成像、红外热成像、中子散射、闪光射线照相和染料渗透检测等，它们的适用范围各不相同，需要结合实际条件和工况要求进行选择。表 4.3 列出了以上几种主要检测技术的优势和劣势对比[9-11]。

表 4.3　几种检测技术的对比

无损检测技术	优势	劣势
宏观外部检查	最有效的检测方法；能够发现问题，准确识别 CUI 的所在区域；结合一系列工具进一步定量确定腐蚀问题	要求先去除保温材料再进行观察；花费高且需要借助其他技术确定质量损失；不能直接测量管道剩余壁厚；如果剥除的保温材料不是腐蚀最严重的区域，则可能反映出错误信息
超声波厚度测量	给出内外腐蚀后的剩余壁厚；可与点蚀测量结合使用	要求移除保温材料且受金属表面情况的限制；在腐蚀面上很难获得读数；一般都要求对表面进行研磨刷洗
剖面射线照相	不需要去除保温材料就能给出剩余壁厚；设备运行中也可同时使用；内部和外部的腐蚀厚度都能够显示	不太可能检测到不锈钢的 CI-ESCC；通常只有一个方向使用，有可能错过局部区域变薄的情形；只能对小范围剖面管进行检测；管子尺寸要小于 8in (1in=2.54cm)；考虑安全、健康和环境问题，检测范围内要求有严格的出入限制
射线实时成像	快速可靠的检测方法；不需要去除保温材料；能给出剩余壁厚；设备运行中能同时使用；给出视频图像记录便于以后评估	不能检测到不锈钢的 CI-ESCC；厚度变化会混淆判读；仅限于小口径连接；只能给出管子外部轮廓；考虑安全、健康和环境问题，使用 γ 射线源的检测范围内要求有严格的出入限制；需要相当大的操作量以确保足够的覆盖面
脉冲涡流	不需要与钢材表面接触；通过绳索或者附加测量传感器接近直杆；设备运行中能同时使用	不能检测到局部腐蚀和不锈钢的 CI-ESCC；检测区域有限；只适用于含铁管道、容器及储罐；探测元件尺寸大小会影响结果
红外热成像	提供温度信息来检测保温材料内的湿气和水分；设备运行中能同时使用	不能检测 CUI，可作为筛查工具；必须与其他 NDE 或 NDT 系统一起使用来证实 CUI 问题
中子散射	准确给出保温材料内湿气和水分的存在情况；设备运行中能同时使用	不能检测 CUI，进行相对湿度测量；必须与其他 NDE 和 NDT 系统一起使用来证实 CUI 问题

4.3.2　带包覆层管道的腐蚀因素

石油化工企业的大部分设备和管道都是由碳钢、低合金钢及不锈钢制造而成的，需要进行保温处理的相对较多，结构错综复杂。从设计和工艺的角度考虑，易发生 CUI 的情况主要有以下几种。

(1) 暴露在冷却水塔溢出水汽的区域。

(2) 蒸汽排放装置附近。

(3) 暴露在冲水系统的区域。

(4) 暴露于液体溢溅、湿气和酸气入口的区域。

(5) 在 –4～175 ℃操作温度范围内的碳钢、低合金钢及不锈钢设备和管道。

(6) 正常操作温度在120 ℃以上但只进行间歇操作的设备和管道。

(7) 涂层或包覆层劣化的管路。

(8) 保温层外罩脱落或损坏的区域。

(9) 保温层系统所有插入和分支的管线。

(10) 位于保温层外罩接缝处水平上半部的搭接以及密封不良的区域。

(11) 直立管线保温的终端。

(12) 保温层下碳钢和低合金钢的法兰、螺栓和其他附件等。

以上一个或多个情况的存在，将使空气中的湿气甚至雨水进入具有较强吸湿性和较差致密性的保温层部位，造成这些部位的保温材料处于潮湿状态，这就容易在保温层与金属表面之间的缝隙形成薄层腐蚀电解液膜，最终导致金属材料发生腐蚀。

腐蚀环境中除了水分对 CUI 的作用外，含氧量、pH、水分中腐蚀介质的种类、金属表面温度、设计安装保温层结构以及保温材料的性能等，都会对保温层下腐蚀的发生产生一定的影响，具体表现在以下四个方面。

1. 保温材料

常用的保温材料有硅酸钙、膨胀珍珠岩、人造矿物纤维、泡沫玻璃、有机泡沫和陶瓷纤维等。大量实践经验表明，以上任何一种保温材料都无法避免 CUI 的发生，主要是因为腐蚀发生过程中保温材料特性和保温层结构起着关键作用：①保温材料与金属表面间的环形空隙以及设备和管道外表面上本身存在的缺陷，可能成为水汽和腐蚀介质驻留的场所，从而在该部位聚集和浓缩，使其腐蚀性增强；②保温材料本身具有水溶性、渗透性和可湿性；③保温材料变潮或受湿，会导致自身含有的有害物质(如氯化物)渗出，并随着水分从金属表面蒸发而逐渐浓缩。

2. 腐蚀介质

腐蚀介质的存在会加速潮湿环境中金属设备和管道的腐蚀，它们在水中具有高溶解性，水解后形成局部腐蚀的酸性环境，使得金属设备和管道过早失效。CUI 常见的腐蚀介质以氯化物和硫酸盐为主。CUI 的发生只需要微量的腐蚀介质，因此一般情况下要求用于不锈钢材料的保温材料中滤出的氧化物含量要低于 0.2×10^4 mg/L 。

3. 温度

最易发生腐蚀的温度范围为 –4～175 ℃，其中，碳钢和低合金钢的温度范围为 –4～149 ℃，不锈钢材料为 50～150 ℃。温度作为腐蚀发生的一个重要因素，还会影响腐蚀速度。将 CUI 的腐蚀环境看作一个封闭操作系统，随着操作温度的升高，系统内的氧浓度增大，保温层下金属的腐蚀速度也随之提高。伴随着持续高温，水分在金属表面更易蒸发，导致腐蚀介质的浓缩和沉积，增强了该区域的腐蚀性。当工业系统受循环操作温度影响时，设备及管道将处于干湿与冷热交替的状态，CUI 问题就会频繁发生。

4. 防护层

防护层按所在位段分为保温材料外防护层和保温材料下金属外表面防护涂层。外防护层是 CUI 的第一道屏障，直接与外界环境接触，它的完整性直接影响外部水分和腐蚀介质的进入。实践证明，铝箔材料的外防护层，不仅可以作为屏障阻止腐蚀介质接触金属表面，还能对金属起阴极保护作用，其导热性优于一般不锈钢材料，且可以有效防止保温层结构下奥氏体不锈钢发生外应力腐蚀开裂。金属外表面防护涂层则是目前 CUI 最基本的有效防护措施，可以隔断潮湿腐蚀环境与金属表面的直接接触，但高温服役条件可能引起涂层的化学降解，降低涂层的稳定性，使得水的渗透性增加。在这种情况下，即使涂层没有发生破损，也会增加水的渗入，导致腐蚀发生。保温材料下金属外表面防护涂层或保温材料外防护层的完整性和破损程度都直接影响 CUI 的发生。

4.3.3 带包覆层管道检测方法

与埋地管道缺陷类似，带包覆层管道的弱磁检测主要用于检测管道内外部的腐蚀，当管道某位置发生壁厚减薄时，该位置管道的缺失量即由空气或其他物质所替代，相对磁导率的不同使穿过该区域的磁力线发生变化。图 4.24 为带包覆层管道的弱磁检测示意图，与埋地管道检测不同的是，带包覆层的管道大多数敷设于外部空间，可直接将检测探头放置于包覆层表面进行扫查。探头工装设计为可沿包覆层表面进行横向或纵向扫查，因此探头底部封装采用弧面，其圆弧半径与管道包覆层

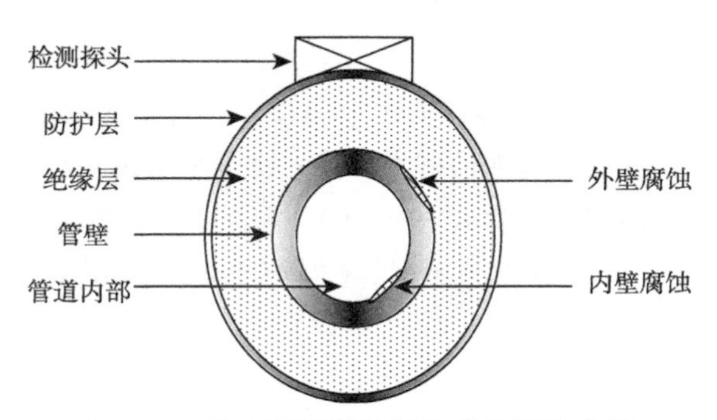

图 4.24　带包覆层管道的弱磁检测示意图

外径相同，以避免由检测探头与表面的不契合导致的检测误差。测磁探头内部采用多探头排列，探头个数一般为 6，其排列方式主要有如图 4.25 所示的两种形式，6 个单探头排列满足了对管道包覆层和管道本体的全覆盖检测。

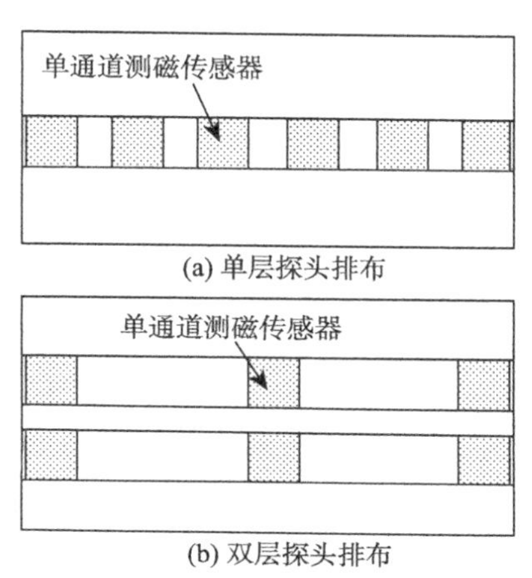

图 4.25　测磁探头内部排布

4.3.4　带包覆层管道检测案例

1. 芜湖某光伏产业公司高温管道

2015 年 9 月，应芜湖某光伏产业公司要求，本书作者团队使用带包覆层管道弱磁检测仪对其在役带包覆层管道进行检测。所检测的管道为如图 4.26 所示的带包覆层结构的管道，管道的材质是 20 钢，管道输送的是重油，管道的公称直径为 65mm，公称壁厚为 4mm，保温层的厚度为 40mm，包覆层的厚度为 0.5mm，管道压力为 0.78MPa，管道表面温度为 70～80℃。在如图 4.26 所示的位置检测到的信号如图 4.27(a)所示，可以看到中间位置的探头组合 CH3 所采集的信号产生了较大的磁异常，而两侧位置的探头组合 CH1、CH5 没有发现磁异常。经数据处理后，检

图 4.26　芜湖某光伏产业公司高温管道的现场检测图

测结果如图 4.27(b)所示。从图中可以清楚地看出缺陷的位置和相关的信息，显示为两处腐蚀区域，第一处区域最大腐蚀深度为 1.94mm，第二处区域最大腐蚀深度为 1.00mm。

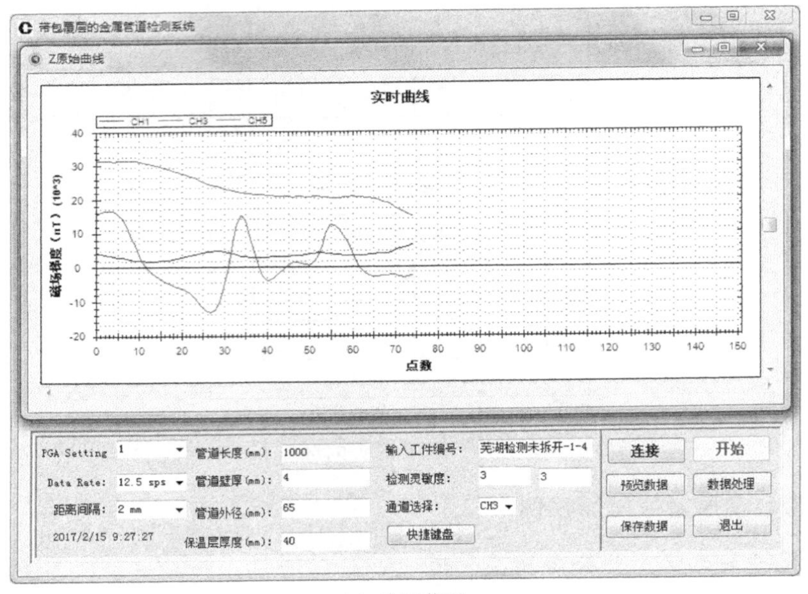

(a) 检测信号

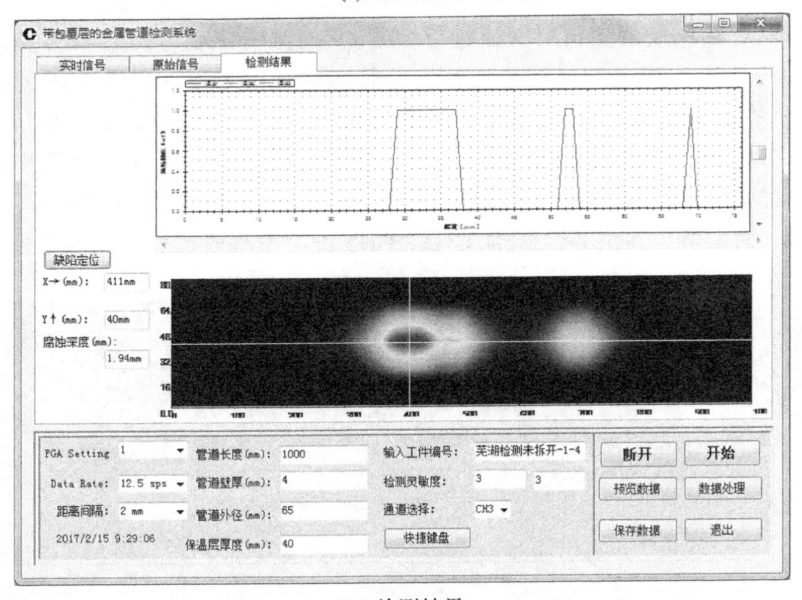

(b) 检测结果

图 4.27　芜湖某光伏产业公司高温管道的检测信号及检测结果

经拆开包覆层验证，其管道表面状况如图 4.28 所示。与检测信号对比发现，第一处磁异常为 A 处面积型腐蚀区域所产生的磁异常信号，第二处磁异常为 B 处轻微腐蚀导致材料的性能发生改变而产生的磁异常信号。

图 4.28 拆开保温层后的管道表面状况

2. 榆林某能源公司高温管道

2015 年 10 月，应榆林某能源公司要求，本书作者团队对其产业下带包覆层的管道进行检测。所检测的管道为如图 4.29 所示的带包覆层结构的管道，该管线为聚乙烯加工管线，管径分为两种，大管径为 1100mm，壁厚为 12mm，变径后的小管径为 800mm，壁厚为 12mm，保温层的厚度为 180mm，管道的运行压力均为 0.3MPa，管体表面温度为 155～177℃。该公司所用管道管径较大，且均采用铁丝对保温层进行环绕固定，因此需要对铁丝与缺陷的信号进行区分。在径向扫查时，每次都将存在铁丝信号，以此区分缺陷信号和铁丝信号。在如图 4.30 所示的位置，通过对该区域所有径向扫查的结果及成像分析进行对比，可知存在一处缺陷信号和三处铁丝信号，缺陷处扫查的检测信号及成像结果如图 4.31 所示。由于管径较大，扫查的次数较多，此处仅呈现缺陷附近处的几次扫查信号(图 4.32)，以此确定铁丝信号的影响位置，区分缺陷信号与铁丝信号。在此处通过拆开包覆层结构进行复验，发现表面

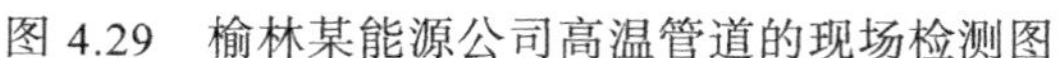
图 4.29 榆林某能源公司高温管道的现场检测图

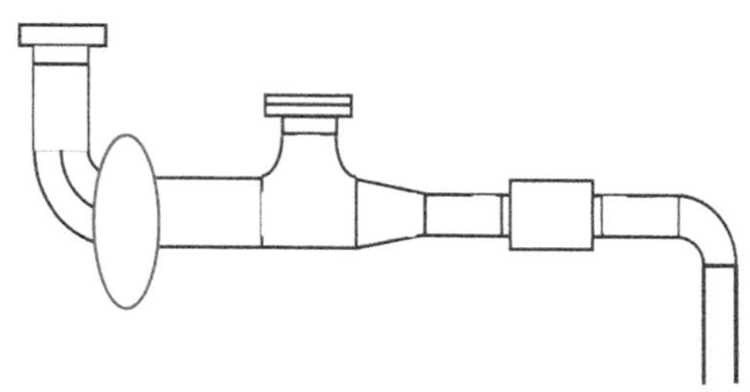

图 4.30 磁异常产生的位置

并没有腐蚀现象，怀疑此处为内部缺陷，因此进行了超声复验，结果显示此处内部有缺陷，其当量为 SL+20.4dB。

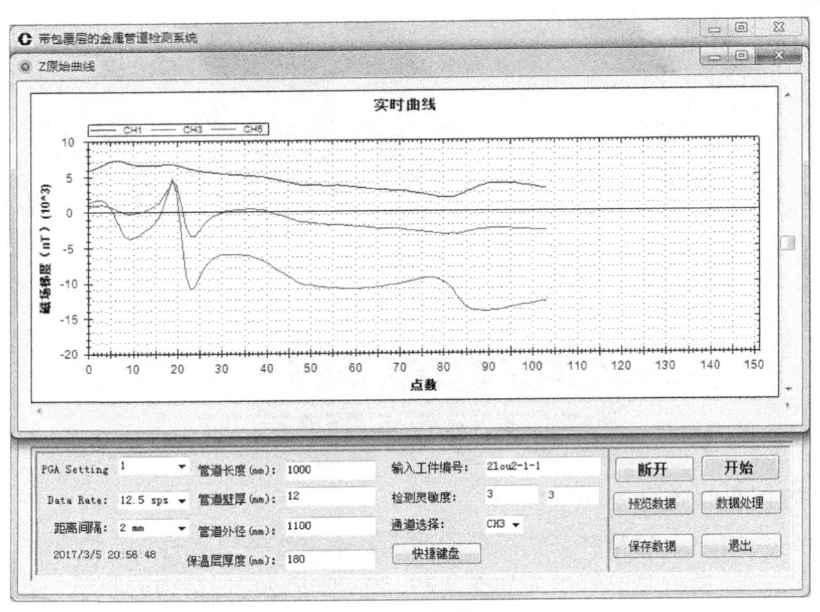

(a) 检测信号

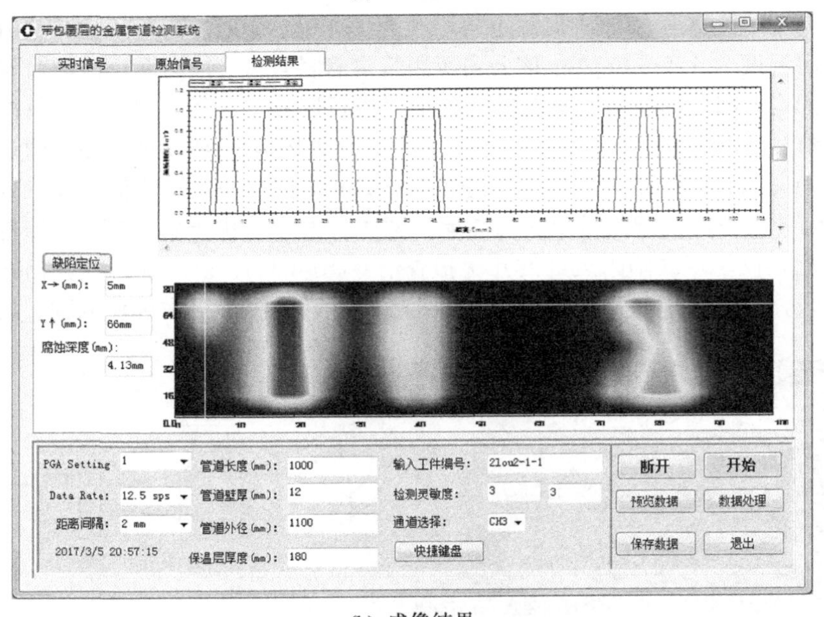

(b) 成像结果

图 4.31　缺陷处扫查的检测信号及成像结果

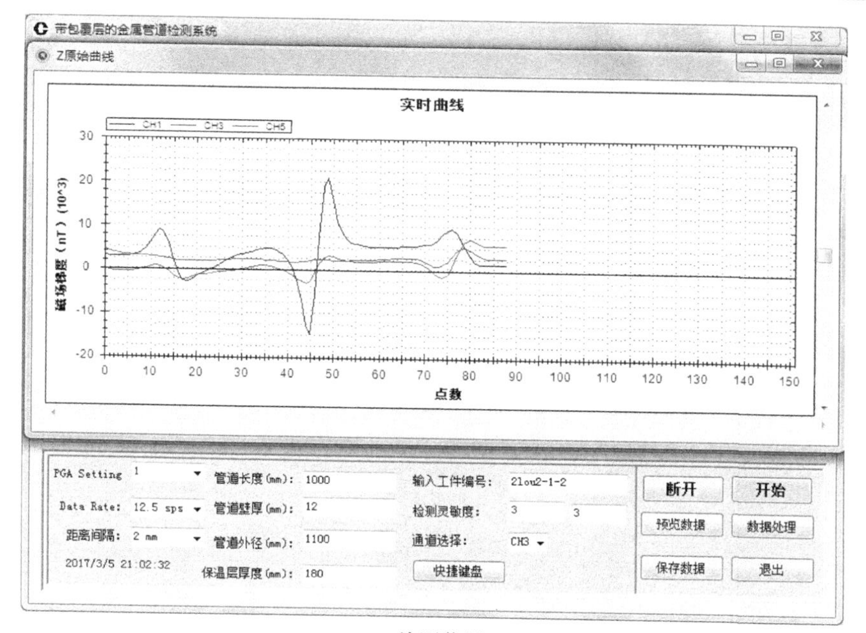

(a) 检测信号 1

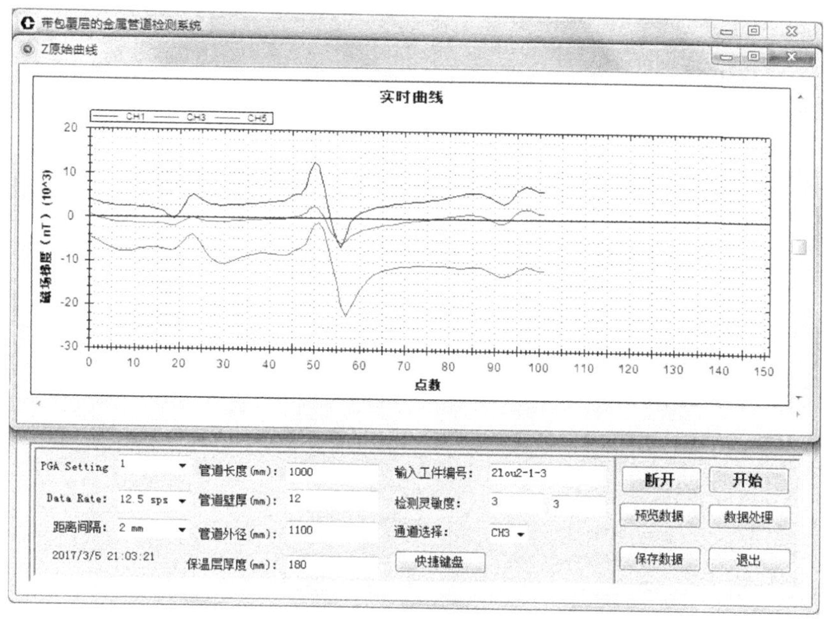

(b) 检测信号 2

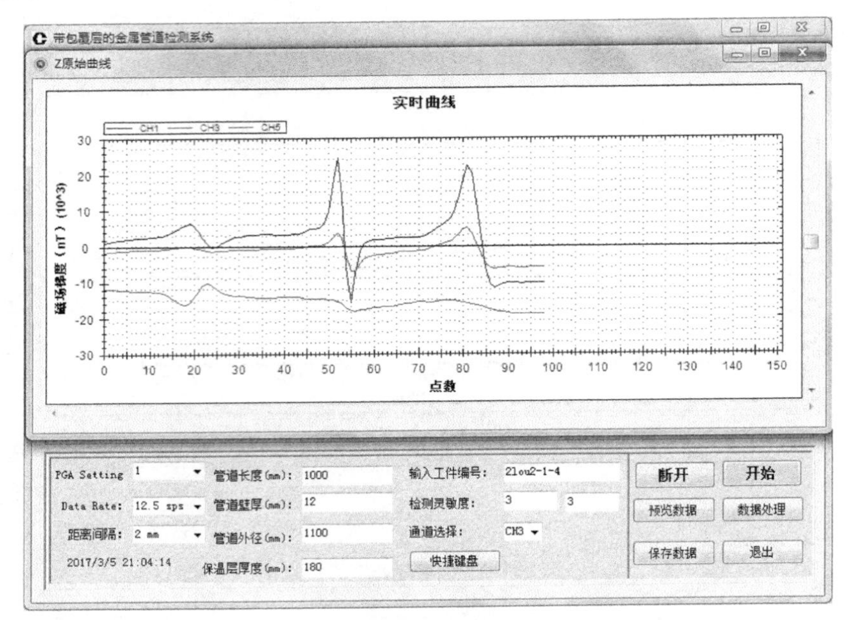

(c) 检测信号 3

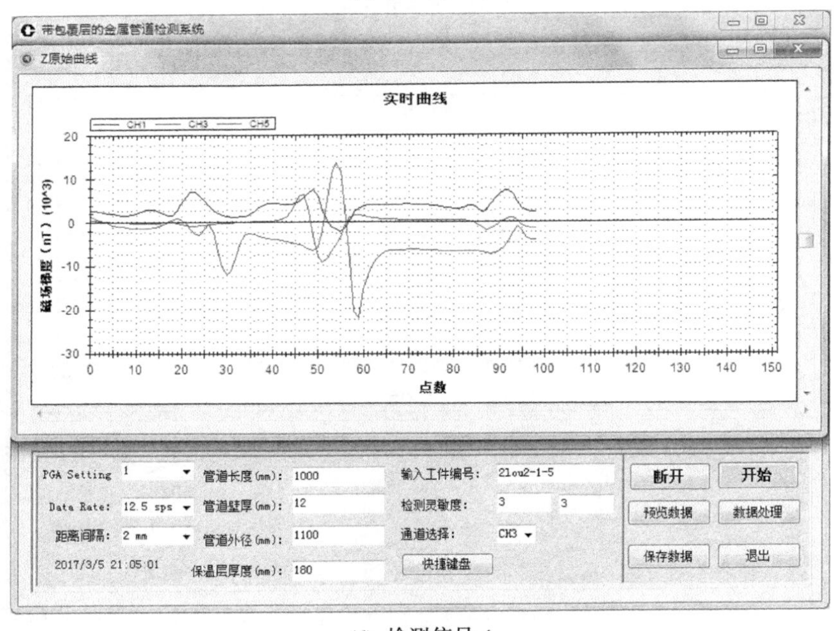

(d) 检测信号 4

图 4.32　缺陷区域附近径向扫查信号

4.4　火车轮检测

4.4.1　概述

安全性和可靠性是铁路领域的两个关键问题[12]。随着铁路运输应用范围的扩大和技术指标的提高，火车的安全运行标准也在不断升级，人们对铁路相关设施的日常维护和检测也提出了更高的要求。火车轮是火车的关键部件，谈到火车的安全运行问题，就不得不涉及火车轮的安全检测。在火车运行期间，火车轮的工作环境恶劣，常受到撞击、摩擦等作用，因此车轮的磨损、裂纹和剥离等损坏现象很常见[13]。2005 年 11 月 19 日，柳州机务段 DF4B2665 号机车牵引 1558 次旅客列车，以 91km/h 的速度运行至屯里站出站后，司机突然听到走行部有异声，立即停车检查，发现第 6 轮对轮心内移与齿轮箱严重碰磨，齿侧轮心在过渡圆弧处裂通；2007 年 1 月 14 日，兰州西机务段 SS7C0050 号机车担当 K228 次旅客列车牵引任务时，机车运行方向第 1 条轮对左侧车轮崩裂导致机车脱轨；2008 年 10 月 26 日，锦州机务段 DF4C5315 号机车担当 H74018 次总重达 20048t 的货物列车牵引任务时，左侧一动轮齿侧轮辐距轮心安装孔由内向外呈环形裂纹，沿圆周方向裂通。一般来说，铁路客货车辆均使用辗钢车轮，这种车轮在辗制过程中会形成夹灰、夹渣和未辗透等制造缺陷，易在使用过程中发生由疲劳引起的失效，形成裂纹等缺陷从而严重影响火车轮的使用，降低火车在行驶中的安全系数，尤其是在火车提速之后，由此引起的事故发生率有很大的增长[14]。

目前，火车轮的设计中普遍采用的是安全寿命设计思想。安全寿命设计是指使承力结构在规定的寿命期内不进行检查和维修的条件下疲劳失效概率极小的设计。也就是说，该设计思想建立在结构无缺陷的基础上，认为在制造过程中火车轮通过严格的质量控制后没有形成任何缺陷，同时要求零件在使用期限内没有出现任何可检测出来的缺陷，一旦检测出缺陷即认为该结构已经失效。这种设计思想不能对缺陷的产生时间和缺陷的发展趋势进行判断，且会把小于结构剩余强度要求的载荷下允许存在的最大损伤缺陷误判为会引起零件失效的缺陷，使本可以继续使用的火车轮不得不面临被淘汰的命运，无形中提高了成本。相比较而言，在航空领域使用的损伤容限的设计思想更加经济实用。损伤容限设计的基本出发点是承认结构中存在未被发现的初始缺陷、裂纹或其他损伤。使用过程中，这些缺陷在循环载荷作用下将不断扩展。通过测试分析和试验验证，对可检结构给出检修周期，对不可检结构提出严格的剩余强度要求和裂纹增长限制，以保证结构在给定使用寿命期内不会因未被发现的初始缺陷的扩展而造成严重事故。该设计思想虽然解决了还未达到失效标准的火车轮被废弃的问题，但是它以假设结构中存在初始缺陷为前提，因此无论车轮内是否存在初始缺陷，都要对所有车轮进行检测，这样检测的成本大大提高。

基于以上分析，如果能找到一种检测尺寸小于初始缺陷标准的微小缺陷检测方法，则可以降低成本。将该检测方法用于每个车轮检测阶段的初期，如果检测到缺陷的存在则进一步用其他方法验证，如果未能检测到缺陷则说明车轮满足安全运行的要求，这就省去了使用其他方法检测的工序。另外，各种检测方法在微小缺陷的检测方面都存在技术盲区。因此，找到一种能够检测微小缺陷的无损检测方法成为关键。

4.4.2　火车轮的缺陷类型

火车轮包括踏面、轮缘、轮辋、轮辐和轮毂，其结构如图 4.33 所示。一般将火车轮的探伤部位分为三个区域，即轮缘区域、轮辋区域和轮辐区域。缺陷的易发区有两处，第一处为钢轨内侧与车轮的接触区域，即轮缘和轮缘根部；第二处为踏面与钢轨接触部分，以及该部分以下深度约为 15mm 的轮辋区域[15]。实现火车轮全面检测的关键一步是进行区域划分，针对不同的检测区域可采用不同的检测方法和检测探头。火车轮检测分为轮缘的检测和车轮踏面的检测，其中车轮踏面剥离是车轮损伤的主要形式。

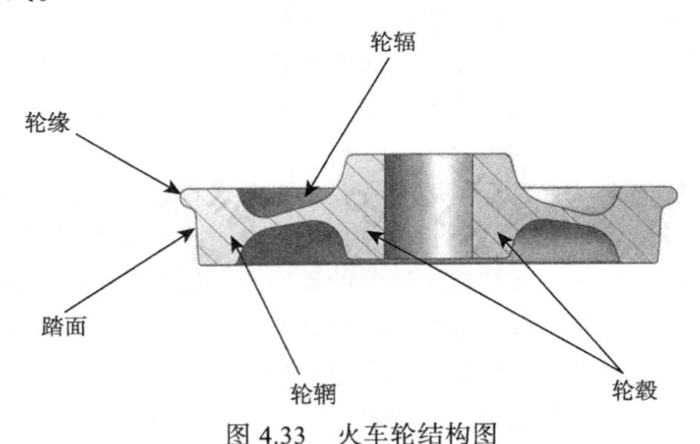

图 4.33　火车轮结构图

车轮踏面剥离是列车在运行过程中出现的惯性质量问题，剥离是指车轮在运行过程中由于制动热作用或轮轨滚动接触疲劳作用在踏面圆周或部分圆周上呈现的金属掉块剥落损伤和鱼鳞状或龟纹状热裂纹现象。国外的研究常将由轮轨滚动接触疲劳产生的损伤定义为剥落，而将由热作用产生的裂纹损伤称为剥离。实际中，根据定义判断踏面的损伤属于剥落还是剥离往往比较困难，且这两种损伤也可能同时出现在同一车轮上，因此国内大多统称为剥离。按形成机理，剥离大致可分为三种类型，即由热作用引起的制动剥离、由机械作用引起的擦伤剥离和由滚动接触疲劳应力作用引起的接触疲劳剥离。

1. 制动剥离

制动剥离一般发生在踏面闸瓦制动的车轮上，分布于踏面与闸瓦接触的整个圆周部位，是踏面发生较多的一种剥离类型。制动剥离在宏观上可观察到刻度状或龟纹状的裂纹，裂纹沿垂直方向向下或到一定深度处转向，在沿裂纹处有网眼状或鳞片状的剥离。踏面层的金相组织主要表现为较薄马氏体白层，裂纹一般起源于马氏体白层处，且垂直于马氏体白层向下倾斜沿变形流线方向发展或转向平行于踏面方向发展，最终贯通形成剥离。

制动剥离是制动过程中踏面表层形成脆硬马氏体白层和热裂纹的结果。在不适合的制动条件下，闸瓦与车辆接触部位会产生高热而导致车轮表面金属发生相变，轮瓦接触部位的摩擦产生高热能，由于两者的接触面积很小，且现阶段我国大多采用合成闸瓦制动，其散热性能较差，产生的高热能使踏面局部瞬时加热到相变点温度以上，随后冷却时形成马氏体白层，在轮轨接触应力作用下，踏面将发生大面积的剥离。多次制动后，踏面表层会形成热裂纹，呈刻度裂纹状，并伴有马氏体白层的产生，接触应力的继续作用使得热裂纹逐渐扩展，相邻的热裂纹贯通后形成踏面的浅层剥离。脆硬的马氏体白层是裂纹萌生的主要原因，裂纹的扩展速度和方向与车轮的残余应力状态有关。相同情况下，列车空载时更容易发生制动滑行而产生剥离。当形成的马氏体白层较薄时(0.01mm 左右)，在踏面滚动过程中可能会被剪切或者磨耗掉；当马氏体白层厚度大于 0.08mm 时，一般不会被磨耗掉。图 4.34 所示为车轮踏面制动剥离形貌。

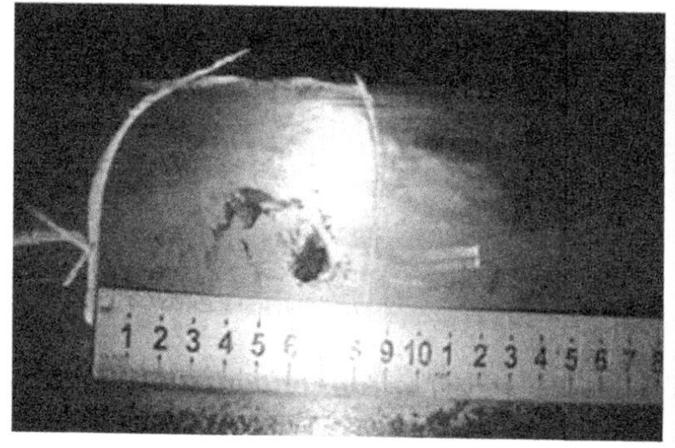

图 4.34　车轮踏面制动剥离形貌

2. 擦伤剥离

在踏面的局部位置有龟纹状裂纹，裂纹周围一般可观察到浅色椭圆形或圆形边界，沿裂纹处有层状碎裂剥离掉块，这种裂纹损伤就是擦伤剥离。在踏面擦伤剥离的部位有较厚的马氏体白层，擦伤剥离位置处，马氏体白层呈现脱落现象。

对于运行中的车轮，当紧急制动或制动力过大时，都将产生抱闸现象。由于列车仍具有一定的惯性力而向前运动，若惯性力大于轮轨黏着力，就会出现轮轨滑行或蠕滑现象，因而产生不同程度的摩擦热。这种摩擦热的温度很高，极易达到相变点以上，产生高温奥氏体相，而后在迅速冷却时形成硬而脆的马氏体组织，严重时会导致擦伤处剥离掉块。由于车轮的锁定，原先与轮轨较小的接触表面因滑动摩擦而磨损呈椭圆状，使得接触表面扩大。车轮在钢轨上滑动发热导致整个车轮轮辋上滑动部位周围区域受热并发生组织上的变化，产生马氏体。由于马氏体的硬脆性，随着车轮的滚动，马氏体部位极易碎裂剥落，从而导致车轮踏面损伤。在列车载荷多次作用下，较浅的擦伤可能因钢轨磨耗而消失，较深或多次重复擦伤则可能发展成为踏面剥离。通过旋修可以修复擦伤车轮，采用加装车轮防滑设备等方法则可以降低擦伤出现的概率。图 4.35 所示为车轮踏面擦伤剥离形貌。这种损伤应与车轮制动热裂纹所产生的热源区分开，擦伤剥离的热源是因车轮锁住而在钢轨上滑行所产生的热，不会导致热裂纹的形成。虽然是由车轮的滑动引起的组织变化，但在制动车轮的圆周表面并未发现热裂纹的存在。

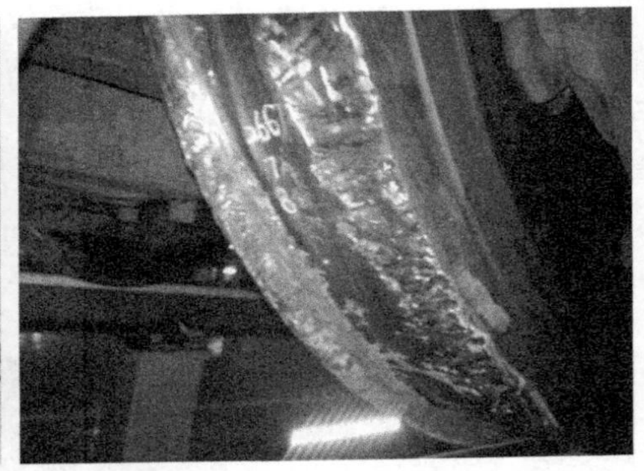

图 4.35　车轮踏面擦伤剥离形貌

3. 接触疲劳剥离

接触疲劳剥离发生在车轮踏面的整个圆周部位，宏观可观察到裂纹，呈现不规则的网状或龟纹状，沿裂纹处伴有层状或小块金属的脱落。金相组织形貌特征表现为踏面表层金属发生塑性变形，裂纹从踏面萌生并沿塑性变形流线方向向下发展，剥离层深度和塑性变形相对应，其值一般为 0.5～3mm。

接触疲劳剥离的形成机理是在轮轨接触面间的接触应力作用下，踏面表层金属发生塑性变形及疲劳裂纹萌生并扩展。其中，裂纹的形成是发生剥离的必要前提。当车轮被强烈制动时，由于踏面表层形成了一受热层，该受热层的热膨胀受到轮辋冷金属基体的约束，在受热层内产生周向压应力。随着制动过程中车轮受热层温度的升高，由热处理、加工硬化和热膨胀所形成的周向压应力之和达到车轮钢的屈服极限，受热层局部产生塑性变形，温度进一步升高，受热层普遍屈服，产生较大的塑性变形，从而使受热层的周向压应力松弛，其后随着受热层的冷却，在受热层内产生周向压应力。之后的每次制动，受热层都将重复周向拉应力下降—周向压应力—发生塑性变形—周向拉应力这一低周应变疲劳的循环过程，即热疲劳。随着循环次数的增加，累积残余应变达到材料的裂纹萌生门槛值后，裂纹开始萌生，这种裂纹称为热裂纹。当循环应力达到一定周期时，裂纹会在踏面上发展成疲劳掉块而形成剥离。裂纹萌生的危险深度一般在踏面下 6mm 左右。

疲劳裂纹的萌生以热疲劳应力为主，疲劳裂纹的扩展是以接触疲劳为主的多种综合作用结果。在踏面出现热影响层是萌生热疲劳裂纹的原因，当主裂纹向内扩展时，热应力和组织应力减小，接触应力逐渐对裂纹的扩展起主要作用，此时的疲劳裂纹逐渐转向，当相邻的热裂纹剪短与疲劳裂纹相遇时，会形成踏面浅层掉落等踏面表面损伤，如果踏面热影响层较深，热疲劳应力将会对疲劳裂纹的扩展起主导作用，热裂纹向径向扩展，若不及时发现并处理，就可能形成径向崩裂甚至严重危及行车安全。疲劳裂纹如图 4.36～图 4.38 所示。

图 4.36　制动热裂纹导致的径向崩裂

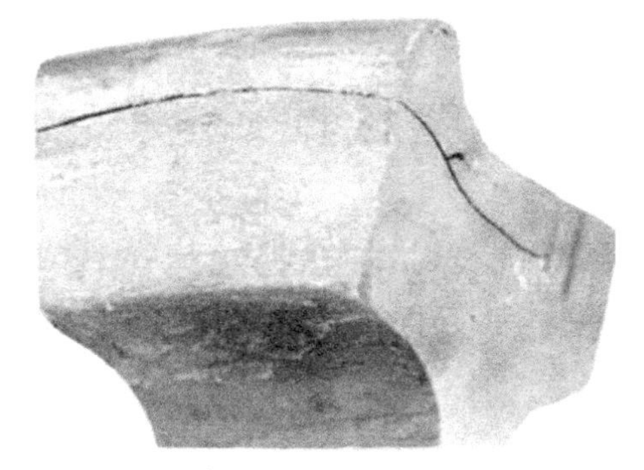
图 4.37　轮辋疲劳裂纹

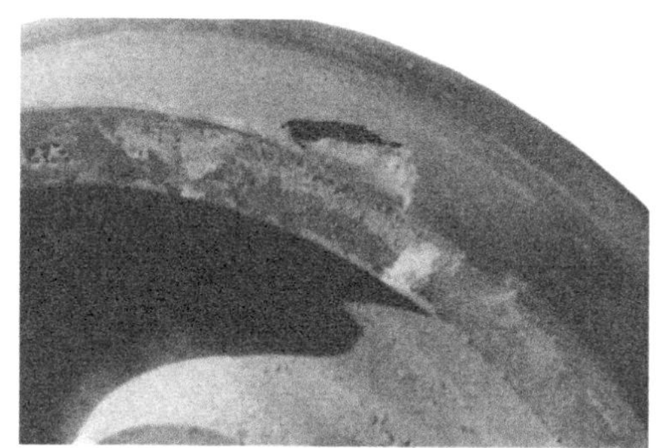
图 4.38　轮辋疲劳裂纹导致的轮辋掉块

车轮内部的夹杂物容易导致轮辋裂纹的萌生。由于夹杂物与车轮母材之间的弹性性能和热性能存在差异，车轮在接触应力下和冷却过程中产生非均匀的应力场，Al_2O_3 的弹性模量(3.9×10^5 MPa)大于车轮钢的弹性模量(2.0×10^5 MPa)，则 Al_2O_3 夹杂物将比周围母材承受更大的载荷，从而使夹杂物附近的应力降低。Al_2O_3 的热膨胀系数(8.0×10^{-6}/℃)小于母材的热膨胀系数(13.28×10^{-6}/℃)，因此在热处理的冷却过程中，它要比周围母材收缩得慢，在母材和夹杂物交界处产生拉应力。在轮轨接触应力作用下，在 Al_2O_3 球形夹杂物极点处产生应力集中，造成夹杂物与母材脱开或使结合紧密的夹杂物本身破碎，从而形成空穴，在继续加载的过程中，应力集中程度更大并会在此处产生裂纹。

轮辋裂纹最初是在夹杂物与母材交界面处成核，或者夹杂物本身先破裂，而后裂纹向母材中扩展。无论哪种情况，都可将夹杂物视为缺陷或者裂纹。内部裂纹的疲劳极限为

$$\sigma_{\omega i}=1.56(\mathrm{HV}+120)\Big/\left(\sqrt{A_i}\right)^{1/6} \tag{4.12}$$

式中，A_i 为缺陷面积，单位为 μm^2；$\sigma_{\omega i}$ 为缺陷的疲劳极限，单位为 MPa；HV 为维氏硬度。

由式(4.12)可知，夹杂物尺寸越大，所造成的缺陷在垂直于最大主应力方向上的投影面积越大，疲劳强度值越小，就越容易萌生疲劳裂纹。踏面下夹杂物所在处的最大主应力 $\sigma_{\max}=\sigma_{\omega i}$ 为萌生轮辋裂纹的临界条件。

轮缘部分的缺陷主要表现形式为轮缘根部热裂纹、轮缘径向短裂纹以及轮缘局部缺损、掉块，这种情况下的轮缘一般会出现较为严重的碾堆特性，易造成脱轨。列车在小曲线半径的弯道行驶时，由于轮缘与钢轨之间的接触和摩擦产生热应力，在这种热应力的作用下轮缘根部会产生“蟾蜍”皮状的微小裂纹，这种微小裂纹的危害性不大，可不进行处理，裂纹较深时可直接进行选修。但是如果使用的轮缘过薄，钢轨与车轮轮缘接触处将产生较大的接触应力，当接触应力超过材料本身的屈服极限时，不仅会在轮缘表面产生明显的塑性变形层，还会在轮缘位置产生严重的异常磨耗和顶部碾堆。轮缘顶部的碾堆部位作为应力集中区在随后接触载荷的作用下萌生裂纹并发生疲劳扩展，最终导致轮缘裂纹或缺损掉块，如图 4.39～图 4.41 所示。

在火车轮检测中，除了前面介绍的这些常见缺陷失效，还有许多微小缺陷往往被忽略。这些微小缺陷的长度或直径可能小于 0.1mm，常规无损检测方法很难检测到，而它们的危害是不能被低估的。随着火车轮的长期高负荷运载，疲劳失效的现象时有发生，这些未被发现的微小缺陷在这种高载荷的条件下很有可能发生扩展，这就给看似在安全范围内的火车轮埋下了隐患。利用弱磁无损检测技术对火车轮轮缘及踏面进行检测，满足了对微小缺陷的检测要求。

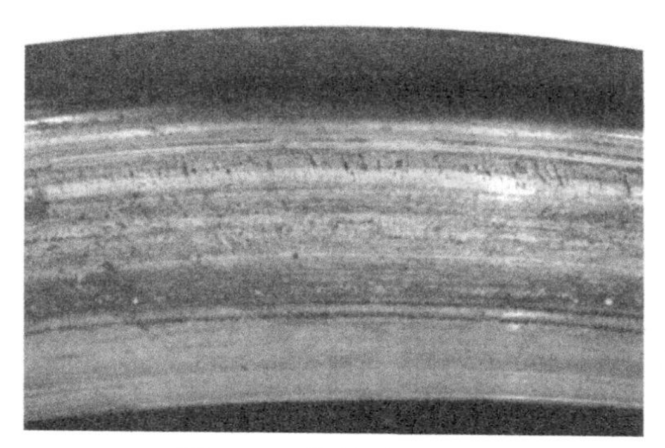

图 4.39　轮缘热裂纹

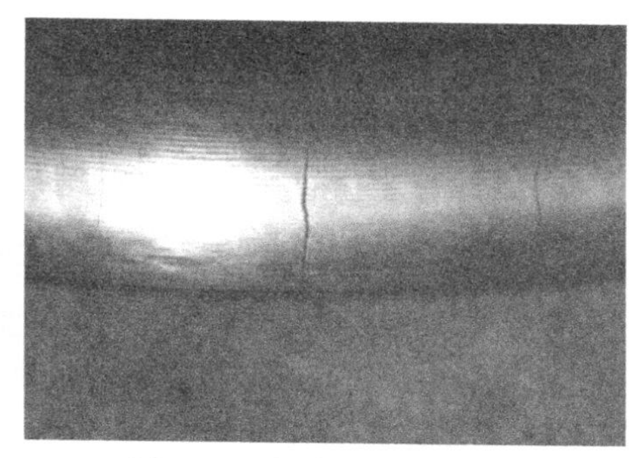

图 4.40　轮缘裂纹局部放大

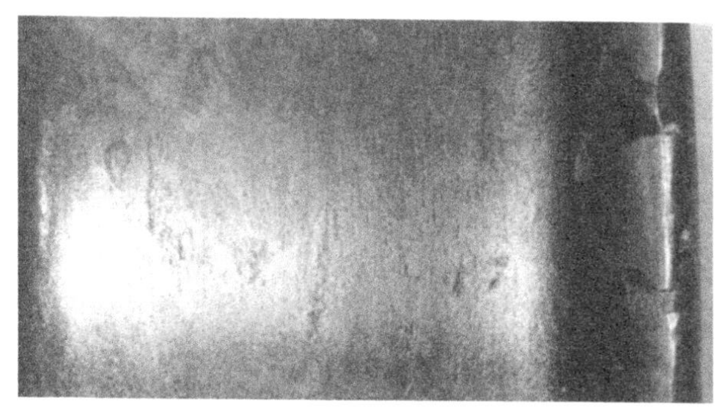

图 4.41　轮缘缺损形貌

4.4.3　火车轮检测方法

火车轮检测中的常见缺陷多发生在车轮的踏面和轮缘部位，这两个部位的缺陷对火车的安全运行会产生很大的影响。基于以上原因，可将火车轮弱磁检测的区域定为火车轮的踏面和轮缘。考虑到检测方法的便捷性和易操作性，火车轮弱磁检测一般采用结构简单的手持式探头。根据踏面和轮缘的结构形状，参考火车轮的设计尺寸，并结合在机务段实际测量的踏面和轮缘尺寸设计了火车轮弱磁检测探头，如图 4.42 所示。从图中可以看出，倾斜部分用于火车轮踏面部位的检测，而圆弧部分用于火车轮轮缘部位的检测。

为了提高检测的可靠性，得到充足的检测数据，弱磁检测探头采用阵列式排列并选择地毯式扫查方式，即将检测探头沿火车轮的轴向方向依次排列成一字形。对于探头个数的选择，则基于探头的有效覆盖面积，在保证各个探头间没有相互干扰的前提下，一般确定为 8 个。这 8 个检测探头从踏面部分到轮缘部分分别为 1 号检测探头～8 号检测探头，如图 4.43 所示。其中，1 号检测探头～6 号检测探头负责火车轮踏面部位的检测，7 号检测探头和 8 号检测探头用于对火车轮轮缘部位的检测。

图 4.42　火车轮对弱磁检测探头

图 4.43　检测探头内部排列

火车轮弱磁检测采用火车轮转动而弱磁检测探头固定的扫查方式，具体来说就是将弱磁检测探头固定在某个位置上，与车轮表面有 1～2mm 的提离高度，保证在车轮转动的过程中车轮表面不会摩擦到检测探头，通过转动火车轮来完成检测。此外，为了实现缺陷的定位，一般在检测探头上加装编码器。具体的定位方式如下：把检测初始位置记为检测零点，检测开始后火车轮转动同时编码器开始记录数据，当火车轮完整转完一周后弱磁检测完成，这时编码器记录的数据即火车轮的周长。如果在这次检测中发现了缺陷，找到编码器记录的缺陷所对应的具体位置值，通过周长与角度的转换公式把缺陷所在的位置转换到相对于检测零点的某一个角度上，这样就实现了缺陷的定位。在上位机界面上加入缺陷成像的功能，可将缺陷的具体位置通过图像直观地显示出来，这样能够降低现场检测的操作难度，降低成本。

4.4.4　火车轮检测案例

每对在役轮对都需要从火车上拆卸下来进行常规检测，通常采用磁粉检测方法和超声检测方法。在机务段和车辆段实际检测中发现，已进行磁粉检测的车轮再用弱磁无损检测方法检测时会出现测量值饱和的现象，这是因为磁粉检测对火车轮进行了磁化。在对未做过磁粉检测的车轮的试验过程中，弱磁检测能够很好地识别缺陷所在的位置；而超声检测对于弱磁检测无任何影响，两种检测方式可以相辅相成、相互配合，如果将两种方法配合使用，缺陷检测的准确性会有很大的提高。

图 4.44 为火车轮对的实际检测情况。图 4.44(a)为手持探头式检测，从中可以看出检测探头是根据火车轮的踏面和轮缘的形状尺寸设计的，能够完全贴合火车轮表面进行检测。在图 4.44(b)中，检测人员通过手持探头沿着火车轮的周向方向进行扫查，这是最基本的火车轮弱磁检测方式，在后续实现了火车轮的自动化检测以及

火车轮的在线在役检测。

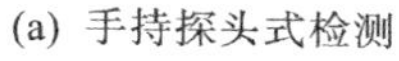

(a) 手持探头式检测

(b) 火车轮周向扫查

图 4.44　火车轮对实际检测

图 4.45 显示了火车轮弱磁检测后标记出异常的位置，可以看到这两个火车轮中共有四处缺陷。对于图中的四处缺陷，通过弱磁检测获得的信号明显可以确定是由缺陷引起的，而用超声检测进行验证没有发现明显的缺陷信号，通过显微验证方式发现四处均为超声检测未能识别的微小缺陷。可见，弱磁无损检测技术具备了火车轮微小缺陷的检测能力。

图 4.45　火车轮弱磁检测结果实物标记

4.5 地下储气井检测

4.5.1 概述

天然气是一种清洁、高效的化石能源，具有非常大的发展潜力。在不久的将来，天然气在能源结构中将会占有越来越大的比例。天然气的应用范围越来越广，已经从最初的民用行业发展到交通行业，以压缩天然气(compressed natural gas, CNG)为燃料的汽车保有量也在迅速增加。据统计，截至 2017 年底我国 CNG 汽车保有量超过 600 万辆，全国各地加气站在役的地下储气井现已经超过 5000 口[16]。但是 CNG 加气站在我国境内分布很不均匀，其中云南、贵州等偏远地区只建设有少量的加气站，西藏地区因经济水平较为落后而基本没有建设天然气加气站，油气资源丰富、经济发展迅速的地区，如重庆、四川和山东等，则是加气站的主要集中发展区。采用天然气作为燃料的机动车与传统的以汽油、柴油作为燃料的机动车相比，排放的污染物更少、更加环保和经济。随着社会经济的发展以及人们环保意识的增强，全国范围内的公交车、出租车正陆续采用天然气作为燃料，这也导致全国各地的加气站数量都在迅速增长。

根据我国石油行业标准《高压气地下储气井》(SY/T 6535—2002)的有关规定，加气站的 CNG 地下储气井需要按照固定周期进行一次全面的无损检测，一般检测周期为 6 年。储气井的形状及结构如图 4.46 所示。在全国范围内储气井使用年限超

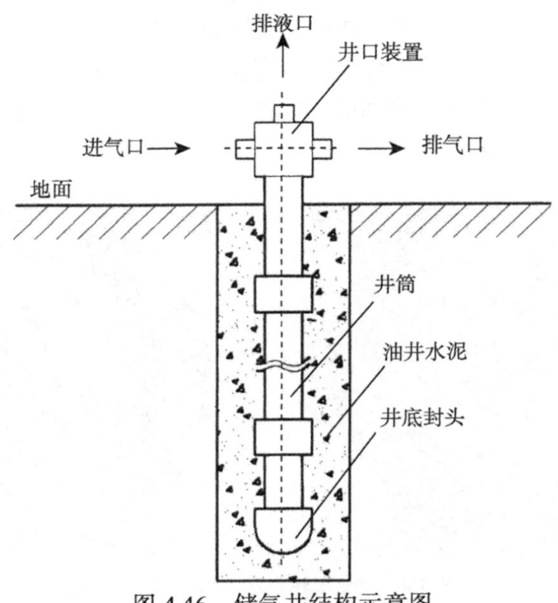

图 4.46 储气井结构示意图

过6年的已有百余口，但是我国最近几年才开始发展有关地下储气井的检测技术。目前，主要采用加压测量等传统方式进行检测，以判断地下储气井是否存在泄漏[17]。为了提高加气站地下储气井现场检测效率、降低工作强度，需要开发一套检测效率高、便于携带与安装的CNG地下储气井检测系统，从而可以有效地对地下储气井进行安全评估以及预防重大事故的发生。

建设加气站的CNG地下储气井所用的管体为石油钻采专用的N80套管，因此针对地下储气井进行检测的方法与石油钻井类似。国内外针对地下储气井的无损检测方法主要有超声检测、涡流检测、漏磁检测和井下视频检测等。

1. 超声检测

与其他各种检测技术相比，超声检测技术具有穿透能力强、检测灵敏度高、现场仪器操作较为简单等显著优点，特别是在确定缺陷大小与定位中优势更加突出，但是在储气井等封闭环境中超声使用较为困难。目前，对于储气井管体内部的检测主要采用管体内部旋转超声检测技术，吴迪等根据CNG地下储气井的结构以及现场过程中储气井井筒内必须灌水的安全要求，研制出基于水浸法的超声检测系统以检测储气井井壁是否存在缺陷[18]；林仙土等利用水浸超声检测技术检测地下储气井井壁是否存在裂纹、腐蚀等缺陷[19]；哈里伯顿公司开发的圆周声波扫描仪用于对地下储气井进行检测，不仅可以获得储气井管体的腐蚀情况，还能对管体的水泥外层状况进行整体评估[20]。

但是，在实际应用中超声检测存在不少问题：①将超声检测用于地下储气井检测过程时，超声检测探头和地下储气井内表面需要有比较好的耦合，这就要求检测的地下储气井井壁具有非常好的整洁度；②超声检测的自身特征决定了其必然存在近场盲区，无法检测储气井表面、近表面存在的裂纹和腐蚀等缺陷，容易造成漏检。

2. 涡流检测

涡流检测在工件中产生的涡流属于交变电流，由于具有趋肤效应，其检测结果只能反映工件的表面情况。常规涡流检测方法很难检测材料内部是否存在缺陷，即无法确定储气井井壁内部是否存在缺陷。近些年，为了克服常规涡流检测存在的这一缺陷，逐渐发展出一种新型的无损检测技术，即远场涡流检测技术[21]。这种无损检测方法主要采用低频涡流技术，不仅能够检测工件的内部信息，其检测精度也有较大的提升，对储气井内外壁能够达到同样的检测效果。但是此类仪器价格昂贵且只能检测储气井井壁是否存在缺陷，无法检测储气井井底的缺陷，也无法测量储气井井筒是否变形。

3. 漏磁检测

利用漏磁检测技术对储气井套管进行无损检测具有检测过程无污染、检测系统易于实现自动化等优点[22]。漏磁检测时需要对储气井管体进行磁化，在磁化过程中其磁化器与储气井井壁之间将产生巨大的吸引力，导致检测装置入井过程极为不便，从而影响检测结果和检测效率。

4. 井下视频检测

井下视频检测系统主要借助入井装置中安装的前置摄像头和传导光纤将管道内壁存在的裂纹、腐蚀和井下落物等情况传输到地面的控制系统中，通过图像信息处理软件进行分析处理，将井底情况呈现到地面显示系统，便于检测人员查看管道内壁状况。井下视频检测系统可用于检测石油井井壁损伤或者井底落物的打捞。田玉刚等将井下视像技术成功运用到胜利油田井筒的检测，分析影响检测效果的不利因素，提出应对的解决方案[23]。由于井下空间狭小，且在检测之前储气井清洗不干净，井下视频检测系统在储气井中基本无法使用。

上述四种检测方式均可用于地下储气井的缺陷检测，但是每种检测方法只能检测单一类型的缺陷，检测效率非常低。目前还没有一套成熟的、功能齐全的地下储气井检测系统，因此研究将多种检测方法综合运用的地下储气井检测系统显得非常迫切。

4.5.2 地下储气井缺陷分析

在加气站现有的各种天然气存储方式中，用地下储气井存储天然气的方式具有存储量大、占地面积极小、加气快、井体不受温度变化影响等显著优势，其市场占有量已经远超传统的球罐储气方式，成为各个天然气加气站首选的储气方式。据统计，在全国范围内 80% 左右的加气站的天然气均采用地下储气井进行存储。加气站的地下储气井在长期使用过程中，由于其存储的天然气中含有部分腐蚀性气体，如硫化氢等，这些气体与井筒内的水分发生化学反应，会形成腐蚀性物质，导致地下储气井内壁发生腐蚀。在地下储气井投入使用后，CNG 地下储气井管体将长期深埋于地底下，由于在管体周围存在地下水、还原菌、碳氢化合物和硫酸盐等物质，管体外壁将不可避免地发生不同程度的腐蚀。如果储气井的内外壁长期受到比较大的腐蚀，那么储气井管体会出现裂纹甚至穿孔等缺陷，从而影响其抗压强度。储气井的使用性质决定其将长期工作在高压环境下，因此地下储气井管体一旦存在严重的裂纹、腐蚀等缺陷，极易造成储气井井筒破裂、天然气泄漏等重大安全问题。

在加气站利用地下储气井存储天然气与天然气开采过程正好相反，这种储气方式是借用石油天然气开采部门的钻井技术，在选择好的地表面上往下钻一个大约 200m 深的井，钻井完成后将石油钻井工业专用的套管通过管体两端的螺纹与管箍接头连接在一起，在入井的第一段管体底端安装一个底部封头，形成一个类似井筒形状的容器。待所有管体的安装工作结束后，在管体的外壁与所钻的井壁之间灌入水泥砂浆将其固定，最终形成可以投入使用的 CNG 地下储气井。但是地下储气井在实际使用与维护过程中存在许多问题，例如，在维护过程中所做的耐压试验无法检测管体强度及其密封性，制造过程中存在的缺陷不能及时发现，每次检测前的清洗过程中排污不彻底，都容易对储气井管体造成腐蚀。

4.5.3　地下储气井检测方法

1. 井筒变形检测

涡流测距传感器是基于电磁感应原理设计开发的，其原理如图 4.47 所示。当通电的涡流测距传感器靠近金属材料时，传感器产生的交变磁场作用于工件中会产生感应涡流，同时工件中感应出的涡流也会产生与原磁场方向相反的交变磁场，反作用于传感器中的线圈进而改变传感器中线圈的品质因数 Q 、电感 L 和电阻抗等物理参数。涡流测距传感器本身的电感变化、电阻抗的大小和品质因数与涡流测距传感器的前置线圈到被测金属之间的距离有紧密的关系。在进行测量时，如果涡流测距传感器本身的参数保持不变，被测量工件的自身参数也保持不变，则工件中涡流效应大小只与传感器前置探头到被测导体的距离 d 有关。当传感器线圈远离被测工件

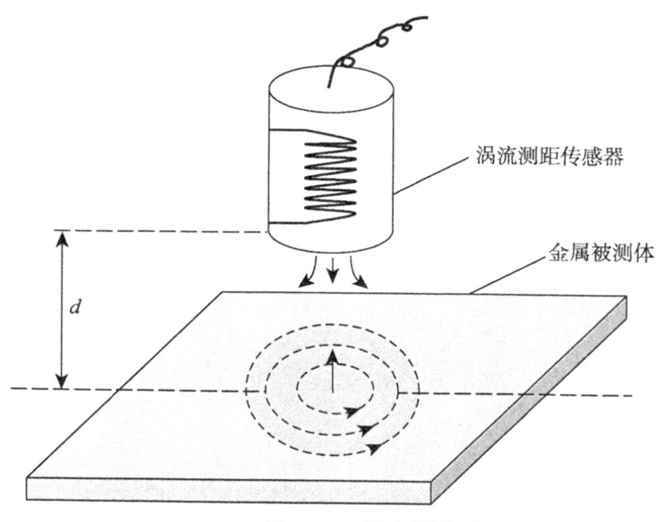

图 4.47　涡流测位移原理

时，涡流测距传感器产生的交变磁场在空气中的衰减随着距离的增大而变大，检测线圈测量的磁场值随着距离的增大而减小，进而影响涡流测距传感器的电阻抗，反之亦然。保持其他参数不变，涡流测距传感器阻抗就是位移距离的单值函数，通过将测量的磁场转变为传感器的阻抗值，即可测量传感器与工件的距离。

在 CNG 地下储气井中，井筒变形量定义为在储气井管体同一截面的各个方向上最大直径与最小直径之差除以最大直径与最小直径之和再乘以 100%，即

$$S=\frac{r_1-r_2}{r_1+r_2}\times 100\% \tag{4.13}$$

式中，r_1、r_2分别表示储气井井筒管体同一截面上的最大直径和最小直径。

在平面内，任意一个椭圆方程均可以用如下公式进行确定和表达：

$$\frac{\left[(x-x_0)\cos\theta+(y-y_0)\sin\theta\right]^2}{a^2}+\frac{\left[-(x-x_0)\sin\theta+(y-y_0)\cos\theta\right]^2}{b^2}=1 \tag{4.14}$$

式中，(x_0,y_0)表示该椭圆的中心坐标；参数a、b分别表示该椭圆的长半轴和短半轴；夹角θ表示该椭圆的长半轴与x轴的夹角。

将式(4.14)进行展开可得

$$\begin{aligned}&x^2+\frac{(b^2-a^2)\sin 2\theta}{b^2\cos^2\theta+a^2\sin^2\theta}xy+\frac{b^2\sin^2\theta+a^2\cos^2\theta}{b^2\cos^2\theta+a^2\sin^2\theta}y^2\\&-\frac{2x_0(b^2\cos^2\theta+a^2\sin^2\theta)+y_0(b^2-a^2)\sin 2\theta}{b^2\cos^2\theta+a^2\sin^2\theta}x\\&-\frac{2y_0(b^2\sin^2\theta+a^2\cos^2\theta)+x_0(b^2-a^2)\sin 2\theta}{b^2\cos^2\theta+a^2\sin^2\theta}y\\&+\frac{a^2(y_0\cos\theta-x_0\sin\theta)^2+b^2(x_0\cos\theta+y_0\sin\theta)^2-a^2b^2}{b^2\cos^2\theta+a^2\sin^2\theta}=0\end{aligned} \tag{4.15}$$

式(4.15)是一个五元四次的非线性方程，为了将其进一步简化，引入变量代替法，通过变量替换将方程转化为线性方程，可以极大地简化椭圆拟合计算量。在变量代换中，令

$$A=\frac{(b^2-a^2)\sin 2\theta}{b^2\cos^2\theta+a^2\sin^2\theta}$$

$$B=\frac{b^2\sin^2\theta+a^2\cos^2\theta}{b^2\cos^2\theta+a^2\sin^2\theta}$$

$$C=-\frac{2x_0(b^2\cos^2\theta+a^2\sin^2\theta)+y_0(b^2-a^2)\sin 2\theta}{b^2\cos^2\theta+a^2\sin^2\theta}$$

$$D = -\frac{2y_0(b^2\sin^2\theta + a^2\cos^2\theta) + x_0(b^2 - a^2)\sin 2\theta}{b^2\cos^2\theta + a^2\sin^2\theta}$$
$$E = \frac{a^2(y_0\cos\theta - x_0\sin\theta)^2 + b^2(x_0\cos\theta + y_0\sin\theta)^2 - a^2b^2}{b^2\cos^2\theta + a^2\sin^2\theta} \tag{4.16}$$

将式(4.16)中的变量代入式(4.15)，可将其化简为

$$x^2 + Axy + By^2 + Cx + Dy + E = 0 \tag{4.17}$$

通过变量替换将式(4.15)转换成式(4.17)这个关于 A、B、C、D 和 E 等变量的线性方程。当椭圆轮廓上的测量点不低于最少的 5 个测量点时，根据最小二乘法中平方和最小原则求出式(4.17)中的替换变量，再根据替换变量的值求解出参数 x_0、y_0、a、b 和 θ 的数值。求出上述 5 个参数后，相应的储气井井筒横截面上的最大直径和最小直径就是椭圆的长轴直径和短轴直径。

在储气井井筒变形测量单元，上位机控制软件可以预先设置井筒的变形阈值线。在检测过程中，若计算出的井筒变形量超过设置的阈值线，系统将进行报警，检测人员可以对报警管体进行进一步的检测，从而提高人工检测的针对性，实现储气井检测的自动化。

2. 检测方案

本节根据CNG地下储气井检测系统的技术参数要求以及CNG地下储气井服役过程所处的实际环境，结合现有的电磁无损检测技术，提出了 CNG 地下储气井检测系统的总体设计方案。根据检测仪器的总体性能要求，在进行地下储气井检测时，要求系统能够实时显示下井深度、检测井筒井壁是否存在缺陷、测量井筒变形量以及实时视频显示井壁使用情况等。在检测完井壁后，当检测系统的入井装置下降到地下储气井底部时，即可开始检测储气井井筒底部封头是否存在缺陷。为了实现上述功能，将 CNG 地下储气井检测系统分为井深测量单元、储气井井壁缺陷检测单元、储气井井筒变形测量单元、视频检测单元和井筒底部封头检测单元五部分。详细的系统模块及相应模块的数据通信连接如图 4.48 所示。

CNG 地下储气井检测系统各个单元的硬件部分均集成在入井装置中，如图 4.49 所示。入井装置为圆筒形结构设计，主要分为探头区、数据采集区和电机转动系统三部分，其中探头区位于该装置的左端，如图 4.49 中圆圈内所示，电机转动系统在该装置的中部，数据采集区以及相关的处理电路在该装置的右半部分。入井装置的探头区结构如图 4.50 所示，其中有 12 个磁通门测磁传感器，用于检测井壁的腐蚀、裂纹等缺陷；有 8 个涡流测距传感器，用于检测井筒变形；有 3 个高清防水摄像头，用于观察井下情况；底部锥面上设置 4 个磁通门测磁传感器，用于旋转式检测井底封头的腐蚀缺陷。

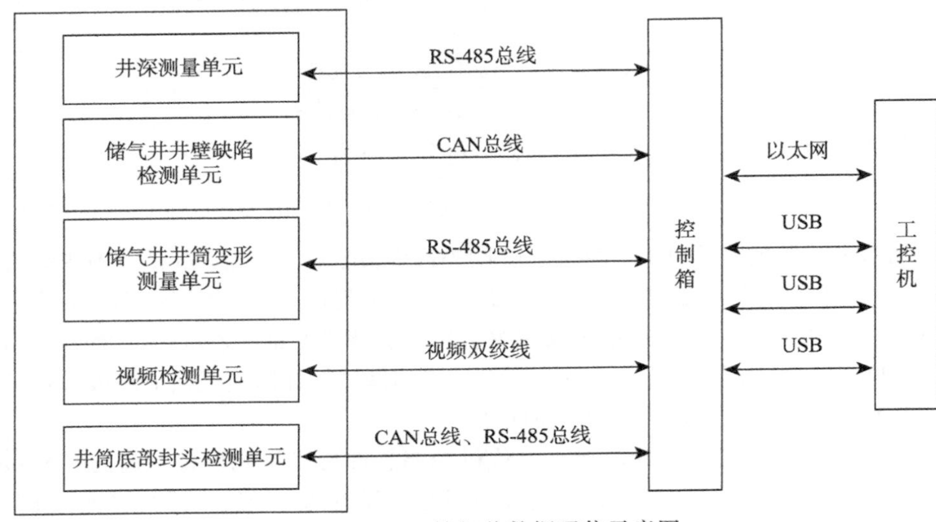

图 4.48　CNG 储气井数据通信示意图

图 4.49　入井装置实物图

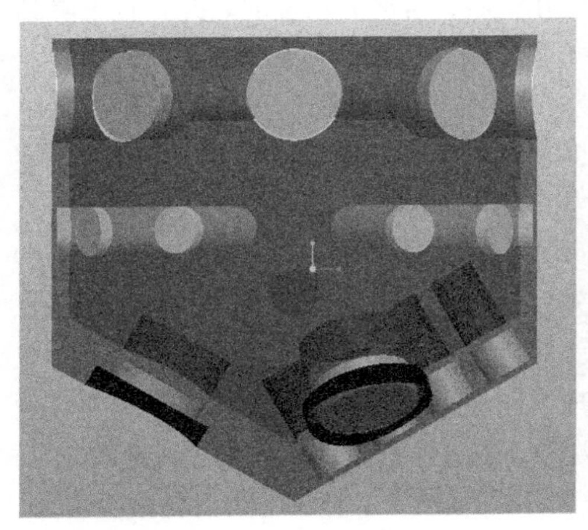

(a) 侧视图

(b) 俯视图

图 4.50　入井装置的探头区传感器分布

3. 试验测试

测试试验在四川某研究院进行，试验过程严格遵守单一影响因素试验原则。在试验之前，对选取的储气井管体进行细致的检测，以确保该段储气井管体无其他类型的缺陷。

首先用手持式磁法检测仪器对 244.5mm 口径的储气井管道进行初步检测，以验证该检测仪器的弱磁无损检测技术现场缺陷检测能力，主要对储气井管体存在的腐蚀和均匀减薄进行试验。

被检测工件如图 4.51 所示，因为该缺陷靠近储气井管体对接区，为了避免受到储气井管体对接焊缝的影响，选取缺陷前 70mm、后 30mm 作为检测区间，图中给出了缺陷位置和传感器扫查方向，在该工件内部存在一个深度为 1mm 的均匀减薄区，在检测探头经过缺陷一段距离后即停止扫查。

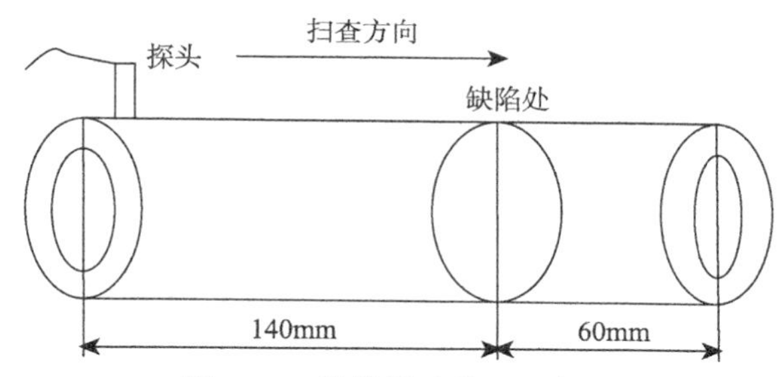

图 4.51　管体缺陷位置及扫查方向

被检测工件实物如图 4.52 所示，均匀减薄管体的检测结果如图 4.53 所示。由检测结果可知，当探头经过缺陷处时，其磁场信号发生明显变化，异常磁场如图 4.53 中圆圈标注所示，中心位置在 70mm 处，与实际情况完全吻合。

图 4.52　均匀减薄实物图

接着验证弱磁无损检测技术对储气井管道腐蚀性缺陷的检测能力。选取出现腐蚀等缺陷的储气井管道，用超声检测等其他检测方式进行确认，如图 4.54 所示。因为该腐蚀缺陷距离管体端头较近，为了避免端部效应的影响，选取缺陷前后各 50mm 的区间进行扫查。腐蚀实物如图 4.55 所示，检测结果如图 4.56 所示。在腐蚀检测结果图中，传感器经过腐蚀区时，采集的磁场发生剧烈变化，利用手持式弱磁检测仪器对该缺陷进行正向与反向扫查，并进行对比。试验结果表明，当检测探头经过腐蚀区时，其磁场信号发生剧烈变化，异常磁场区中心位置大致在 50mm 处，如图 4.56 中圆圈标记所示，与腐蚀缺陷所处的实际位置吻合，表明弱磁检测对 CNG 储气井管体腐蚀具有很好的检测效果。

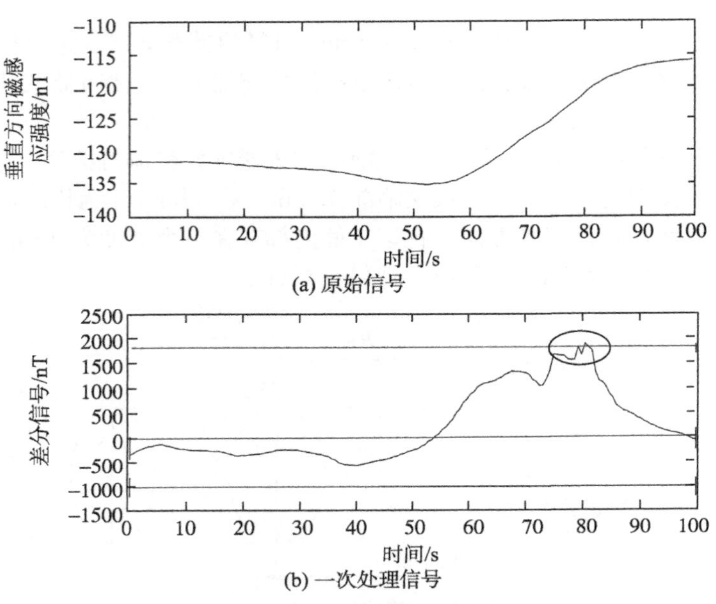

图 4.53　均匀减薄管体检测结果

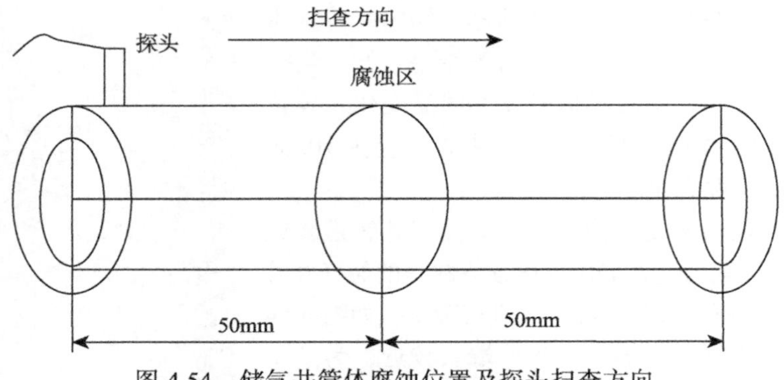

图 4.54　储气井管体腐蚀位置及探头扫查方向

4.5.4　地下储气井检测案例

CNG 地下储气井检测系统现场试验在重庆市的某加气站中进行，分为储气井井筒检测和储气井井筒底部封头检测两个部分。CNG 储气井检测系统的现场安装调试情况如图 4.57 所示。在加气站现场试验中检测的储气井直径为 177.8mm，

图 4.55　腐蚀实物图

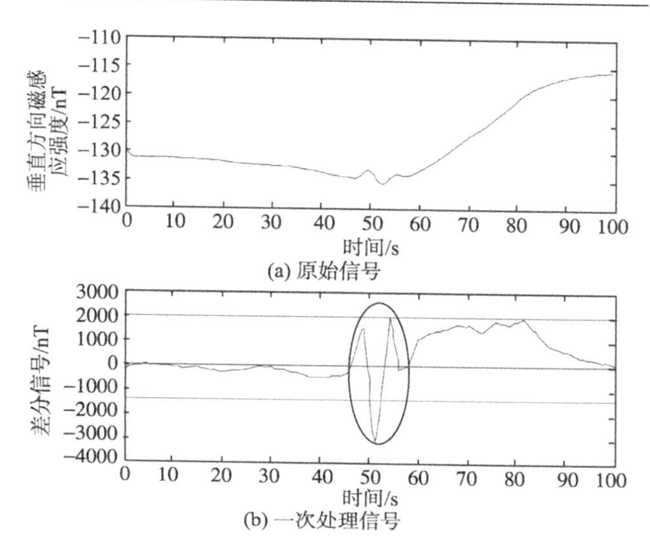

图 4.56　腐蚀检测结果

图 4.57　CNG 储气井检测系统的现场安装调试图

储气井壁厚为 5.18mm，所检测储气井深度为 200m，为了使入井装置更加贴近井壁，选择相匹配尺寸的入井装置的前置探头组工装。利用绞车及线缆将入井装置放入 CNG 储气井内，下井速度设置为 3m/min。20～30m 井深的现场检测结果如图 4.58 所示，从左到右依次为井筒变形测量曲线、原始磁场曲线、一次数据处理曲线和二维展开图。由一次数据处理曲线和二维展开图可知，该段储气井井筒中存在一个管道对接口，在 6000mm 处存在一个内表面腐蚀坑。通过井筒变形测量曲线可看出，井筒变形量均没有超过 5%，表明该段 CNG 地下储气井井筒只是轻微变形。

CNG 地下储气井检测系统检测完井筒后下降到井筒底部，开始对井底封头进行全面检测。步进电机转动系统完成初始化，带动底部磁场测量传感器开始进行扫查，对储气井井底封头进行全局检测，得到的数据分析结果如图 4.59 所示。图中，从上到下依次为原始磁场曲线、一次数据处理曲线和圆形结果彩图，从一次数据处理曲线和圆形结果彩图可以看出，在该井底封头的 100°方向和 180°～270°方向上存在连续的面积型腐蚀。

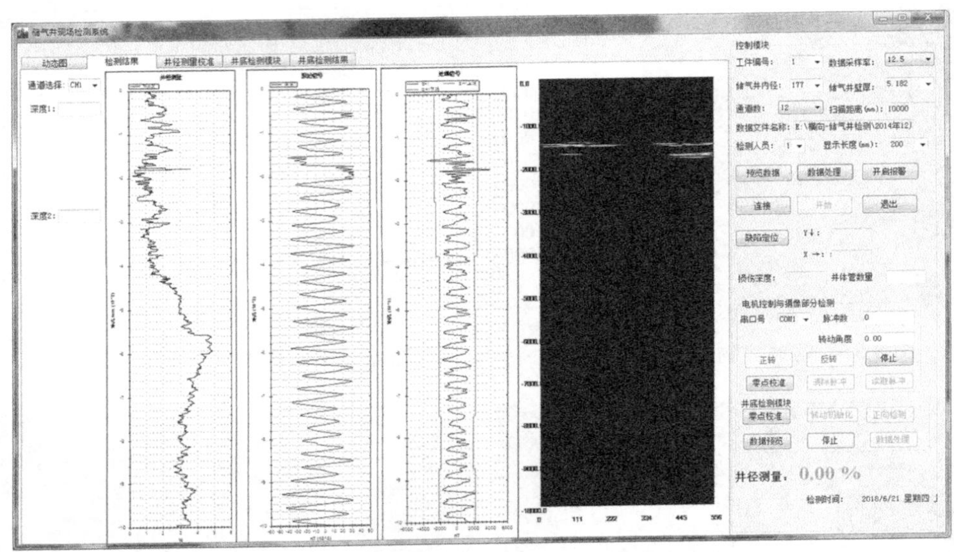

图 4.58　加气站现场检测结果图

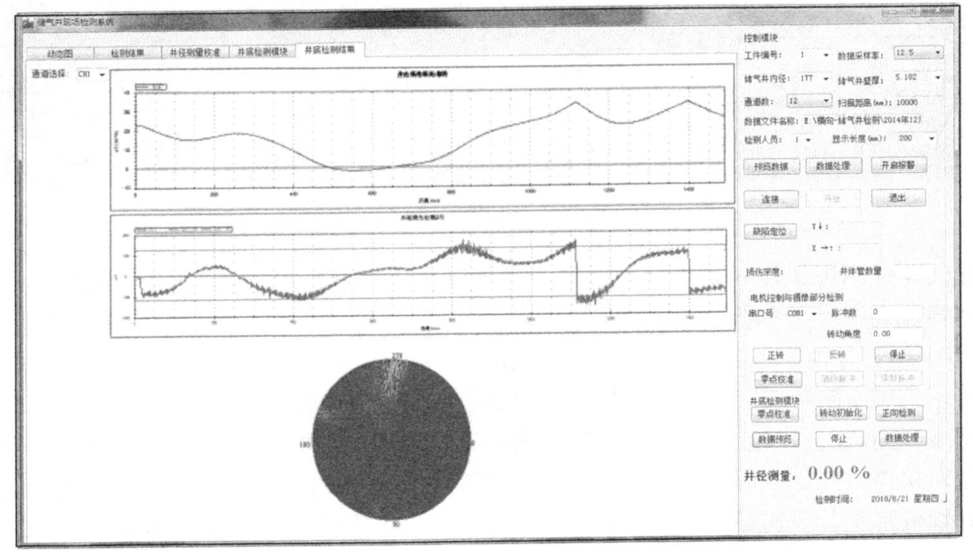

图 4.59　储气井井底封头检测结果图

4.6 本章小结

弱磁无损检测技术在连续油管、埋地管道、带包覆层管道、火车轮和储气井等铁磁性金属材料的无损检测中得到了广泛应用。本书作者自主研发的检测系统和检测工装解决了生产现场的应用难题，取得了较好的应用效果。

参考文献

[1] 徐江, 武新军, 康宜华. 国外油管在线无损检测技术的研究与应用现状[J]. 石油机械, 2006, 34(5):81-84.
[2] 陈树杰, 赵薇, 刘依强, 等. 国外连续油管技术最新研究进展[J]. 石油石化节能, 2010, 26(11):44-50.
[3] 周兆明, 万夫, 李伟勤, 等. 连续油管检测技术综述[J]. 石油矿场机械, 2011, 40(4):9-12.
[4] 武新军, 康宜华, 吴义峰, 等. 连续油管椭圆度在线磁性检测原理与方法[J]. 石油矿场机械, 2001, 30(6):12-14.
[5] 孙传友, 吴爱平. 感测技术基础[M]. 4 版. 北京: 电子工业出版社, 2015.
[6] 马树锋. 埋地管道的腐蚀与防护[J]. 全面腐蚀控制, 2014, 28(9):31-34.
[7] 牛雁坡. 石油运输管道腐蚀原因和腐蚀速率预测研究[J]. 管道技术与设备, 2011, (5):45-47.
[8] 路民旭, 白真权, 赵新伟, 等. 油气采集储运中的腐蚀现状及典型案例[J]. 腐蚀与防护, 2002, 23(3):105-113.
[9] 刘增华, 何存富, 王秀彦, 等. 带粘弹性包覆层充液管道中的超声导波缺陷检测研究[J]. 机械科学与技术, 2007, 26(6):687-691.
[10] 傅迎光, 王健, 孙明璇, 等. 有包覆层铁磁试件的脉冲涡流检测[J]. 测试技术学报, 2013, 27(3):142-147.
[11] 杨宾峰, 罗飞路. 脉冲涡流无损检测技术应用研究[J]. 仪表技术与传感器, 2004, (8):45-46.
[12] Cavuto A, Martarelli M, Pandarese G, et al. Train wheel diagnostics by laser ultrasonics[J]. Measurement, 2016, 80:99-107.
[13] 谢兴中, 石峥映, 程快明. 车轮在线自动探伤装置的研制和应用[J]. 电力机车与城轨车辆, 2011, 34(4):76-77.
[14] 蔡钊. 整体辗钢车轮传统热处理工艺分析及展望[J]. 铁道车辆, 1990, (5):48-52.
[15] 陈昌华, 汤志贵, 陈能进, 等. 列车车轮缺陷的超声波相控阵分析[J]. 物理测试, 2012, (1):34-39.
[16] 何彬, 芮年松, 杜成, 等. 天然气储气井失效及预防措施[J]. 石油天然气学报, 2010, (4):375-377.
[17] 郭奇, 李慧琳, 郭丽杰, 等. 磁记忆技术在焊缝缺陷检测中的量化研究[J]. 焊接技术, 2014, (10):10-14.
[18] 吴迪, 滕永平, 石坤, 等. 储气井腐蚀超声波测量系统的研究[C]. 全国无损检测学术年会, 上海, 2010.
[19] 林仙土, 苏真伟, 李海鹏, 等. CNG 储气井超声波自动检测系统初探[J]. 无损检测, 2010, 33(3):221-224.

[20] 杨旭, 刘书海, 李丰, 等. 套管检测技术研究进展[J]. 石油机械, 2013, 41(8):17-22.
[21] 曲民兴, 居美华, 孟小利. 油/水井管和套管远场涡流检测探头的研制[J]. 无损检测, 2003, 25(2):69-71.
[22] 李再国, 张友明. 漏磁检测定量分析中的信号处理技术[J]. 石油管材与仪器, 2010, 24(3):76-78.
[23] 田玉刚, 张峰, 伊伟锴, 等. 光纤井下视像检测技术在胜利油田的应用研究[J]. 石油天然气学报, 2008, 30(2):468-470.

第 5 章　非铁磁性金属材料检测

弱磁无损检测技术也适用于某些非铁磁性金属材料的检测，在分析这些非铁磁性金属材料磁化特性的基础上，针对实际检测的具体情况，可选择合适的探头进行检测，并对检测结果进行验证和评价。本章介绍的具体应用有奥氏体不锈钢油管在线检测、奥氏体锅炉管氧化皮堵塞检测、铝合金板材和焊缝检测、发动机涡轮盘检测以及镍铜合金棒材裂纹检测。

5.1　奥氏体不锈钢油管在线检测

5.1.1　概述

奥氏体不锈钢在不锈钢中扮演着举足轻重的角色，目前约占据着市场上不锈钢总量的 70%。奥氏体不锈钢在常温下仍然保持奥氏体组织，是一种面心立方晶格的金属材料，钢中的主要合金元素为 Cr 和 Ni，而 Ti、Mo、Mn、N 等元素也常常作为添加的合金元素[1]。奥氏体不锈钢具有耐腐蚀性强、抗蠕变性能好、高温抗断裂韧性好等优良特性，常常用于锅炉、压力容器、汽车、海底输油管道和石油开采管道等的制造[2]。

随着社会的发展，人类对石油、天然气的需求越来越大，油气资源的开采也逐步向煤气层、页岩层等非常规油气资源发展，高压油气井、深井和超深井等恶劣腐蚀环境下的油井所占的比例不断增大。在这些恶劣的环境中，普通材料的油管已不能满足耐腐蚀和耐高压的要求，通常使用具有高防腐性能和优良综合力学性能的高镍奥氏体不锈钢材料。在井下高压环境或恶劣的海况条件中，纵向、横向缺陷是引发奥氏体不锈钢油管泄漏的主要原因，其在生产加工和检测等过程中所遇到的一系列问题受到人们的关注。

下面对几种奥氏体不锈钢的常规检测方法进行比较。

1. 漏磁检测

奥氏体不锈钢属于非铁磁性材料，将漏磁检测方法用于其缺陷的检测是不可行的。

2. 超声检测

奥氏体不锈钢材料晶粒粗大，存在严重的散射现象，散射的超声波将经过不同的途径传至传感器，从而形成很多杂波，使得信噪比大大降低，给缺陷的判定带来严重的干扰。人们一直在试图研究散射回波和缺陷反射回波的区别，但效果甚微，因此通常不选用超声波检测方法。

3. 射线检测

射线检测方法对体积型缺陷的检测效果良好，但若用于检测裂纹之类的面积型缺陷，易受到透射角度的影响；同时，射线检测成本高、检测速度慢，对进行大批量管道生产的企业来说是无法接受的。

4. 涡流检测

使用涡流检测方法虽然能够达到检测的效果，但仅局限于表层和近表层的缺陷；另外，检测的灵敏度随着探测深度的增加而逐渐减低。

5. 渗透检测

渗透检测方法只能检测表面开口缺陷，检测速度也远不能满足生产企业的需求，检测过程中需耗费大量的人力、物力，且会带来一定的污染，这对企业来说是无法接受的。

一些新的无损检测技术也被应用于奥氏体不锈钢的研究中，但大多数只是针对某些特定缺陷的监测和检测，例如，使用兰姆(Lamb)波对奥氏体不锈钢中微裂纹的形成进行监测，使用磁记忆技术对应力腐蚀缺陷处马氏体转变的检测，以及使用声发射技术对间隙腐蚀形成的监测，而对于其他类型的缺陷则无能为力。

5.1.2 奥氏体不锈钢油管制造缺陷

奥氏体不锈钢油管主要通过穿孔法和高速挤压法生产而得。穿孔法就是将圆管坯加热到一定的温度后在穿孔机上穿孔，同时用压辊滚轧，最终通过心轴压管机定径轧制平整成型。对于加工尺寸精度高的管材常常使用高速挤压法，即在挤压机中直接挤压成型。

由以往生产实践可知，奥氏体不锈钢的高温塑性差，在使用桶形辊对材料为TP321 的大口径不锈钢无缝钢管管坯进行穿孔时，穿出的毛管表面经常出现呈不规则锯齿状和鱼鳞状的横向裂纹，开裂程度较为严重。另外，由于材料本身可能存在质量问题，采用上述两种方法加工的管材中可能产生的缺陷类型除了裂纹，还有折叠、分层、局部壁厚减薄和夹杂等。如果油管的上述缺陷在出厂前没有被检测出来，一旦流入市场，将会带来巨大损失。在恶劣的井下环境中，上述缺陷的存在会造成油井的脱扣、压溃和漏气，处理不当甚至会导致油井的报废。以我国南疆、川西等地区的油气井为例，一口井的投资金额平均达到 3500 万元，特殊地质条件的油井投资费用甚至接近 9500 万元[3]。因此，出厂前对奥氏体不锈钢油管进行检测以确保其在役过程中的安全使用，是很有必要的。

5.1.3　奥氏体不锈钢油管检测方法

1. 理论分析

奥氏体不锈钢属于顺磁性材料，这主要是由奥氏体组织属于面心立方晶格所决定的。在奥氏体不锈钢中，镍元素的多少对奥氏体组织的稳定性起着很大的作用。一般情况下，当不锈钢中铬元素的比例达到 18% 且镍元素的比例大于 13% 时，在常温下便能形成稳定的单相奥氏体钢，这种稳定性及奥氏体组织的比例随着镍元素含量的增多而增加。因此，有必要对所检测的奥氏体不锈钢油管的化学成分进行分析，如表 5.1 所示。

表 5.1　奥氏体不锈钢油管元素成分

元素	C	P	S	Ni	Cr	Mo	V	Cu
质量分数/%	≤0.03	≤0.001	≤0.002	29.5～32.5	26～28	3.0～4.0	≤0.003	≤0.036

从表 5.1 中可以看出，金属镍的含量已经达到 30% 左右，因此这种材料的奥氏体组织很稳定，奥氏体组织的含量很高。奥氏体不锈钢的相对磁导率受合金元素的成分、热处理和加工条件等因素的影响[4,5]，其中合金元素的成分对其相对磁导率的影响最大，而在这些合金元素中以镍元素和钛元素的影响最大，相对磁导率随着这两种元素含量的增加而减小。这种含量的奥氏体不锈钢的相对磁导率不会低于 1.03，大于空气的相对磁导率。因此，当奥氏体不锈钢管体内部存在气孔、裂纹和壁厚减薄等缺陷时，该处的相对磁导率 μ_{r} 为空气的相对磁导率，即 $\mu<\mu_{\mathrm{r}}$，则在气孔、裂纹和壁厚减薄处磁阻变大，对该处磁力线将产生排斥作用，从而使得缺陷上下两端奥氏体不锈钢油管的磁力线变得更密集，该处磁场强度曲线会产生一个向上凸的趋势；而对于管体内部的高磁导率夹杂，其相对磁导率 $\mu_{\mathrm{r}}>\mu$，则在高磁导率夹杂处磁阻变小，对磁力线会产生吸引，从而使得缺陷上下两端奥氏体不锈钢油管的磁力线密度减小，该处磁场强度曲线会产生一个向下凹的磁信号。根据此原理，可对缺陷信号进行定性分析。

2. 检测工装

奥氏体不锈钢油管的检测工装能够支撑最多 18 个高精度测磁传感器，可根据被检管径大小进行组合，结构如图 5.1 所示，主要包括定位销、检测小车单元(图 5.2)、锁紧扣、光编小车单元、小车调整槽、探头固定螺栓和固定盘(图 5.3)。光编小车和检测小车通过两块固定盘等间距地排列在 360° 的圆周上，采用锁紧扣进行固定。检测探头安装在检测小车单元的中心孔洞中，可通过探头固定螺栓调节探头的提离高度。为了应对不同管径管材，固定盘的设计采用了滑槽式原理，将 18 个探头底座配在固定盘的滑槽中，可通过定位销移动小车使小车在调整槽中行走以找到一个合适的位置，使其匹配管径的大小，再通过拧紧定位销将检测小车固定。在每个检测小车以及光编小车中探头的前端和后端加装从动轮以保证检测仪器能够在油管上平稳行走，从而减小由抖动带来的干扰信号，提高仪器的检测精度。

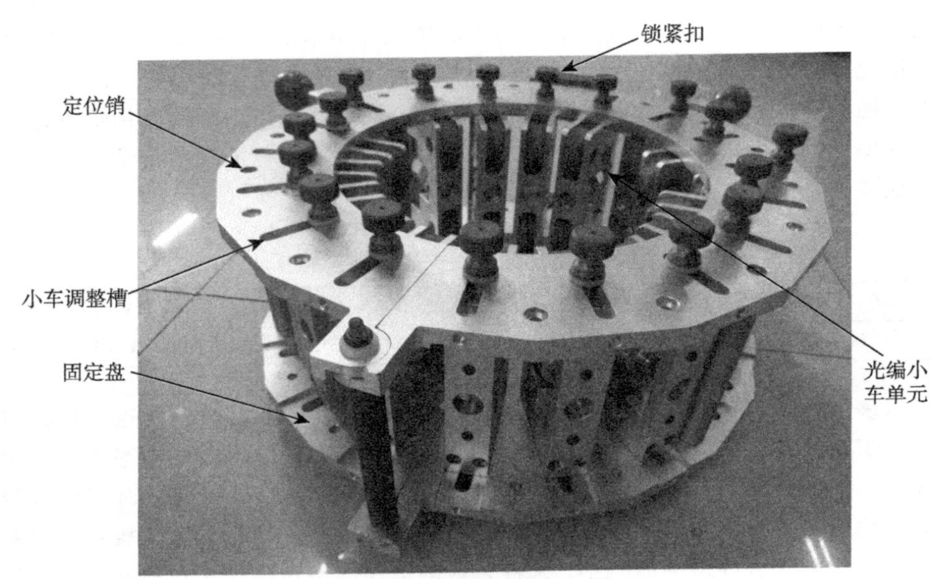

图 5.1　检测工装示意图

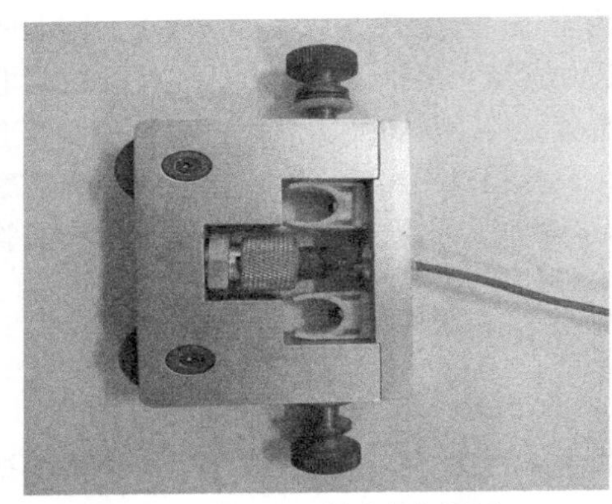

图 5.2　检测小车单元

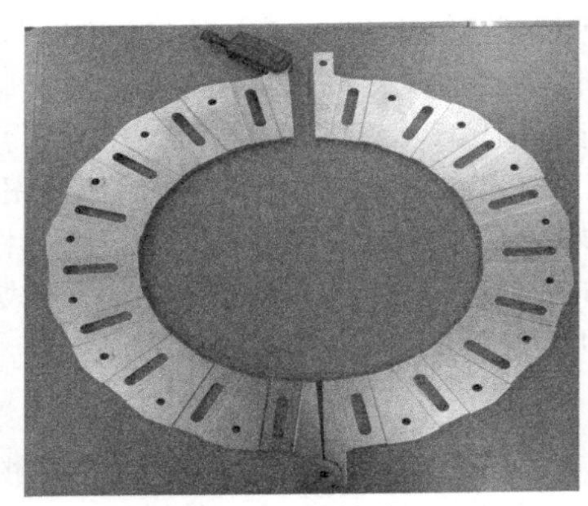

图 5.3　固定盘

奥氏体不锈钢油管检测设备可用于检测奥氏体不锈钢油管的壁厚减薄、裂纹等缺陷，适用于不同管径大小的奥氏体不锈钢油管。仪器的主要技术指标包括：①检测结果精确，灵敏度高，壁厚测量灵敏度达到壁厚的 1/10，裂纹检测灵敏度为长度 2mm、深度 0.5mm；②对检测工件的表面状态无要求，无须对工件表面进行打磨、除去油污等处理；③在规定的检测灵敏度下，现场最大检测速度能够达到 1m/s。

3. 检测试件

本节选择经检测不含自然缺陷的 28 镍基材料的奥氏体不锈钢油管作为样管，由于不同管径的管道其检测灵敏度的需求有所不同，在此对两种不同管径的样管加工了不同规格的缺陷[5]。其中，一号样管的尺寸规格为 ϕ177.8mm×9.19mm×1480mm(外径×壁厚×管长)，在一号样管上共加工了 5 个缺陷，具体位置及方向如图 5.4 所示；二号样管的尺寸规格为 ϕ90mm×7mm×1000mm(外径×壁厚×管长)，同样加工了 5 个缺陷，具体位置及方向如图 5.5 所示，其中虚线表示内部缺陷，实线表示外部缺陷。缺陷的尺寸以长×宽×深表示，则一号样管上 5 个缺陷的具体参数为(从左边开始)：10mm×0.5mm×1mm 的纵向内壁刻槽缺陷(模拟裂纹)、25mm×25mm×2mm 的内壁大刻槽缺陷(模拟壁厚减薄)、10mm×0.5mm×0.5mm 的横向外壁刻槽缺陷、10mm×0.5mm×0.5mm 的纵向外壁刻槽缺陷、10mm×0.5mm×1mm 的横向内壁刻槽缺陷。因此，二号样管上 5 个缺陷的具体参数为(从左边开始)：5mm×0.5mm×0.5mm 的横向内壁刻槽缺陷、5mm×0.5mm×1mm 的纵向外壁刻槽缺陷、25mm×25mm×0.5mm 的内壁大刻槽缺陷(模拟壁厚减薄)、5mm×0.5mm×1mm 的横向外壁刻槽缺陷、5mm×0.5mm×0.5mm 的纵向内壁刻槽缺陷。

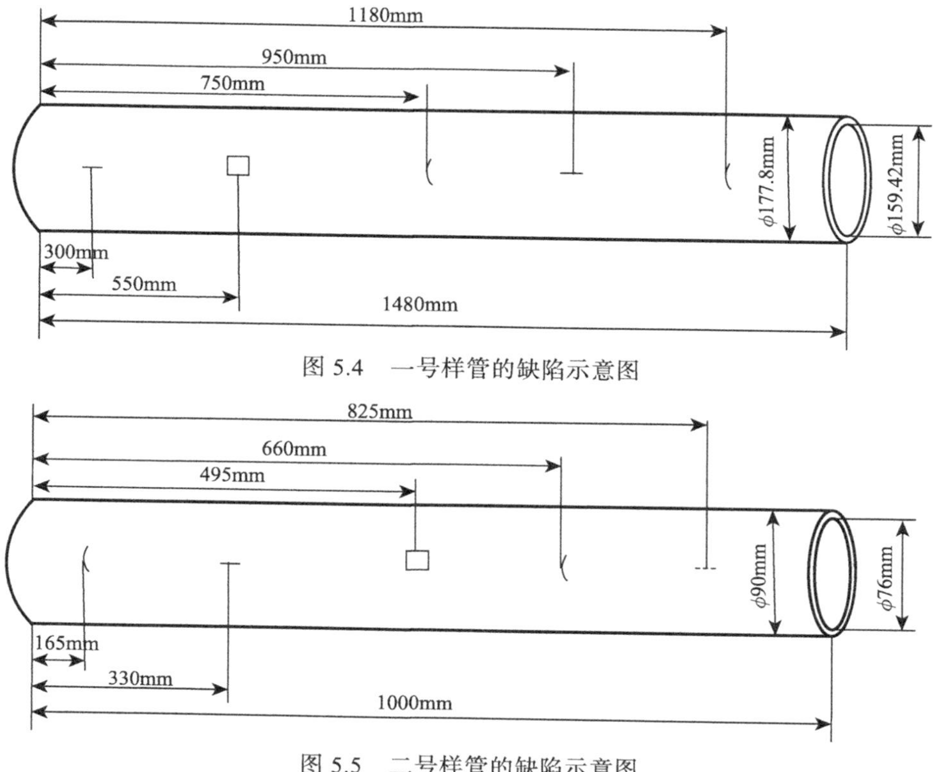

图 5.4　一号样管的缺陷示意图

图 5.5　二号样管的缺陷示意图

4. 检测结果

将预制人工缺陷的奥氏体不锈钢样管置于稳定地磁场的环境中，采用自主研发的高精度弱磁检测装置并结合用 C# 软件编制的数据采集软件对样管进行检测分析。检测时，为了减少干扰以及保证检测过程的稳定性，将样管架空在木制板凳上进行信号采集，具体检测示意图如图 5.6 所示。

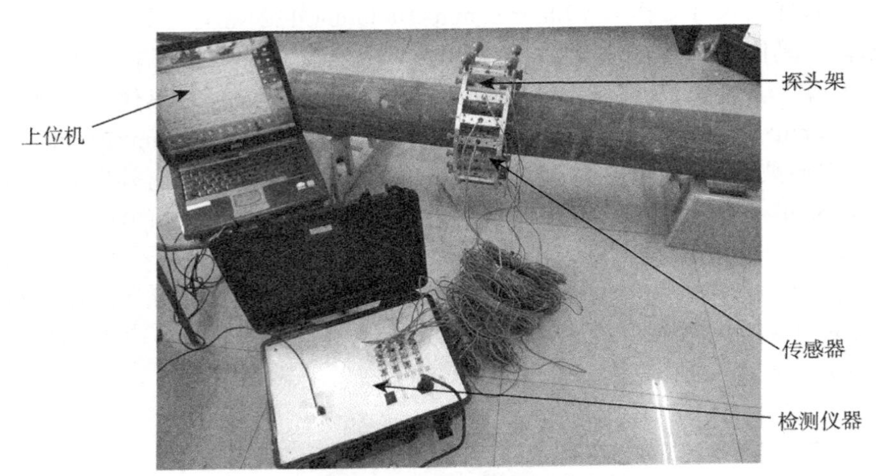

图 5.6　弱磁检测示意图

通过如图 5.6 所示的方式对上面所介绍的两根样管进行检测。对一号样管进行检测，检测长度为 1280mm(由于两端头有木架装置，两端头的 100mm 传感器无法扫查到)，检测结果如图 5.7 所示。由图可知，在椭圆处存在很小的向上凸的磁场异常信号，它们突变的最高点对应横坐标方向上的位置分别为 201mm、452mm、654mm、852mm、1081mm，与缺陷的实际位置 200mm、450mm、650mm、850mm、1080mm 存在一定的偏差，这些偏差对 1280mm 的检测长度来说属于误差范围之内，五个缺陷的磁场异常强度分别为 50nT、120nT、270nT、150nT、60nT。以同样的方式对二号样管进行检测，检测长度为 800mm(由于两端头有木架装置，两端头的 100mm 传感器无法扫查到)，检测结果如图 5.8 所示。由图可知，在椭圆处存在着很小的向上凸的磁场异常信号，它们突变的最高点对应横坐标方向上的位置分别为 66mm、227mm、392mm、556mm、727mm，与缺陷的实际位置 65mm、230mm、395mm、560mm、725mm 存在一定的偏差，但都在误差范围之内，五个缺陷的磁场异常强度分别为 70nT、120nT、170nT、220nT、60nT。

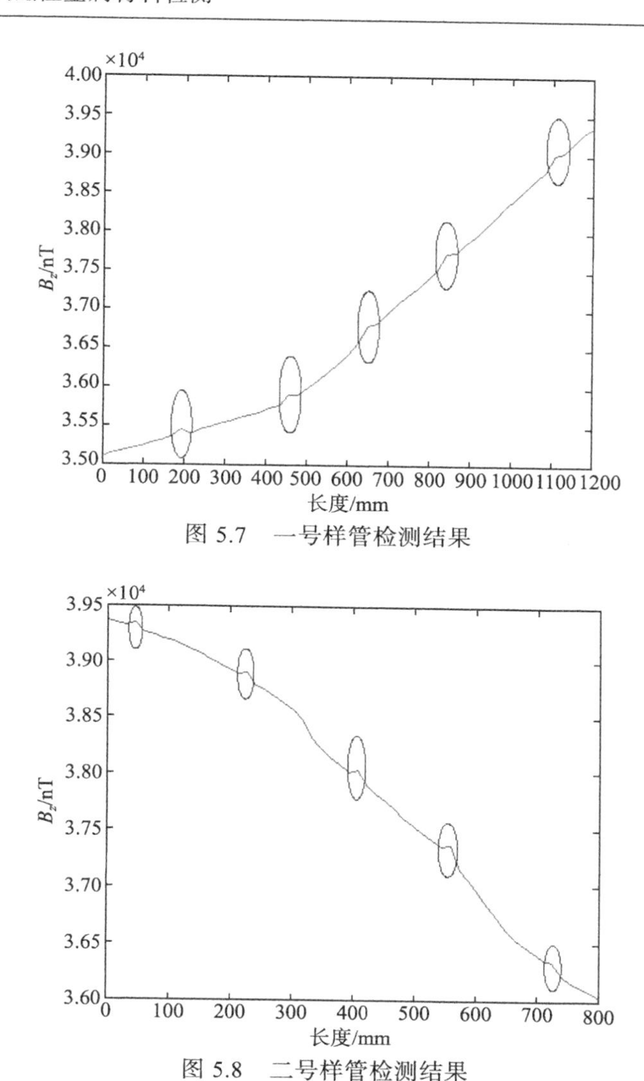

图 5.7　一号样管检测结果

图 5.8　二号样管检测结果

5.2　奥氏体锅炉管氧化皮堵塞检测

5.2.1　概述

电站锅炉爆裂是一种常见的事故，其后果很严重，需要停炉检修。如果爆破口较大，则会有大量汽水喷出伤人甚至冲塌炉墙，直接威胁整个电厂的安全，如图 5.9 所示。电站锅炉管爆裂已经成为威胁电站安全的首要问题。超(超)临界机组一般要工作三十多年，有的甚至达到四五十年，很多重要部件在高压、高温下长年累月地工作，承受着高温蒸汽氧化、高温烟气腐蚀、热疲劳和固体颗粒冲蚀等考验[6]。

(a) 现场一

(b) 现场二

图 5.9　电站锅炉爆裂现场

据统计，30% 的“四管泄漏”是因为过热器管发生问题[7]，这项数值来于北美电力可靠性委员会(North American Electric Reliability Council, NERC)发电可用率数据库系统(generating availability data system, GADS)。四管泄漏中的四管指过热器管、再热器管、水冷壁管和省煤器管。电厂事故中约 63.2%为锅炉事故，其中有 86.7%的锅炉事故是由承压部件泄漏引起的，这主要是因为燃煤锅炉的工作条件恶劣。机组长时间运行无疑会导致锅炉管内氧化皮的产生，氧化皮堆积到达一定程度以后，在温度变化、停炉和启炉等因素的影响下，容易堵塞在管道弯头位置。这种氧化物脱落、堵塞使电站存在安全隐患，会引起管道爆裂，扬州第二发电有限责任公司、宝山钢铁股份有限公司电厂都有过类似的锅炉爆管事故。

目前还没有可行的化学办法可以解决过热器、再热器管内氧化物脱落的问题[7]。药物清洗虽然能够有效控制管道内壁氧化皮的积累并延长氧化皮脱落的周期，但是清洗药水价格昂贵，且容易造成环境污染，因此较难推广。国内外相继对锅炉管氧化皮就传统的无损检测方法(如超声检测、射线检测和磁测法等)进行了研究，但由于存在以下不足而无法有效解决氧化皮堵塞问题。

(1) 射线检测具有危险性，且检测费用高昂、检测过程中灵敏度低、少量的沉积氧化物或者管壁厚度增大时难以辨认和容易漏检等；由于具有危险性，射线检测工作会影响锅炉中其他工作的进行，延长了工期，影响电厂的经济效益。

(2) 磁测法需要外加激励源，实际环境中操作不便，检测精度差。

(3) 基于超声波的锅炉管内壁氧化皮测厚方法受到超声波半波长的限制，测量准确度较差。

用弱磁无损检测技术检测氧化皮堵塞是利用氧化皮与管体本身存在的磁导率差异来进行的，管内的氧化皮堆积堵塞区域会发生磁场异常，通过测量磁场异常的变化就可以确定管内氧化皮的堵塞现象。在检测过程中，被测表面不需要填充耦合剂，特殊情况下可进行非接触式检测，也不需要专门的充磁装置，检测效率快。弱磁检测仪器具有体积小、重量轻的优势，便于在电站等狭窄空间使用。

5.2.2　氧化皮的形成和脱落

图 5.10 显示了锅炉管的主要分布位置。电站环境复杂，在长期高温高压下，锅炉的许多部件会出现问题，各个部件的锅炉管会产生不同的失效类型，如表 5.2 所示。

超临界参数锅炉大量使用不锈钢管，尤其是过热器部件和再热器部件，过热器管和再热器管呈蛇形，在锅炉运行过程中起重要作用，但也由于蛇形管的口径较小，脱落的氧化皮会堵塞于弯头部位，引起较高的管壁温度，而大量堆积将引起管道堵死，最终导致管道爆裂，给电厂的安全运行带来隐患。因此，过热器管和再热器管部位的氧化皮检测非常关键，尤其是管道下弯头的位置。过热器、再热器的下弯头结构及氧化皮堆积形式如图 5.11 所示。

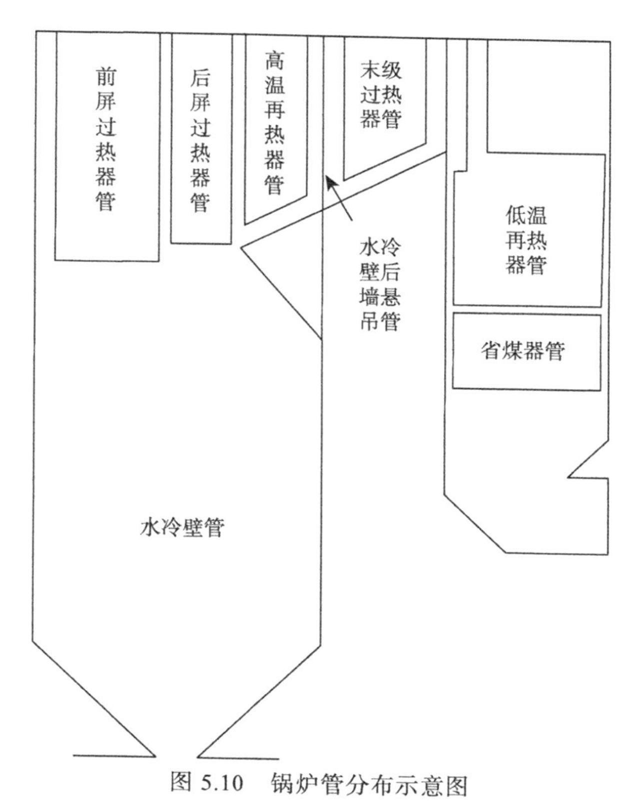

图 5.10　锅炉管分布示意图

表 5.2　锅炉部件的主要失效类型

序号	部件名称	蠕变	疲劳	蠕变-疲劳	侵蚀	腐蚀	磨损
1	汽包		√		√		
2	高温过热器集箱	√	√	√		√	
3	高温再热器集箱	√	√	√		√	
4	集汽集箱	√	√	√		√	
5	水冷壁集箱		√			√	
6	省煤器集箱		√			√	
7	下降管		√			√	
8	主蒸汽管道	√	√	√			
9	高温再热器管道	√	√	√			
10	过热器管	√	√	√	√	√	√
11	再热器管	√	√	√	√	√	√
12	水冷壁管		√	√	√	√	√
13	省煤器管		√	√	√	√	√
14	钢结构					√	
15	凝汽器				√	√	
16	给水加热器				√	√	

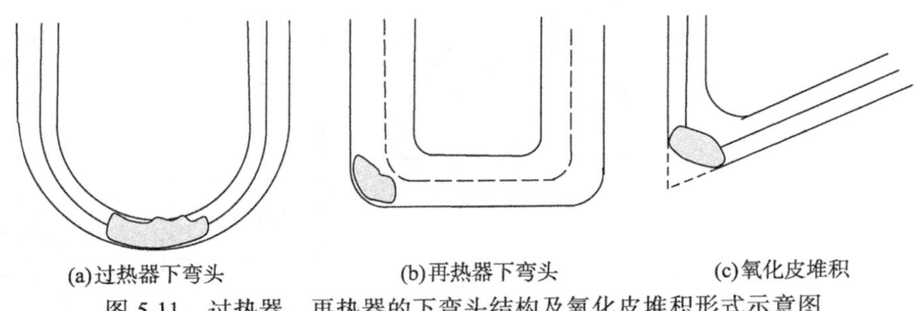

(a)过热器下弯头　(b)再热器下弯头　(c)氧化皮堆积

图 5.11　过热器、再热器的下弯头结构及氧化皮堆积形式示意图

1. 氧化皮形成的机理

高温锅炉管内壁生成氧化皮是一个自然过程。高温过热器多数为钢制管道，当其长时间处于高温、高压的水蒸气中时，管道内壁会被氧化。参与反应的氧来于 H_2O，H_2O 与氧气和氢气之间存在下面的平衡关系：

$$H_2O = H_2\uparrow + \frac{1}{2}O_2\uparrow$$

因此，水蒸气氧化性的强弱是由 $p(H_2)/p(H_2O)$ 的值决定的，比值越高，氧化性越弱；比值越低，氧化性就越强。不锈钢材料与水蒸气的反应式如下：

$$M+H_2O \xlongequal{\quad} MO+H_2\uparrow$$

在锅炉用管的真实情况下，水蒸气的流量大，产生的氢较少，且会随着水蒸气而流失，故 $p(H_2)/p(H_2O)$ 的值远小于 7，这样就导致反应向铁的氧化方向继续。因此，从热力学角度来讲，不锈钢材料的氧化是无法避免的自然过程。

高温蒸汽与金属元素 Fe 发生化学反应，最初生成 Fe_3O_4 氧化膜，随着化学反应时间的延长，氧化膜主要由 Fe_3O_4、Fe_2O_3、FeO 组成，当蒸汽温度在 570℃以下时，内壁氧化膜主要由 Fe_3O_4 和 Fe_2O_3 组成，Fe_3O_4 和 Fe_2O_3 都比较致密(尤其是 Fe_3O_4)，因而可以保护管道内部以免进一步被氧化；当蒸汽温度在 570℃以上时，可能生成 FeO，即此时的氧化膜由 FeO、Fe_2O_3 和 Fe_3O_4 组成，FeO 在最内层，如图 5.12 所示。

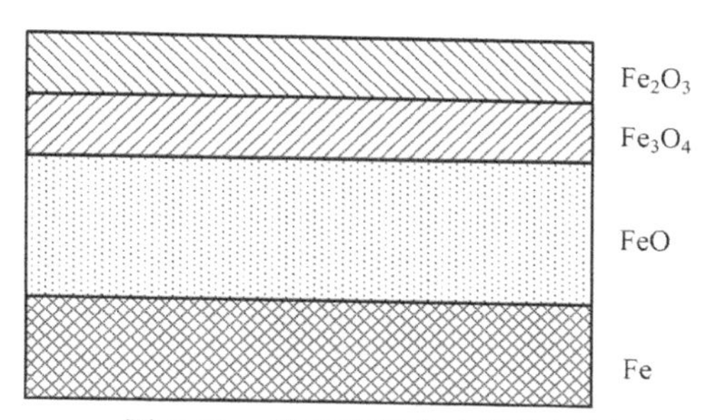

图 5.12　铁表面氧化皮结构层图

铁的氧化物中含有 FeO，而 FeO 是不致密的，因此破坏了整个氧化膜的稳定性，氧化过程得以继续。此时，金属的抗氧化能力大大降低，铁与蒸汽直接反应生成 Fe_3O_4：

$$3FeO+H_2O \longrightarrow Fe_3O_4+H_2\uparrow$$

在氧化皮的形成过程中，管壁温度和压力起着推动作用。氧化皮的生长速度与温度有着密切的关系，一般来说，在 565～595℃温度段，温度越高，氧化皮的生长速度越快，而锅炉主蒸汽温度为 571℃，在该温度下运行，管内壁的氧化皮就会很快生长。通常认为，氧化速度与温度呈指数关系，温度的小幅提高会引起蒸汽氧化速度的大幅增加，经常性的超温或运行中管壁金属温度长期处于偏高水平，导致这类管子内壁氧化皮在投运仅 30000h 左右就生长得很厚。原生氧化皮厚度与运行时间之间呈抛物线或立方曲线类关系，随着运行时间的延长，剥落前原生氧化皮的厚度总体上呈现持续增厚的趋势，但其生长速度越来越慢。

2. 氧化皮脱落的机理

蒸汽侧氧化皮与基体金属间及氧化皮各层氧化物间因热膨胀系数差异过大而产生的热应力是氧化皮产生开裂和剥落的最根本原因。氧化层的热膨胀系数与母材不同，导热系数远低于基体金属，一旦其受热面受到较大的冷热冲击，管子内侧的氧化层就会松动或脱落。此外，由于不锈钢炉管内壁的氧化膜结构不致密，尤其是膜层之间结合很弱，外层膜内以及与内层界面处疏松、多孔，是氧化膜容易发生脱落的一个重要原因。

初期氧化皮脱落时一般呈片状，若被蒸汽吹离，会沿着蒸汽流向运动并逐步加速，这是因为其单位质量远大于蒸汽。在管子弯头处，氧化皮在离心力作用下会撞向管壁，出现变形或破碎，直至撞向下一个转弯处。从过热器、再热器到汽轮机，脱落的氧化皮跟随蒸汽经历很多次转向，不断重复上述运动，反复被加速、撞击、变形和破碎，最终形成许多呈颗粒状的氧化金属。如果脱落的氧化皮较厚，在U形布置的过热器、再热器的上升管内，蒸汽的动能可能不足以克服其重力和摩擦力而沉积在U形管底部，该管段的阻力增加，造成此处的蒸汽流量下降，该段金属温度升高，氧化加速。下一次启动或其他原因的冷热冲击时再次发生氧化皮脱落，在该处堆积的氧化皮越多，蒸汽流量将越少，从而对管子的冷却能力降低，氧化皮脱落进一步加剧，最终形成恶性循环。一般情况下，该段金属长期处于较高温度水平，蠕变加强，金属材料的力学性能降低，严重时甚至会堵塞该段管子并导致短期超温爆管。大量600MW等级的超临界机组已出现过此类情况，个别1000MW超(超)临界机组在试运期间也出现过氧化皮堵塞造成超温爆管的情况。

3. 氧化皮的危害

氧化皮的存在形式主要为脱落和未脱落两种，未脱落氧化皮对电站运行的影响是增加了传热热阻，使得管壁温度变高，到一定程度时会导致管道爆裂泄漏，严重危害电厂的安全运作。而脱落的氧化皮慢慢堆积，引起管道堵塞，管壁温度因管道流通截面变小而变高，引起爆管事故，严重威胁人们生命财产的安全。超(超)临界机组含有大量不锈钢管，加上该机组的启停速度快，因此氧化皮脱落堵塞主要发生在机组的过热器和再热器部位。

氧化皮脱落的危害主要有以下三个方面。

(1) 氧化皮脱落堆积造成受热面超温爆管。堵塞达到1/2管径，会引起管道过热，有爆管危险，需要进行割管清理；当堵塞大于1/2管径时，管道短期过热爆管。氧化皮的产生会影响金属换热效果，进而影响机组运行的经济性。一般氧化皮堆积堵塞小于1/3管径不会引起爆管，但会影响热交换且使氧化皮的产生速度加快，从而形成一种恶性循环。爆裂后的锅炉管如图5.13所示。

(2) 氧化皮的产生容易使主气门卡涩，造成机组停机，主气门无法关闭，威胁机组的安全运行；容易堵塞细小管道、疏水阀门和逆止门等，产生潜在隐患。汽轮机叶片被侵蚀的现象如图5.14所示。

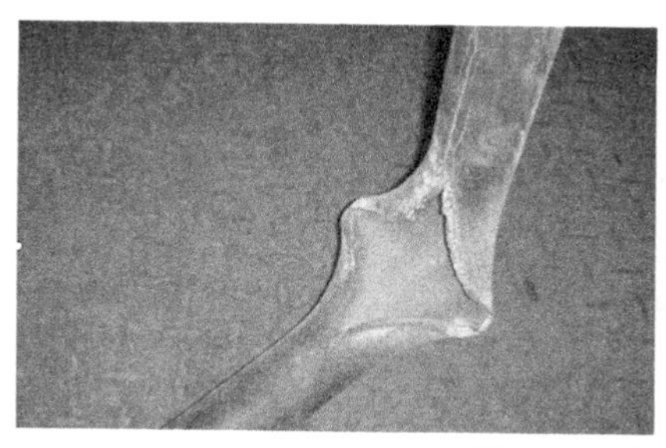

图 5.13　锅炉管爆裂

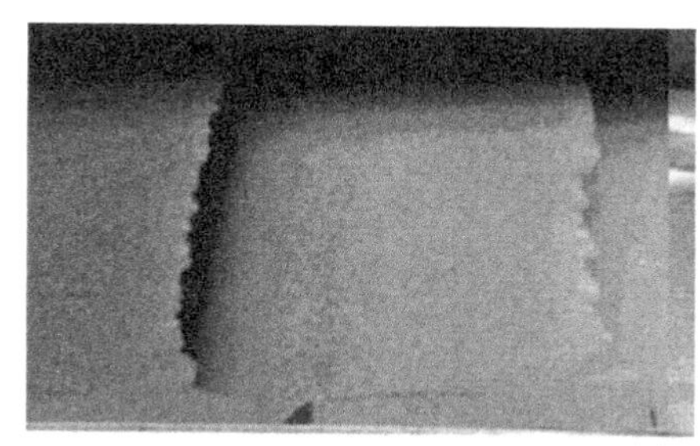

图 5.14　汽轮机叶片被侵蚀

(3) 流动蒸汽带出的氧化皮对汽轮机部件产生固体颗粒侵蚀，造成汽轮机喷嘴和叶片侵蚀损坏，水汽品质降低，水汽中铁含量增加，锅炉受热而沉积速度加快，如图 5.15 所示。

图 5.15　水汽污染

5.2.3　氧化皮堵塞检测方法

奥氏体不锈钢锅炉管的相对磁导率略大于 1，接近于空气磁导率，而不锈钢管氧化皮的主要成分是亚铁磁性物质，呈强磁性，相对磁导率比不锈钢锅炉管高许多，是纯铁的 1/5～1/4。因此，当锅炉管中出现氧化皮时，在锅炉管外侧将产生一个向下凸的磁异常。不锈钢锅炉管氧化皮堵塞的弱磁检测，正是利用地磁场环境下氧化皮和不锈钢管两者相对磁导率的差异来进行的。采用测磁传感器采集管道外部磁异常信号，经过处理计算氧化皮的堵塞质量，呈现出氧化皮堵塞的二维图像。

将弱磁检测方法用于不锈钢锅炉管氧化皮堵塞的检测中，为避免探头本身材质对磁信号检测的影响，可采用抗磁性的铜制螺栓进行自由伸缩固定。此外，为了更好地让探头与管壁贴合，防止检测时的振动，弱磁检测探头封装与管壁的接触面一般采用弧形面。探头阵列整体呈半圆弧形，如图 5.16 所示。检测过程中，可以用手掌握住探头，以便更好地与管体贴合，匀速平稳地扫查，保证采集信号的稳定，提高检测精度。氧化皮质量的检测精度为 20g，堵塞度精度为 10%。

(a) 三探头

(b) 五探头

图 5.16　探头阵列实物图

不锈钢管氧化皮的弱磁检测需要在已停机待修的锅炉管上进行，不需要对锅炉管进行特殊的处理，通常是沿着锅炉管外部进行扫查，保证检测时探头与锅炉管表面垂直。对采集好的数据进行处理，提取特征值，即提取氧化皮开始点和结束点，这两点之间所有的点即氧化皮堵塞的有效点；再计算有效数据点中的峰峰值，即磁场强度的最大变化量，设为 ΔH 。

由于 ΔH 值较大，这里取 $\ln\Delta H$，减小数值且不改变 ΔH 的变化性质。当管内氧化皮增加时，氧化皮的体积 V 随之增加，磁场强度也相应增加。设处理后的磁场强度值为 T ，且 $T = V\ln\Delta H$ ，T 随着 V 和 $\ln\Delta H$ 的变大而变大，符合上述规律。

氧化皮的厚度与体积之间的关系模型如图 5.17 所示。令 h 为氧化皮厚度，d 为锅炉管内径，则氧化皮堵塞度为

$$C_{\mathrm{d}} = \frac{h}{d} \times 100\%$$

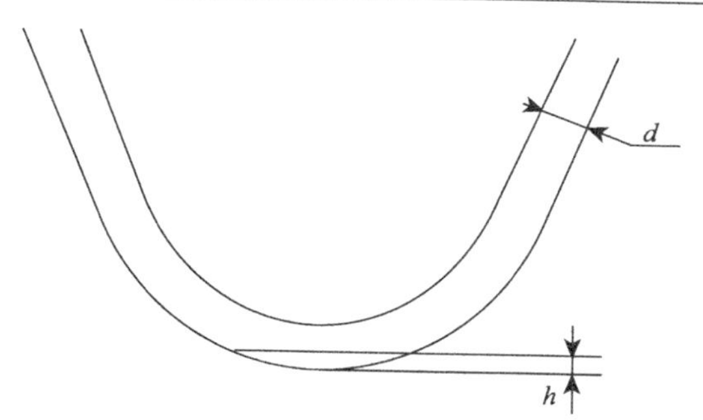

图 5.17　氧化皮堵塞模型示意图

浙江某电厂锅炉检修时使用锅炉管氧化皮堵塞检测仪对管道内部氧化皮堵塞进行检测，如图 5.18 所示。该型锅炉管外径为 64mm，壁厚为 4.5mm，管道材质为 TP304H。

图 5.18　浙江某电厂锅炉检修时的现场检测图

锅炉管氧化皮堵塞检测界面如图 5.19 所示。首先，在系统检测界面图下方的参数设置区域，根据检测的锅炉管规格输入扫描长度、工件编号、外径、壁厚，选择探头数；根据探头数在通道选择区域选择通道，单击“确定”按钮。然后单击“连接”按钮，激活“开始”按钮并单击，与此同时匀速沿着锅炉管进行探头扫描，开始采集磁信号。此时，在实时原始曲线显示窗口显示原始曲线动态图，可观察采集磁信号的基本情况。之后，单击“数据处理”按钮，系统将由检测界面跳转到检测结果界面，如图 5.20 所示。数据处理的对象是实时采集的锅炉管氧化皮磁信号数据或者已经保存完毕的数据。该界面主要包括原始信号曲线、氧化皮堵塞图像以及氧化皮堵塞各个量的数值。对于原始信号曲线，通过观察信号的曲线走势确定特征值，以确定管内是否有氧化皮，以及氧化皮的大概量。最后，根据选定好的特征值，软件按照已编辑好的算法程序，计算堵塞氧化皮的当量质量、堵塞长度、堵塞厚度和堵塞度，根据立体重构的方法呈现出氧化皮的真实堵塞图像。

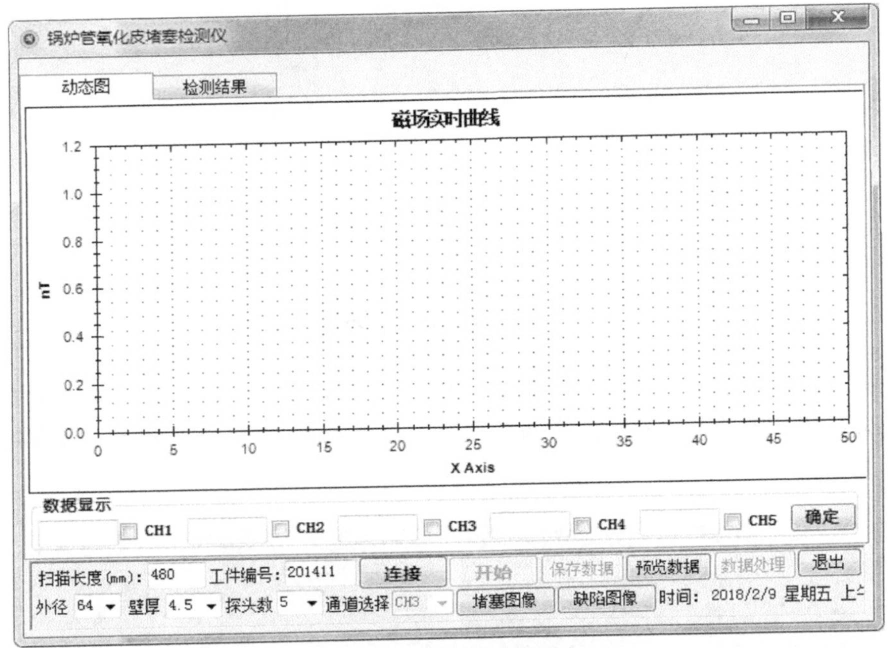

图 5.19 系统检测界面

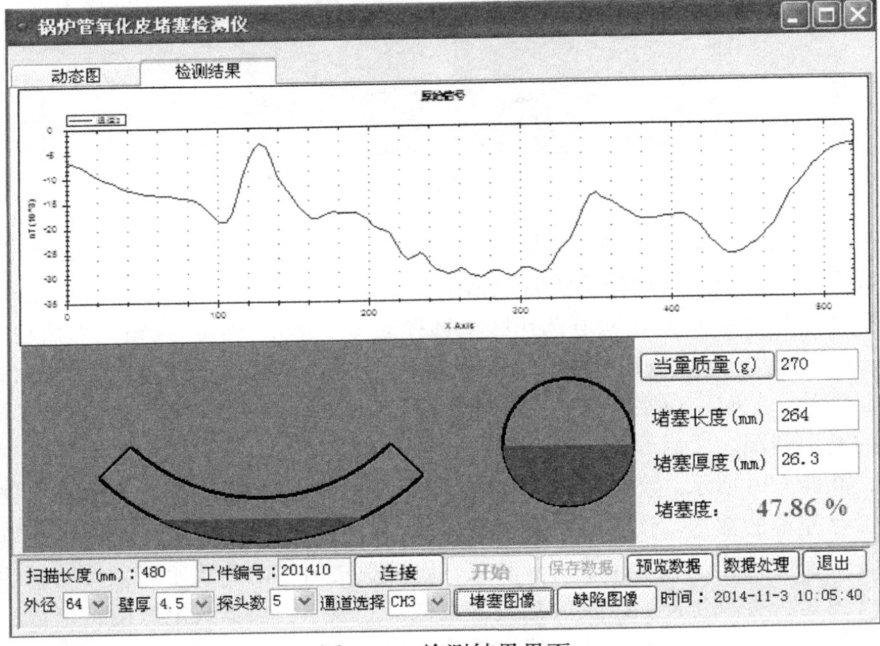

图 5.20 检测结果界面

5.3 铝合金板材和焊缝检测

5.3.1 概述

铝合金是工业中应用最广泛的一类有色金属，涉及交通运输、包装容器、建筑装饰、航空航天、机械电气、电子通信、石油化工、能源动力和文体卫生等领域，已成为重要的基础材料。常规铝合金材料无损检测技术主要有超声检测法、射线检测法和涡流检测法等。超声检测法主要用于尺寸较大试件的缺陷检测，对于微小缺陷存在漏检现象。利用超声检测薄壁铝合金锻件，锻件的最小厚度只能为 2mm[8]。射线检测法主要用于体积型缺陷探伤，具有较高的灵敏度。射线对铝合金中面状分布缺陷的探伤灵敏度不高，在检测裂纹时，必须控制射线束与缺陷延伸面之间的角度，且对于大厚度试件其穿透能力有限，应用成本高、效率低。涡流检测法存在趋肤效应，故只适于检查薄试件或厚试件的表面、近表面部位缺陷(对内部缺陷的检测效果不佳)，或用于材料的热损伤评定[9]。涡流效应的影响因素较多，目前对缺陷的定性和定量还比较困难。随着铝合金工业的发展，铝合金材料的使用条件变得日益复杂和苛刻。铝合金薄壁件在航天器结构中被大量采用，为保证其应用安全，相应的质量控制需求越发突出。对铝合金薄壁件内部结构的精确检测和安全性评估显得尤为重要，目前的检测难点主要是对薄壁铝合金板材及其焊接结构件的无损检测。

搅拌摩擦焊接(friction stir welding, FSW)是英国焊接研究所发明的一种用于轻合金板材的固相焊接技术，其原理是将高速旋转的搅拌头插入两块待焊材料的连接处，搅拌头轴肩、搅拌针与被焊材料发生强烈摩擦，产生的摩擦热使搅拌头周围材料发生塑性变形，当高速旋转搅拌头沿焊接方向移动时，搅拌头对被焊材料的搅拌、碾压、剪切的共同作用使原本分离的材料连接在一起，形成 FSW 焊缝。FSW 的接头疲劳、拉伸和弯曲性能良好，焊接时无飞溅，不需要焊丝和保护气体，焊接后接头残余应力小、变形小。单面焊接厚度为 2～25mm，双面焊接厚度可达 50mm。对于常规熔焊方法难以焊接的铝及其合金材料，以及异种轻金属间的连接，采用 FSW 均可以获得满意的焊缝和接头性能。因此，FSW 已被广泛应用在航空航天、船舶和汽车等工业制造领域。但是，当工艺参数选择不合理时，焊缝中依然会有缺陷产生。与常规熔焊相比，FSW 焊缝缺陷具有紧贴、细微和位向复杂的特点，这也增加了无损检测的难度。目前，关于 FSW 的研究主要集中在各种材料的焊接工艺、接头组织与性能等方面，而对于焊缝缺陷的无损检测研究还处于初始阶段，没有一种可靠的无损检测方法能检测出焊缝中存在的各种缺陷，严重制约了 FSW

技术的推广与应用。

Kinchen 等[10]用射线技术检测同种材料的 FSW 焊缝，可以检测出深度大于 30%焊缝厚度的未焊透，但不能检测出深度小于 30% 焊缝厚度的未焊透。刘松平等[11]用射线照相法检测铝合金 FSW 焊缝，可以发现焊缝上的人工盲孔(ϕ1.5 深度为 1.5mm，ϕ2.0mm 深度为 1.5mm)，却不能发现焊缝中微小、位向复杂、紧贴型的缺陷。Lamarre[12]采用超声相控阵技术提高了 FSW 焊缝中不同取向缺陷的检出率，但是超声波探头存在近场区，不能检测近场区以内的缺陷。Smith[13]采用瞬态涡流检测 FSW 焊缝表面的开口缺陷取得较好的效果，但对于焊缝内部缺陷检测效果不佳。超声 C 成像、D 成像和相控阵技术能检测出隧道型缺陷和未焊透缺陷，但是设备较为昂贵，同时也缺乏对缺陷的静态波形特征的研究。涡流和渗透检测对未焊透缺陷的检测效果较好，但是不能检测焊缝内部的隧道型缺陷、疏松、包铝层伸入、紧贴型缺陷。上述方法不能检测出微小、位向复杂、紧贴型的缺陷，而磁法检测具有对该类缺陷的检测灵敏度高的特点。磁法检测目前多应用于铁磁性材料检测领域，将此方法应用于顺磁材料的检测具有重要的意义。

5.3.2 铝合金搅拌摩擦焊缺陷分析

FSW 是一种新型的固相焊接技术，对于铝合金、镁合金等轻质低熔点金属的焊接具有明显的优势，可获得质量好、性能高的焊接接头，一般不易产生缺陷，可焊性好。但 FSW 是一个非常复杂的过程，受焊前装配状态、焊接工艺规范和焊接装备等多种因素的影响，在某些情况下也会产生焊接缺陷。根据 FSW 过程中缺陷产生位置和形貌的不同，主要可以分为表面缺陷和内部缺陷两大类。表面缺陷一般为肉眼可以看到的宏观缺陷，包括飞边毛刺、匙孔、沟槽、半圆形叠纹、起皮、背部粘连及表面犁沟等；内部缺陷需要通过 X 射线检查、金相检查或相控阵超声检测等手段才能观察到，包括孔洞、未填充、弱结合、未焊透、Z 形线和结合面氧化物残留等。

1. 表面缺陷

1) 飞边毛刺

飞边毛刺出现在 FSW 区域外边缘，呈现波浪形，如图 5.21(a) 所示。这种缺陷产生的原因是轴向下压力和搅拌探头旋转速度过快，搅拌探头下沉；铝合金过热，焊缝背面局部熔化或者焊接速度过慢，使得形成的焊缝表面整体下移，导致飞边从而影响焊缝的美观，但通常并不影响接头的力学性能。但飞边的形成往往是和板材的减薄同时出现的，会造成焊缝上表面轴肩处应力集中，如果不进行处理而直接测试接头的力学性能，就会带来一定的误差。大量的试验证明毛刺不影响焊接接头的力学性能，但是影响接头的成型美观。

2) 沟槽缺陷

采用 FSW 时，在焊缝的焊道上表面，沿搅拌探头的前行边形成一道肉眼可见的沟槽，这就是沟槽缺陷，如图 5.21(b)所示。当焊接速度一定时，搅拌探头的旋转速度慢，轴向下压力较小，会在表面出现沟槽；反之，焊接速度太快，导致焊接热输入偏低，搅拌探头周围的金属塑态软化程度不完全，搅拌转移困难，此时也会有沟槽出现。沟槽缺陷是一种非常严重的搅拌摩擦焊接接头缺陷，会严重影响接头的性能。

3) 半圆形叠纹

半圆形叠纹的特点包括出现在焊缝表面、类似鱼鳞状、纹路间距很窄、纹痕较深，如图 5.21(c)所示。出现半圆形叠纹的主要原因是搅拌探头的焊接速度过快，搅拌探头轴肩与工件表面之间的摩擦作用产生了焊缝表面不连续、不均匀的现象。

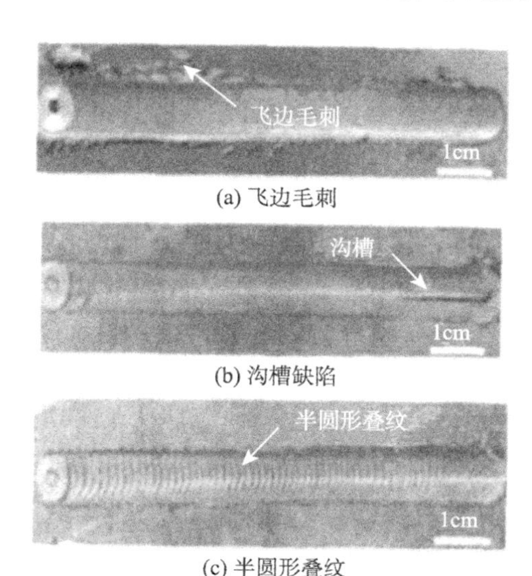

(a) 飞边毛刺

(b) 沟槽缺陷

(c) 半圆形叠纹

图 5.21　表面成型缺陷

2. 内部缺陷

1) 孔洞

FSW 焊缝内部存在的虫状、隧道状等孔洞缺陷，一般呈不规则形状，有的带尖角或缝隙。孔洞型缺陷一般包括隧道型缺陷、趾跟缺陷及孔洞等。隧道型缺陷一般又称为虫型孔洞缺陷，是 FSW 焊缝中比较常见的一类缺陷，由焊缝中一个个的孔洞连接而成，因外形像一只虫子而得名，如图 5.22 所示。隧道型缺陷产生的原因通常是搅拌头外形尺寸不合理、零件焊接装配不合格(存在板厚偏差、对接间隙等)或焊接参数不匹配。

2) 未填充

未填充缺陷出现在前行边焊缝靠近上部的位置，如图 5.23 所示。焊接时，轴向下压力过小，搅拌探头搅拌不充分，从后行边进入搅拌区域的塑态金属量少，焊缝失去对称性，在横截面上就会看到前行边的未填充缺陷。

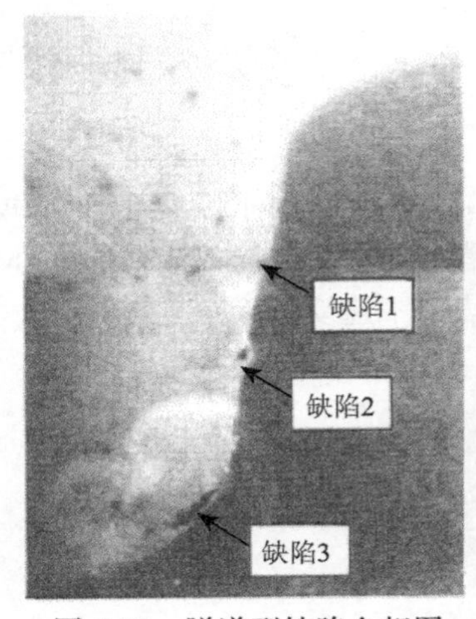

图 5.22 隧道型缺陷金相图

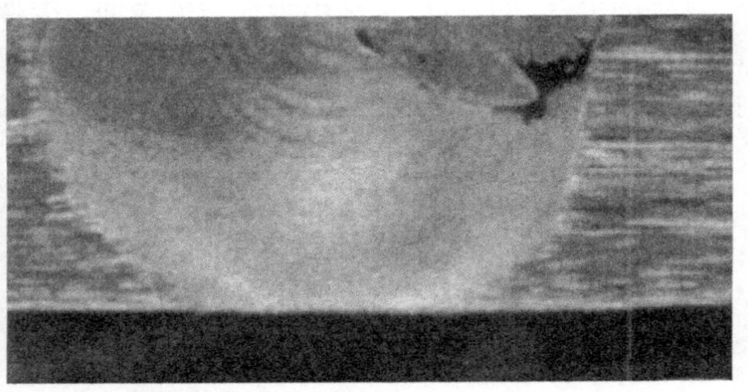

图 5.23 轴向下压力过小产生的未填充缺陷

3) 未焊透

未焊透实际上是在焊缝底部形成的不完全连接，类似裂纹状缺陷，如图 5.24 所示。焊接时若搅拌探头选择不合理，其长度小于工件厚度，当搅拌探头压入焊缝结合面时，轴肩和工件表面通过摩擦产生热量，被焊材料局部塑化，搅拌探头不能完全搅拌焊缝厚度方向上的材料，底部金属依靠上部向下传递的热量得不到充分搅拌，会出现一定厚度的未焊透。另外，当装配状态出现偏差时，工具轴线和对缝没有完全对中，焊缝背面容易形成未焊透现象；当装配状态良好时，搅拌探头的运动使金属向下塑性流动充分，可完全填充未焊透以形成可靠连接。

4) Z 形线

Z 形线缺陷是由对接焊缝表面氧化层 Al_2O_3 经过搅拌破碎弥散残留在焊缝中形成的。这种缺陷一般很难发现，无法用 X 射线检测到，只能通过金相分析或根部弯曲测试才可能有效检测到，危害很大。Z 形线出现在搅拌摩擦区，在热输入量较低时，焊缝经过腐蚀后，可以观察到自下而上、时而出现、时而消失的 Z 形线缺陷，如图 5.25 所示。

5) 弱结合

弱结合是在焊缝根部塑性变形区域产生的被连接材料间紧密接触但未形成有效结合的焊接缺陷，一般发生在焊缝根部，又称为根部弱结合缺陷，如图 5.26 所示。

弱结合缺陷与未焊透缺陷常相互伴随着存在于 FSW 接头根部区域。弱结合缺陷是 FSW 特有的焊接缺陷，与微观裂纹类似，是一种面型缺陷，宽度只有几微米，长度为数十微米到数百微米，宏观上不易被发现，常规检测方法(如 X 射线、常规超声)也很难检测到。另外，弱结合缺陷一般表现为对接面金属材料发生塑性变形，但未形成有效的物理连接。这类缺陷会降低结构的可靠性，是 FSW 较严重的缺陷之一。

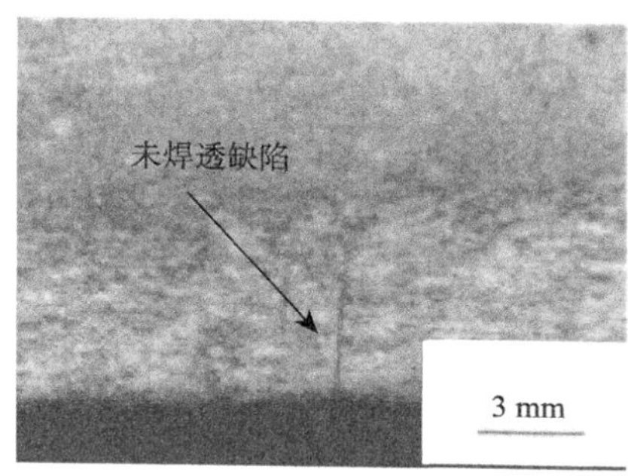

图 5.24　未焊透缺陷

图 5.25　Z 形线缺陷

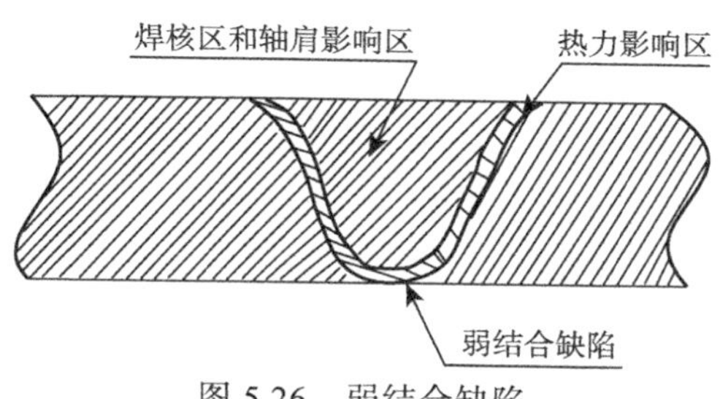

图 5.26　弱结合缺陷

5.3.3　铝合金板材和焊缝检测方法

1. 理论分析

7A09 型铝合金属于 Al-Zn-Cu 系超硬铝，该合金在 20 世纪 40 年代末期就已应用于飞机制造业，至今还广泛应用在众多工业领域。其特点是固溶处理后塑性好，热处理强化效果好，在 150℃以下有很高的强度，且具有较好的低温强度。7A09 型铝合金的化学成分如表 5.3 所示。从表中可看出，铁元素的含量最大为 0.50%，说明铁磁性元素所占比例非常小，大部分为顺磁性元素。

表 5.3　7A09 型铝合金的化学成分

成分	Si	Fe	Cu	Mn	Mg	Zn	Cr	Ti	Al
质量分数/%	≤0.50	0.00～0.50	1.20～2.00	≤0.15	2.00～3.00	5.10～6.10	0.16～0.30	≤0.10	余量

2024 型铝合金是一种高强度硬铝，可进行热处理强化，在淬火状态下塑性中等，点焊焊接良好，用气焊时有形成晶间裂纹的倾向，在淬火和冷作硬化后可切削性能尚好，退火后可切削性能低；抗腐蚀性不高，常采用阳极氧化处理与涂漆方法或在表面加包铝层以提高抗腐蚀能力。2024 型铝合金主要用于制作各种高负荷的零件和构件，如飞机上的骨架零件、蒙皮、隔框、翼肋、翼梁和铆钉等 150℃以下环境中工作的零件，其化学成分如表 5.4 所示。从表中可以看出，铁元素的含量为 0.50%，说明铁磁性元素所占比例非常小，大部分为顺磁性元素。

表 5.4　2024 型铝合金的化学成分

成分	Si	Fe	Cu	Mn	Mg	Zn	Cr	Ti	Al
质量分数/%	0.50	0.50	3.80～4.90	0.30～0.90	1.20～1.80	0.25	0.10	0.15	余量

铝合金材料的内部磁化曲线见附录 A。可以看出，材料的磁化强度与外磁场之间的变化不是简单的线性关系，随着外磁场正负向的增加，磁化强度逐渐趋于饱和。当正向或反向外加磁场逐渐减小时，铝合金的磁化量也逐渐减小。当外加磁场减小到零时，磁化量不为零，即磁化曲线不经过坐标原点，表现出一定的剩磁。由此可知，铝合金在宏观上表现出微弱的磁性。热噪声的存在使铝合金中的电子运动加快，增强了电子轨道运动频率，由于原子的磁矩主要来于电子轨道运动，铝合金中原子的磁矩增加，最终在宏观上表现出微弱的剩磁。由磁化数据可计算出 7A09 型铝合金的相对磁导率为 1.00015～1.0002，2024 型铝合金的相对磁导率为 1.00005～1.00018，这两种材料的相对磁导率与空气相对磁导率的差异是高精度测磁传感器可测得的，因此弱磁检测技术适用于铝合金材料的缺陷检测。

2. 检测试件

1) 板材试件

在 7A09 型铝合金上制作两种类型的缺陷，一种是孔洞型缺陷，另一种是槽型缺陷。这里制作两种不同直径的孔洞，在一块板材上做三个同直径的孔洞，且孔洞的深度越来越大。孔洞的参数：直径分别为 0.4mm、0.7mm；深度分别为 1mm、3mm、5mm。孔洞缺陷如图 5.27 和图 5.28 所示。另外，制作五种不同的盲槽，盲槽的宽度相同，但深度逐渐加深。盲槽的参数：宽度为 1mm；深度分别为 1mm、2mm、3mm、4mm、5mm。槽型缺陷如图 5.29～图 5.31 所示。不同直径的孔洞型缺陷如图 5.32 所示，直径分别为 1.5mm、1.0mm、0.5mm，孔洞深度都为 1mm。

对厚度小于 2mm 的 2024 型铝合金材料预置一个槽型人工缺陷，缺陷的尺寸为 3mm×2mm×1mm，人工缺陷位于图 5.33 中标号 I 所示的位置，检测从右向左进行，其纵向位置位于 46～49mm 处，横向位置位于试件中间 35mm 处。

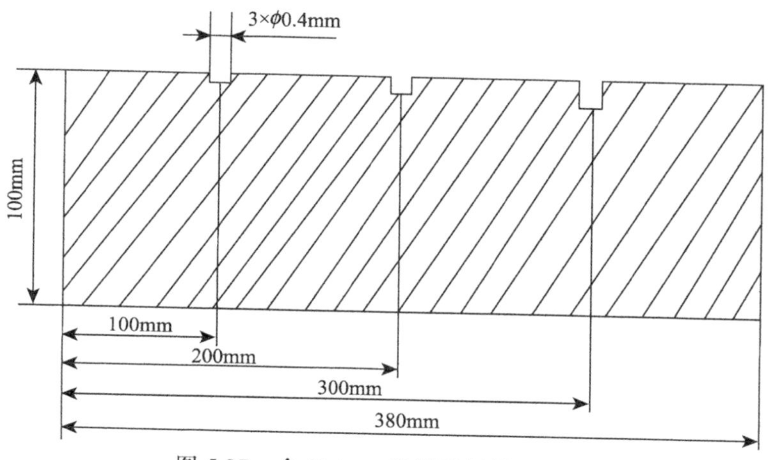

图 5.27　含φ0.4mm 孔洞的板材示意图

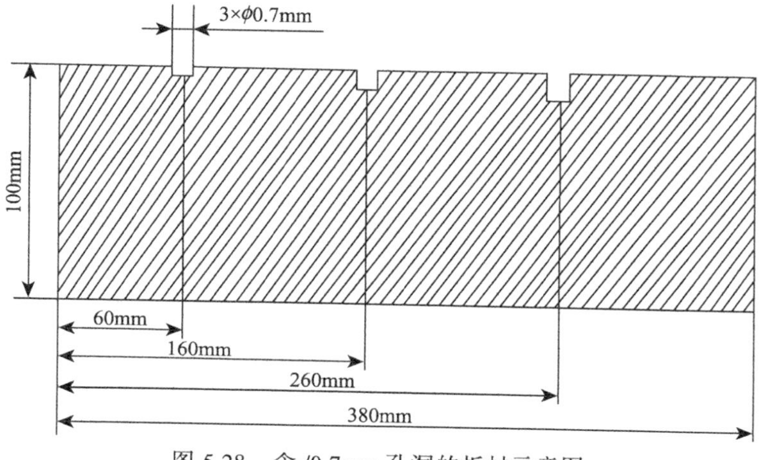

图 5.28　含φ0.7mm 孔洞的板材示意图

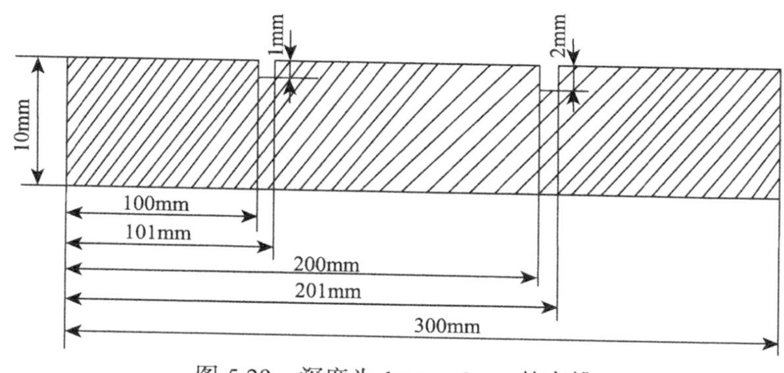

图 5.29　深度为 1mm、2mm 的盲槽

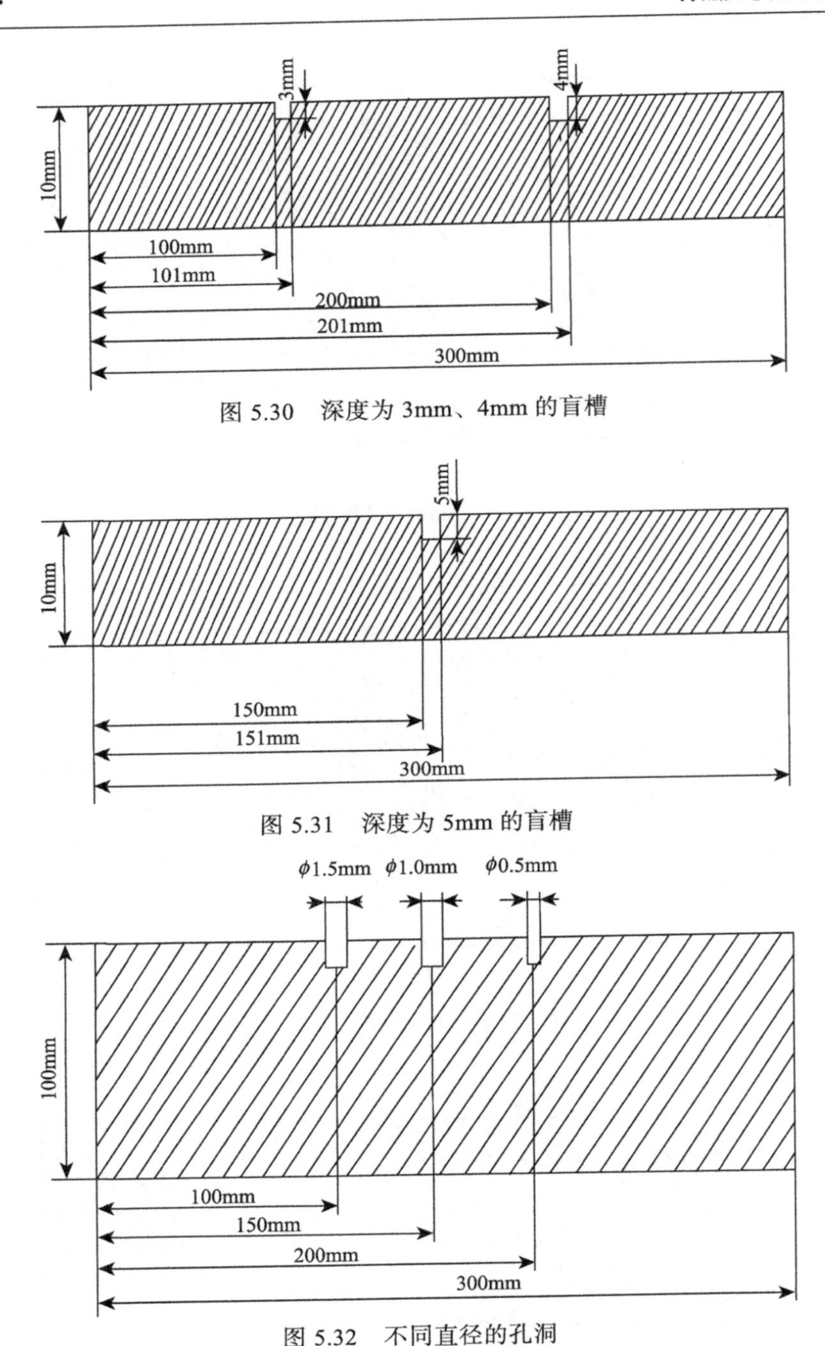

图 5.30　深度为 3mm、4mm 的盲槽

图 5.31　深度为 5mm 的盲槽

图 5.32　不同直径的孔洞

2) FSW 焊缝试件

铝合金 FSW 焊缝试件的制作过程如图 5.34 所示，焊缝为对接焊焊缝。将两

块铝合金板材正对着放在一起，搅拌头放在两块板材中间进行焊接，焊接完成后得到的就是一条对接焊焊缝。在工程应用中，这种焊接方式比较常见，应用也比较广泛。

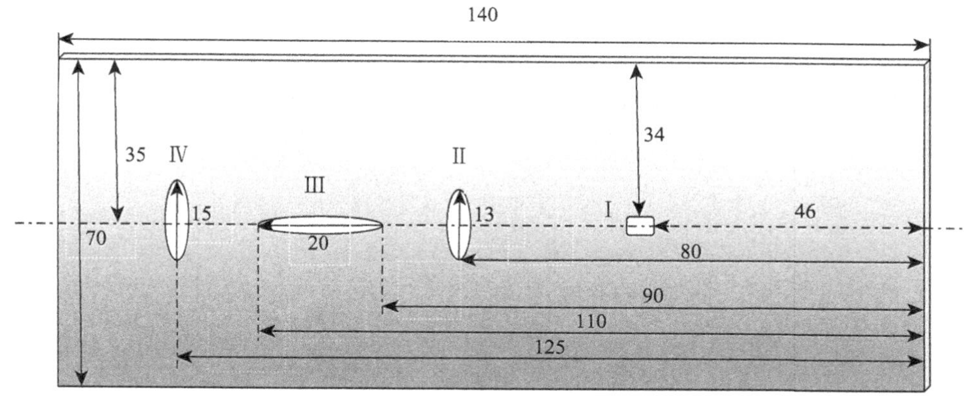

图 5.33　2024 型铝合金薄板试件(单位：mm)

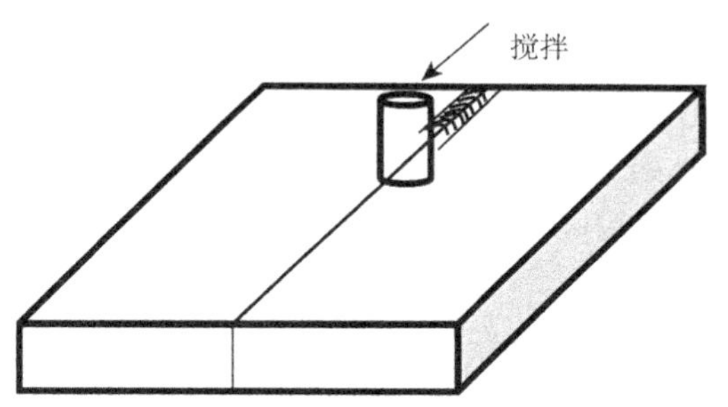

图 5.34　FSW 焊缝试件制备示意图

选取 7A09 型铝合金制作 FSW 焊缝试件。内含隧道型孔洞和疏松型孔洞的 FSW 焊缝试件如图 5.35 和图 5.36 所示，含紧贴型缺陷的 FSW 焊缝试件如图 5.37 所示。三个试件均长为 300mm，宽为 100mm，厚为 10mm，焊缝宽度为 20mm，检测过程从左向右沿着焊缝进行。

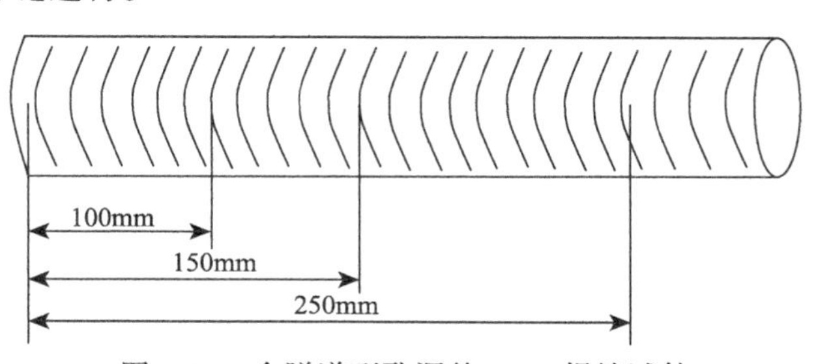

图 5.35　含隧道型孔洞的 FSW 焊缝试件

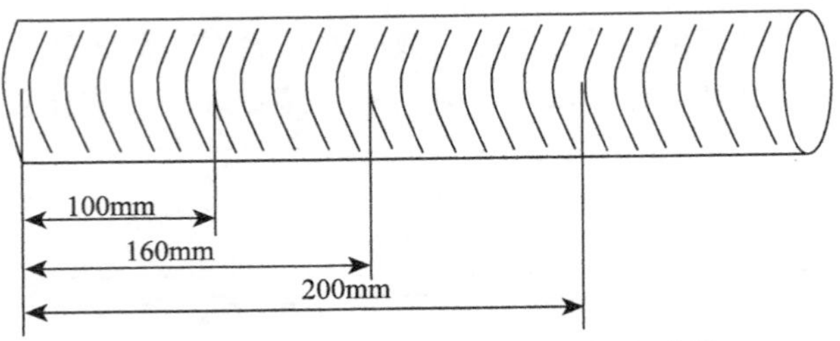

图 5.36　含疏松型孔洞的 FSW 焊缝试件

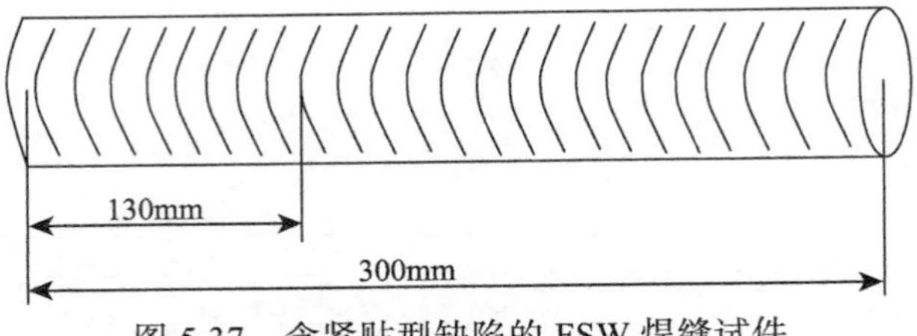

图 5.37　含紧贴型缺陷的 FSW 焊缝试件

3. 检测结果

1) 板材检测结果

图 5.38 所示为不放置试件时的地磁场强度曲线。从图中可看出，最大磁感应强度为 31150nT，最小磁感应强度为 31140nT，它们之间的差值为 10nT，其余各点之间的差值都在 10nT 范围以内，说明地磁场在一定环境下是趋于稳定的。

图 5.39 为预置 ϕ0.4mm 孔洞试件的检测结果。从图中可看出，在 95mm、195mm、293mm 处磁场发生向上凸的异常，其余区域比较均匀。而预置人工孔的位置为 100mm、200mm、300mm，检测过程是由人工推动传感器进行的，造成检测结果与实际缺陷位置有点偏离。这三处的磁感应强度异常差值分别为 20nT、18nT、20nT，都大于 10nT，说明磁场异常是由人工孔洞引起的而不是地磁场自身变化引起的。根据弱磁检测原理，铝合金为顺磁性材料，孔洞处的相对磁导率相当于空气的相对磁导率。7A09 型铝合金的相对磁导率大于空气的相对磁导率，这时孔洞对磁力线产生排斥作用，使得孔洞处上下两端靠近铝合金边界处的磁力线密度变大，即铝合金表面的磁感应强度与无孔洞时相比变大，因此孔洞处的磁感应强度产生一个向上凸的异常。

图 5.40 为预置 ϕ0.7mm 孔洞试件的检测结果。从图中可看出，在 60mm、160mm、260mm 处磁场发生向上凸的异常，其余区域比较均匀。而预置人工孔的位置为 60mm、160mm、260mm，这与磁场异常位置是对应的，且这三处的磁感应强度异常差值分别为 20nT、30nT、30nT，都大于 10nT，说明磁场异常是由人工孔洞引起的而不是地磁场自身变化引起的。

综合分析图 5.39 和图 5.40 可知，ϕ0.7mm 孔洞产生的磁场异常值大于 ϕ0.4mm

孔洞产生的磁场异常值。由于孔径大，排斥磁力线就多，上下两端靠近铝合金边界处的磁力线密度更大，所以产生的磁场异常也就更大。端头两部分的磁力线波动较大，曲线较杂，也会产生异常，但这些异常都不是由缺陷引起的，而是由边界效应导致的。铝合金是条状物体，相当于条形磁铁，条形磁铁两端的磁场比其他区域的磁场大，因此铝合金两端的曲线较杂是条形磁铁特征的表现，边界两端所产生的异常都不能作为缺陷对待。

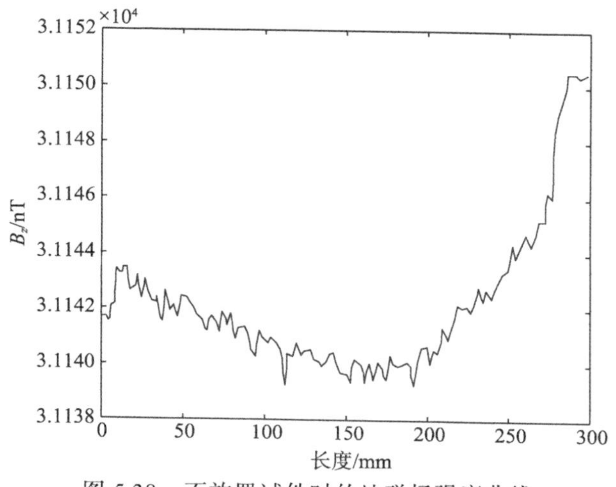

图 5.38　不放置试件时的地磁场强度曲线

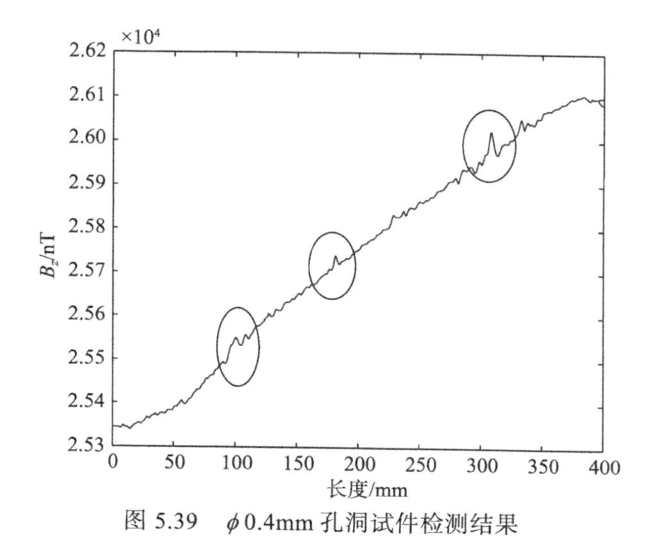

图 5.39　ϕ0.4mm 孔洞试件检测结果

图 5.41 显示了宽为 1mm、深分别为 1mm 和 2mm 盲槽试件的检测结果。从图中可以看出，磁场分别在 90mm 和 198mm 处产生向上凸的异常，其余区域则没有

发生变化。而预置人工槽的位置为 100mm 和 200mm 处，由人工推动传感器检测，检测结果与实际缺陷位置有偏离。这两处的磁感应强度异常差值分别为 60nT 和 50nT，都大于 10nT，说明磁场异常是由人工孔洞引起的而不是地磁场自身变化引起的。根据弱磁检测原理，铝合金为顺磁性材料，盲槽处的相对磁导率相当于空气的相对磁导率。7A09 型铝合金的相对磁导率大于空气的相对磁导率，这时盲槽对磁力线产生排斥作用，使得盲槽处上下两端靠近铝合金边界处的磁力线密度变大，即铝合金表面的磁感应强度与无缺陷时相比变大，因此盲槽处的磁感应强度产生一个向上凸的异常。

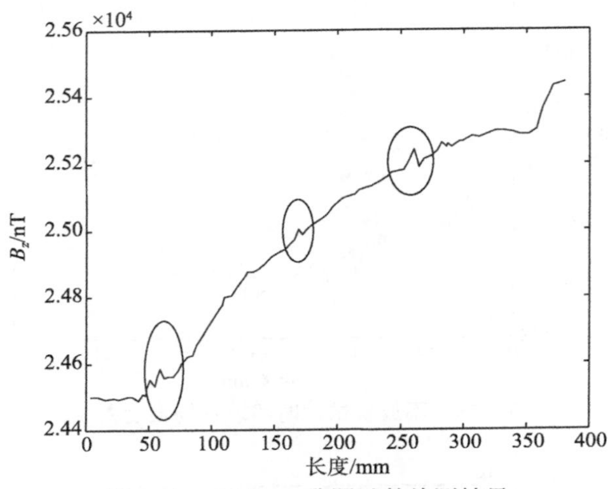

图 5.40　ϕ0.7mm 孔洞试件检测结果

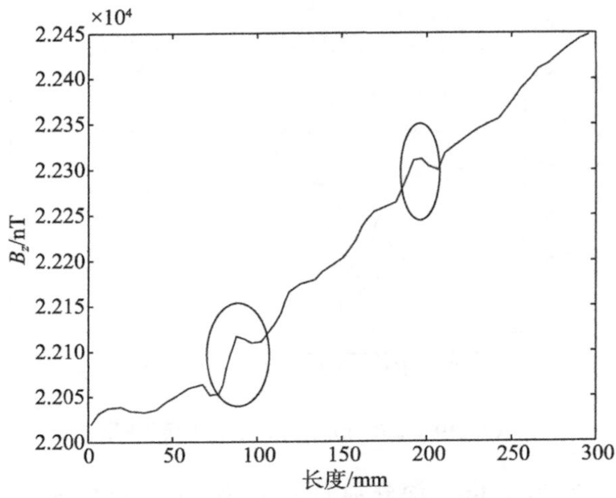

图 5.41　1mm 和 2mm 深盲槽试件检测结果

图 5.42 显示了宽为 1mm、深分别为 3mm 和 4mm 盲槽试件的检测结果。从图中可以看出，在 100mm 和 200mm 处磁场发生向上凸的异常，预置人工槽的位置为 100mm 和 200mm，这两处的磁感应强度异常差值分别为 50nT、50nT，都大于 10nT，说明磁场异常是由人工孔洞引起的。根据检测原理，槽型缺陷处磁场产生向上凸的异常。

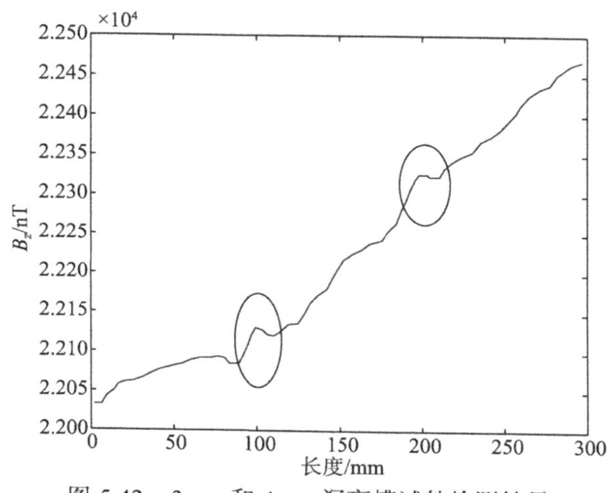

图 5.42　3mm 和 4mm 深盲槽试件检测结果

图 5.43 为含有宽 1mm、深为 5mm 盲槽试件的检测结果。图中，155mm 处磁场产生向上凸的异常，磁感应强度异常差值为 70nT，而预置人工缺陷的位置为 150mm 处，说明这个异常是由人工槽引起的。根据检测原理，人工槽引起了向上凸的磁场异常。

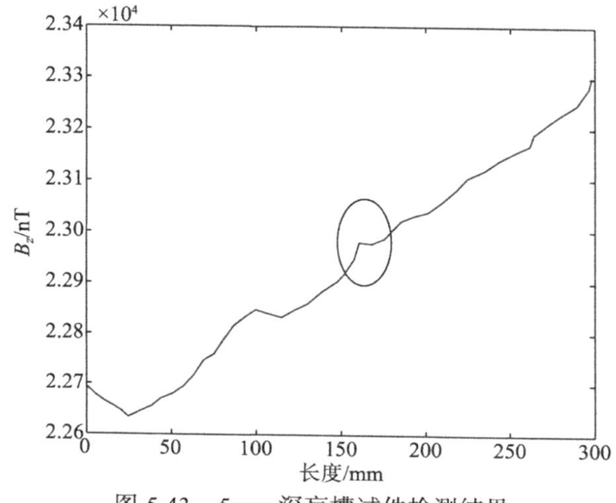

图 5.43　5mm 深盲槽试件检测结果

将图 5.41、图 5.42、图 5.43 与图 5.39、图 5.40 进行比较，发现槽型缺陷处的磁场异常范围大于孔洞型缺陷处。预置槽型缺陷时，槽型缺陷的宽度是整个铝合金板材的宽度，则槽型缺陷缺失的金属量远大于孔洞型缺陷，使得盲槽处上下两端靠近铝合金边界处的磁力线密度大于孔洞型缺陷时的磁力线密度，因此槽型缺陷处的磁场异常范围要大于孔洞型缺陷处。

含有不同直径孔洞试件的检测结果如图 5.44 所示。从图中可知，在 97mm、145mm、198mm 处发生向上凸的磁场异常，这三处磁感应强度异常差值分别为 40nT、35nT、22nT。预置的人工孔洞大小分别为 ϕ1.5mm、ϕ1.0mm、ϕ1.5mm，这三个孔洞的位置分别为 100mm、150mm、200mm。这三处异常位置与预置的人工孔洞的位置相对应，且三处磁感应强度异常差值都大于 10nT，说明磁场异常是由孔洞引起的。根据检测原理，孔洞处的磁感应强度均产生一个向上凸的异常。

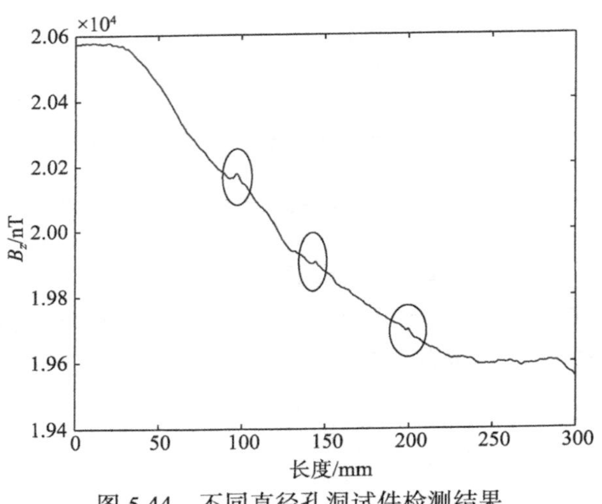

图 5.44　不同直径孔洞试件检测结果

对如图 5.33 所示的试件从右向左进行检测，由于地磁场在短时间内可看作是相对稳定的，连续测量两次，选取经过人工缺陷上方的一组传感器采集数据进行分析，并除去试件端头影响产生的边界效应，得到磁感应强度变化的检测结果如图 5.45 所示。试件人工缺陷内是空气介质，在人工缺陷处产生向上凸的磁场异常。从图 5.45 中可以看出，两组检测结果数据 1 和数据 2 的一致性较好，检测过程是人工推动传感器沿一定方向前进，存在一定的人工误差，使得缺陷的实际位置与磁场的异常变化对应存在一定的偏差；在 46～51mm 和 48～53mm 处分别存在向上凸的磁场异常，与人工缺陷 1 的位置相对应；在 80～120mm 和 120～130mm 处两组数据分别存在一大一小两个向上凸的磁场异常，怀疑为铝板的自然缺陷。

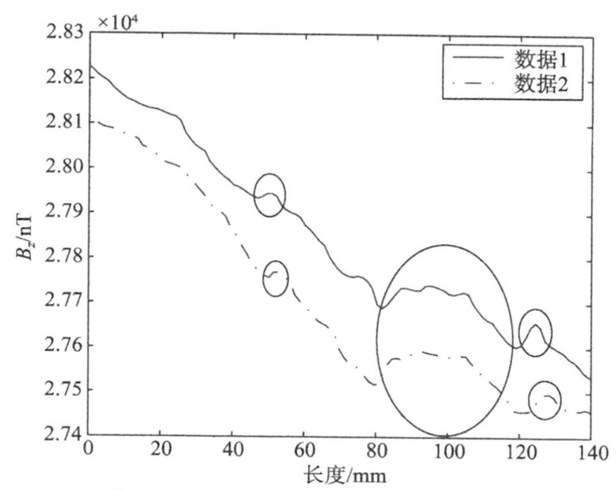

图 5.45　薄壁 2024 型铝合金磁感应强度变化的检测结果

对试件剖开查看金相，分别在 80mm 和 125mm 处沿横向剖开，即图 5.33 中Ⅰ和Ⅳ标记的位置，在 90～110mm 处沿纵向剖开，即图 5.33 中Ⅲ标记的位置，选取部分金相组织如图 5.46 所示。金相显示三处位置均存在疏松型孔洞，其中图 5.46(a) 中矩形区域内存在较明显的链条状缺陷。在 100 倍放大倍数下对三者进行比较发现，图 5.46(c) 的疏松型孔洞最大，且纵向 90～110mm 处存在连续的疏松型孔洞，图 5.46(b) 中缺陷次之，图 5.46(a) 中孔洞最小。图 5.45 中 80mm 对应的位置无明显磁场异常，即图 5.46(a) 中存在的孔洞不足以产生明显的磁场异常，可认为是无缺陷时的正常金相组织。当疏松型孔洞达到图 5.46(b) 中的大小时，会产生图 5.45 中 125mm 后出现的磁场异常。而对于图 5.46(c) 所示的连续疏松型孔洞缺陷，则产生大范围磁场异常，即对应图 5.45 中最大椭圆所表示的部分。

2) FSW 焊缝试件检测结果

对图 5.35～图 5.37 所示的 FSW 焊缝试件进行检测。含隧道型孔洞缺陷的 FSW 焊缝试件检测结果如图 5.47 所示。从图中可以看出，有四处磁场发生了异常，分别为 40mm、100mm、150mm、250mm，其中 40mm 靠近试件端头。对图 5.35 中标注的 100mm、150mm 和 250mm 三处位置沿焊缝横截面剖开，其横截面形貌如图 5.48 所示，从横截面形貌图中可判断此缺陷为隧道型孔洞，且 100mm 处缺陷最大，250mm 处缺陷最小。隧道型孔洞是一种在外观形貌上与隧道型相似的缺陷，它的形成原因是选择的旋转速度不够大或者搅拌时沿着试件向前焊接的速度过快，导致焊接过程中搅拌头旋转产生的热量不足，试件被焊接部位融化的金属不够多，不能充分地填充焊接过程中试件形成的空腔。从图 5.47 中可以看出，端头两部分的磁力线波动较大，曲线较杂，会产生异常，但这些异常都是由边界效应导致的。前面提到铝合金是条状物体，相当于条形磁铁，条形磁铁两端的磁场比其他区域的磁场要

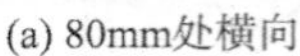

(a) 80mm处横向

(b) 125mm处横向

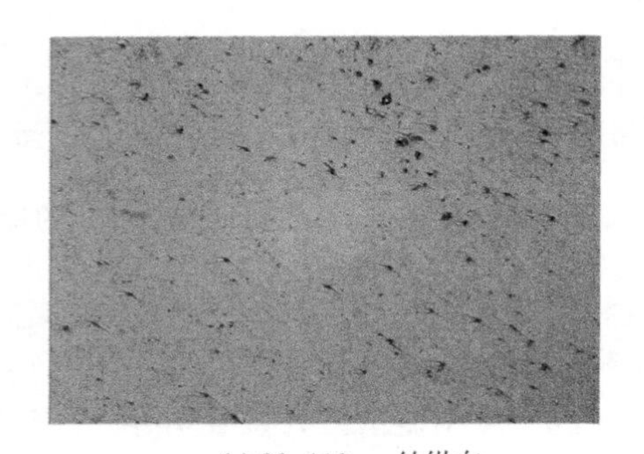

(c) 90~110mm处纵向

图 5.46　试件金相显微图

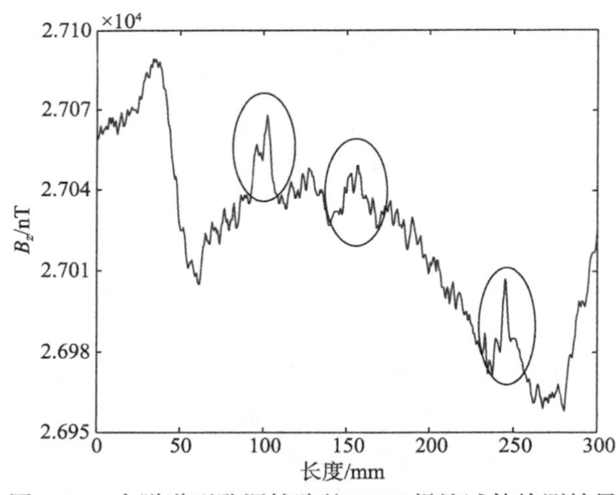

图 5.47　含隧道型孔洞缺陷的 FSW 焊缝试件检测结果

大，铝合金两端的曲线较杂是条形磁铁特征的表现，边界两端所产生的异常都不能作为缺陷对待。因此，判定 40mm 处的异常为正常现象而不是由缺陷导致的。图 5.47 中 50～250mm 区域内，曲线形状与无缺陷时的磁场特征大部分相同，无缺陷时各处的相对磁导率大致处在同一水平线上，未出现太大偏差，曲线较为均匀。由于隧道型孔洞的存在，焊缝中的金属量减少，缺陷处上下两端靠近焊缝边界处的磁力线密度变大，即焊缝表面的磁感应强度与无缺陷时相比变大，缺陷处的磁感应强度产生一个向上凸的异常。同时，相比于图 5.48(b) 和 (c) 两处缺陷，图 5.48(a) 处的缺陷最大，缺失的金属量最多，在图 5.47 中对应的磁异常值也就最大。图 5.47 中整条曲线呈现弯曲状，说明隧道型孔洞存在于整条焊缝中。

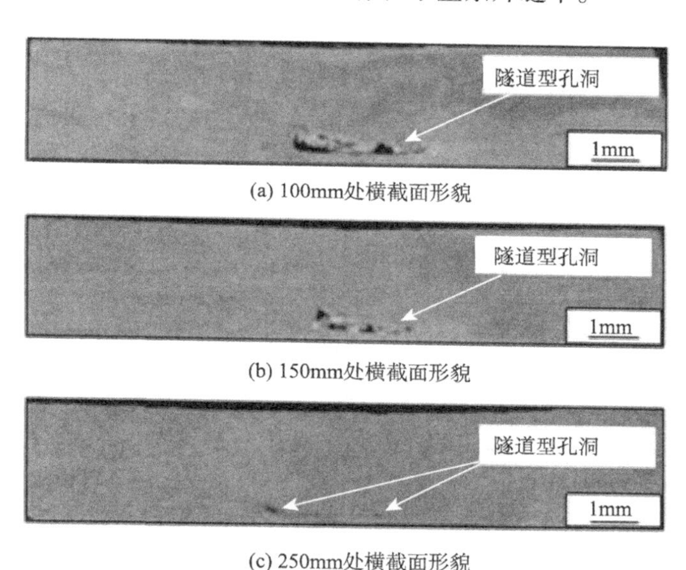

(a) 100mm处横截面形貌

(b) 150mm处横截面形貌

(c) 250mm处横截面形貌

图 5.48　含隧道型孔洞缺陷的 FSW 焊缝形貌

含疏松型孔洞缺陷的 FSW 焊缝试件检测结果如图 5.49 所示。从图中可以看出，椭圆标注的三处磁场发生向上凸的异常，位置分别为 100mm、160mm、200mm。对这三处位置沿焊缝横截面剖开，其横截面形貌如图 5.50 所示，可见这三处都存在孔洞型缺陷，从横截面形貌上判定为疏松型孔洞。疏松型孔洞是一种孔洞聚集型缺陷，在外观形貌上表现为密密麻麻的小点。它的形成原因是焊接时选择的搅拌头的尺寸不太符合试件的要求、搅拌头向前移动速度偏快或者选择的旋转速度偏慢，导致旋转产生的热量偏小，融化的金属量不足以完全填充搅拌头向前移动产生的空腔。从图 5.49 中可以看出，曲线端头两部分的磁力线波动较大，曲线较杂，也会产生异常，但这些异常是由边界效应导致的。同样地，考虑端头效应，判定边界两端的异常为正常现象而不是由缺陷引起的。因此，判定边界两端的异常为正常现象而不是由缺陷导致的。在曲线的中间区域，曲线形状与无缺陷时的磁场特征大致相同，无缺陷时各处的相对磁导率大致处在同一水平线上，未出现太大偏差，曲线较为均匀。根据弱磁检测原理，此焊缝中由于疏松型孔洞的存在，缺陷处上下两端靠近焊缝边界处的磁力线密度变大，即焊缝表面的磁感应强度与无缺陷时相比变大，则缺陷处的磁感应强度产生一个向上凸的异常。

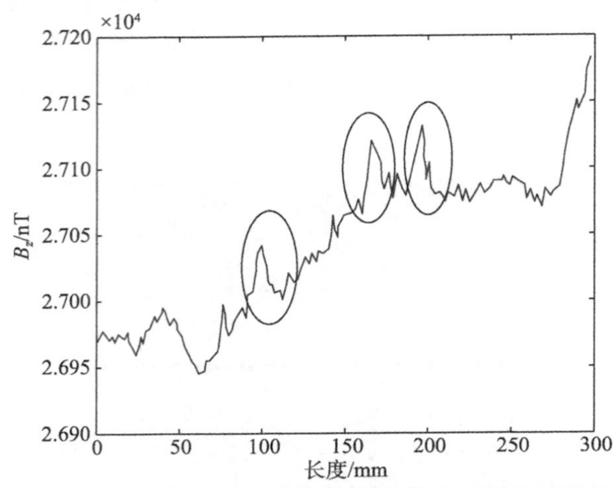

图 5.49　含疏松型孔洞缺陷的 FSW 焊缝试件检测结果

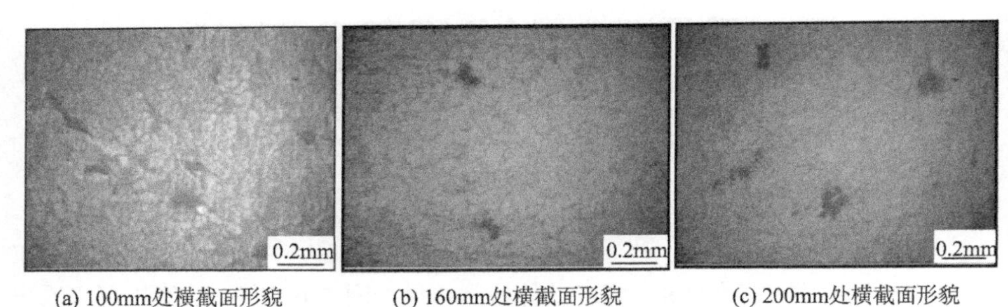

(a) 100mm处横截面形貌　(b) 160mm处横截面形貌　(c) 200mm处横截面形貌

图 5.50　含疏松型孔洞缺陷的 FSW 焊缝形貌

含紧贴型缺陷的 FSW 焊缝试件检测结果如图 5.51 所示。从图中可以看出椭圆标注处磁场发生向上凸的异常，位置为 130mm。对该位置沿焊缝横截面剖开，其横截面形貌如图 5.52 所示，可见此处存在孔洞型缺陷，从横截面形貌图上判定为紧贴型缺陷。紧贴型缺陷顾名思义是一种被试件焊接部位的金属紧紧贴在一起的缺陷。对于它的形成原因，目前还没有一个固定的阐述，学术界普遍认为它是由于搅拌头向前移动的过程中旋转产生的热量偏小，试件焊接部位的材料流动性不足，使得该部位两侧的金属紧紧贴合在一起而形成的。同样地，图 5.51 中曲线端头两部分的磁力线波动较大，曲线较杂，也会产生异常，但这些异常都是由边界效应导致的，判定边界两端的异常为正常现象而不是由缺陷导致的。曲线中间区域形态与无缺陷时的磁场特征大致相同，无缺陷时各处的相对磁导率大致处在同一水平线上，未出现太大的偏差，曲线较为均匀。根据弱磁检测原理，此焊缝中由于紧贴型缺陷的存在，缺陷处上下两端靠近焊缝边界处的磁力线密度变大，即焊缝表面的磁感应强度与无缺陷时相比变大，则缺陷处的磁感应强度产生一个向上凸的异常。

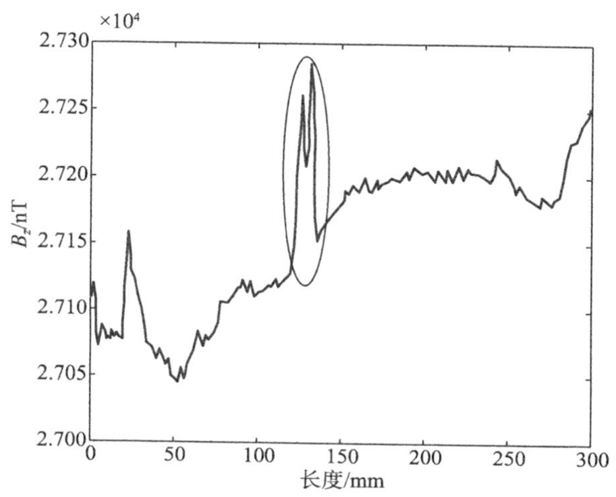

图 5.51　含紧贴型缺陷的 FSW 焊缝试件检测结果

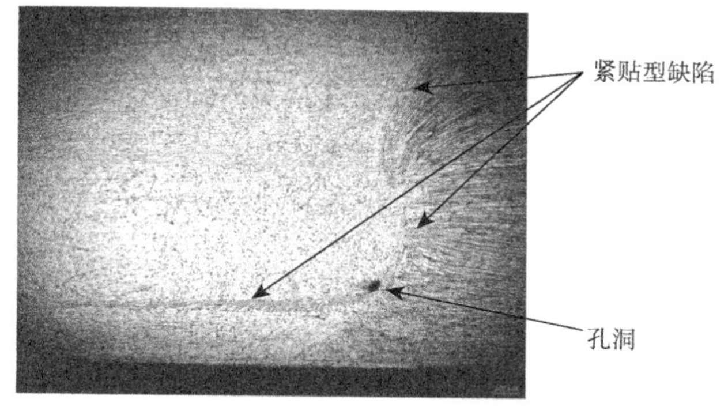

图 5.52　含紧贴型缺陷的 FSW 焊缝形貌

5.4　航空发动机涡轮盘检测

5.4.1　概述

航空发动机是飞机的心脏，为飞机的运行提供动力，其可靠性直接影响着飞机的运行安全。工作过程中的飞机处于频繁的启动、加速、停止的飞行模式并不断地变换，航空发动机的工况也随之不断地变化，发动机中的各零部件所承受的载荷也处于不断的变化过程中。由于交变载荷处于不断的循环变化过程中，航空发动机涡轮盘容易产生疲劳直至断裂。随着现代航空工业的不断发展，人们对于航空发动机的性能要求不断提高，其推重比越来越高，结构设计越来越复杂，服役条件也更为苛刻。大的推重比满足了飞行器的性能需求，但也使发动机零部件的工作条件更加严酷，零部件承受的载荷越来越高，低循环疲劳失效逐渐成为最主要的失效形式。涡轮盘在发生低循环疲劳失效时通常都是非包容性的，破裂的盘体碎块往往会击穿油箱、油路和驾驶舱等，造成严重的后果。这些因素的综合，使得航空发动机的各零部件在运行过程中发生失效的概率更大，使用寿命问题日益突出，关于航空发动机可靠性和使用寿命的研究受到了极大的重视。

涡轮盘是航空发动机的耐久性关键件和断裂关键件，它的失效直接影响发动机的可靠性和使用维护成本，甚至危及飞机的安全。表 5.5 给出了无损检测工序在涡轮盘制造过程中的安排情况。选用无损检测技术对涡轮盘表面、近表面裂纹缺陷和内部夹杂缺陷进行诊断具有重要意义。

表 5.5　无损检测工序在涡轮盘制造过程中的安排

探伤工序	工序安排	探伤区域	结果评价
超声检测	粗加工之后或细加工之前	涡轮盘任何部位	缺陷位置、大小、深度分布情况，不能确定缺陷性质及准确尺寸
射线检测	粗加工之后	涡轮盘近表面及内部	缺陷位置、大小、形状及大小分布情况
磁粉检测	精加工之后	涡轮盘表面及近表面	缺陷位置、形状、长度；不能发现内部缺陷
渗透检测	精加工之后	涡轮盘表面	表面缺陷的位置、形状、长度
着色检测	粗加工之后或精加工之后	宏观检查涡轮盘表面	表面缺陷的位置、形状、长度

用于涡轮盘的无损检测技术，较成熟为超声检测技术，包括早期的手动接触式脉冲回波法和超声水浸法，航标 HB/Z 34—1998 规定涡轮盘件应采用水浸法进行检测。为了提高检测效率，法国制作了第一台超声相控阵检测系统用于涡轮盘的检测[14]。欧美航空制造和研究机构对航空发动机涡轮盘因加工异常所产生缺陷的检测展开研究，并提出以曲率线圈测磁(meandering winding magnetometry)为代表的无损检测技术[15]。研究结果表明，该方法对于涡轮盘的检测相对于渗透检测、光学检测等方法具有更好的效果。美国航空航天格伦研究中心[16]用有限元方法模拟了涡轮盘的耐用性和持久性，在典型的工作条件下，轮盘上附着叶片和孔洞，从理论上分析了裂纹对检测系统的影响。俄罗斯学者 Kryukov 等[17,18]利用着色渗透探伤技术检测转子轮盘，检测时叶片必须拆卸下来，并对轮盘进行仔细的清洗，容易识别出轮盘表面的点状缺陷，如裂纹等；他们还使用超声检测转子轮盘上梯形凹槽区域第一齿轮下的裂纹缺陷，以提高裂纹检测的可靠性[19]。俄罗斯学者 Dubov[20,21]于 20 世纪 90 年代初提出了金属磁记忆法，十几年后将其与超声检测相结合，用于涡轮盘的无损检测，

但是金属磁记忆法只适用于铁磁性材料的无损检测。美国学者 Medina 等[22]综述了涡轮盘微观结构缺陷检测的涡流法和超声法，能够识别粗晶粒、细晶粒及中间的过渡区域。西门子公司与美国克拉克森大学学者合作[23]，将自动化超声无损检测与疲劳寿命预测集成，应用于 Cr-Mo-V 材质的涡轮转子，并给出风险评价结果。超声检测是应用多年的一种成熟方法，而其他方法还停留在研究阶段。超声检测虽然取得了一定的检测效果，但也存在诸多问题，一是受声波与裂纹缺陷角度关系的影响，容易对裂纹、非轴向夹杂等较小尺寸缺陷漏检；二是实际检测时的检测效率较低。因此，有必要发展新的无损检测技术，作为现有无损检测技术的补充，进一步提高缺陷的检出率和检测效率。

5.4.2 涡轮盘的失效分析

航空发动机涡轮盘的失效模式很多，主要有蠕变疲劳、振动疲劳、接触疲劳、低循环疲劳以及这些模式的耦合作用。其中，产生疲劳裂纹而失效的主要模式是低循环疲劳，占发动机结构故障的 80%～90%。低循环疲劳极易产生表面裂纹缺陷，疲劳裂纹主要在夹杂、孔洞和晶界等位置萌生。涡轮盘在无人工预制锐缺陷口的情况下产生疲劳裂纹，主要在夹杂、孔洞、晶界、孪晶界和驻留滑移带等位置萌生。涡轮盘高温合金材料的疲劳裂纹萌生寿命，不仅与加工工艺、材料成分和微观组织结构等因素有关，也与服役环境和外加载荷有关。

使用先进高温合金的坯件制备高性能发动机涡轮盘，是航空发动机研制、生产的核心环节。由于高温合金的复杂化，制备发动机涡轮盘的大型铸锭(直径为 400～500mm)的合金熔炼及热加工工艺的优化控制十分困难。在制造过程中，涡轮盘内部可能会存在夹渣、裂纹、发纹、亮带、亮条和晶粒度不均等缺陷，使得金属有效利用率不高，成品涡轮盘中的组织不均匀，从可靠性考虑，根本无法达到批量生产的要求。由于涡轮盘的制造成本很高，选用无损检测技术对涡轮盘缺陷进行诊断显得非要重要。

由于偶然事件的发生，涡轮盘表面或近表面容易嵌入刀具破损颗粒，使涡轮盘表面材料随切削过程而转移、剥离，或加工异常使涡轮盘表面、近表面微观结构产生变形，尽管出现的可能性较小，但极易导致涡轮盘表面、近表面萌生裂纹，这也逐渐成为涡轮盘失效的主要原因之一。

涡轮盘要求材料的硬度、强度及高温性能良好，且加工精度高，其加工方法主要包括精密制坯加工、精密铸造加工、切削加工等。涡轮盘在加工过程中由于工艺参数的偏离或各种不稳定因素的影响，其内部会产生各种类型的缺陷，其中紧贴型缺陷是一种较难发现的缺陷。紧贴型缺陷内部空隙太小，且主要存在于涡轮盘工件内部，不仅表面无损检测技术不能发现，成熟的超声检测技术也不易发现该类型的缺陷。因此，对于涡轮盘中的紧贴型缺陷检测是无损检测技术中的一个难点。

5.4.3 涡轮盘检测方法

1. 试验材料

高性能航空发动机一般选用耐高温在700℃以上的材料。因此，扩散控制组织变化的过程以及轮缘部分合金的高温蠕变及持久性能必然成为航空发动机涡轮盘合金研制和选材的重要因素。涡轮盘的加工成本高，选用材料的一次寿命需达到1000～3000h，且合金的长期组织稳定性要求也非常高。由于普通的低合金材料不能满足这些性能，通常通过对材料的高合金化来实现。高强度抗变形能力强的涡轮盘高温合金都是镍基高温合金。

铸锻型镍基高温合金GH4169是目前航空发动机中使用最多的变形高温合金，它是一种非铁磁性材料。GH4169合金在−253～700℃温度范围内具有良好的综合性能，650℃以下的屈服强度居变形高温合金的首位，并具有良好的抗疲劳、抗辐射、抗氧化、耐腐蚀性能，以及良好的加工性能和焊接性。该合金的元素组成如表5.6所示。试验采用GH4169合金盘件作为试件。经磁化测试并计算，其相对磁导率为1.02372～1.02623，因此为顺磁性材料。

表5.6　GH4169合金元素组成

元素	质量分数/%	元素	质量分数/%
C	≤0.08	Al	0.30～0.70
Cr	17.00～21.00	Ti	0.75～1.15
Ni	50.00～55.00	Nb	4.75～5.50
Co	≤1.00	Mn	≤0.35
Mo	2.80～3.30	其他	≤0.83

2. 检测试件

试验选择不含自然缺陷的涡轮盘高温合金GH4169试件，对其进行粗加工之后，切取两块用于制作人工缺陷。在两个试件上制作了两种不同类型的缺陷，其中对试件甲制作不同深度的孔洞型缺陷，对试件乙制作不同尺寸的槽型缺陷(模拟裂纹缺陷)。试件甲上的孔洞型缺陷参数如下：孔洞直径为0.8mm，深度分别为1mm、2mm、3mm，相邻孔洞间距为30mm。试件甲的孔洞型缺陷实物图如图5.53所示。在试件乙的A、B面上分别预制3个不同规格的槽型缺陷，缺陷尺寸以长×宽×深来表示，A面的槽型缺陷参数为1mm×0.15mm×1mm、1mm×0.25mm×3mm、1mm×0.3mm×5mm，相邻缺陷的间距为50mm，各缺陷与最近边缘侧的距离分别为5mm、8mm、10mm，试件乙的A面槽型缺陷实物图如图5.54所示；B面的槽型缺陷参数为1mm×0.3mm×7mm、3mm×0.25mm×5mm、5mm×0.3mm×7mm，相邻缺陷的间距为50mm，各缺陷与最近边缘侧的距离为30mm，试件乙的B面槽型缺陷实物图如图 5.55 所示。

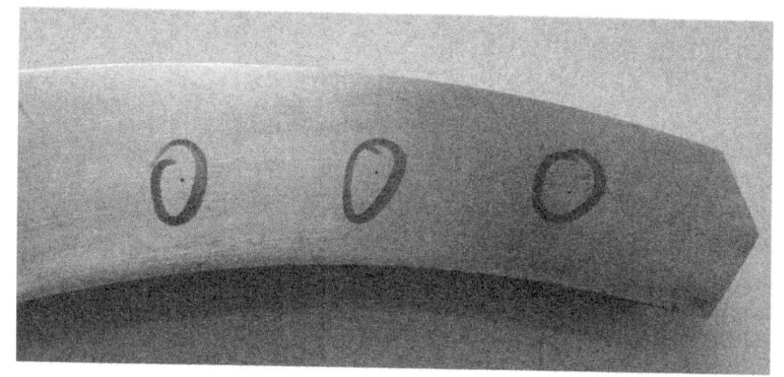

图 5.53　试件甲的孔洞型缺陷实物图

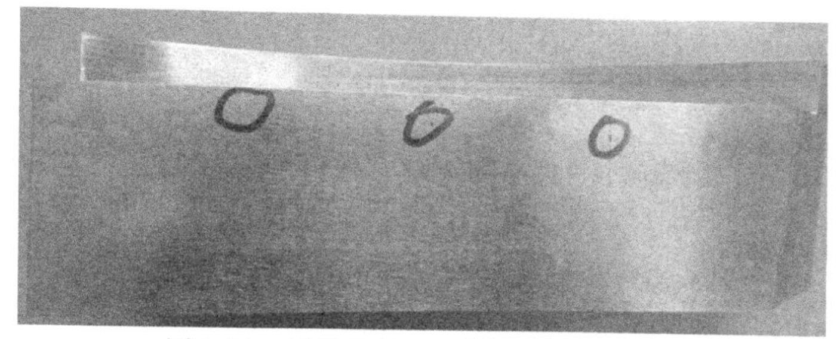

图 5.54　试件乙的 A 面槽型缺陷实物图

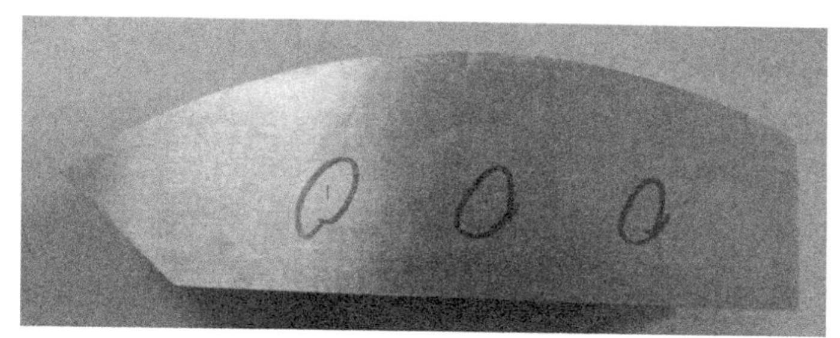

图 5.55　试件乙的 B 面槽型缺陷实物图

选取一个在加工过程中产生紧贴型缺陷的涡轮盘试件，切取存在缺陷的一部分，其实物图如图 5.56 所示。由于紧贴型缺陷的间隙太小，无法通过肉眼进行识别，发现紧贴型缺陷后，可配制腐蚀液对涡轮盘试件进行腐蚀，使内部的紧贴型缺陷显示到表面来，在腐蚀过程中不可避免地会把紧贴型缺陷的间隙变大，经过化学腐蚀后的紧贴型缺陷可通过肉眼进行识别。对图 5.56 中的试件进行腐蚀后，在试件的 a、b 两个位置发现紧贴型裂纹缺陷，局部放大结果如图 5.57 所示。使用游标卡尺测得位置 a 处的缺陷长度为 16.56mm，位置 b 处的缺陷长度为 24.78mm。

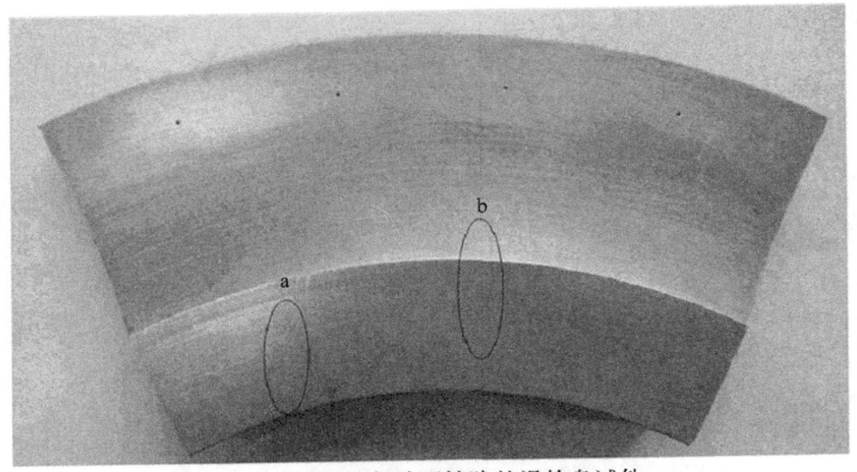

图 5.56　存在紧贴型缺陷的涡轮盘试件

(a) 位置 a 处的缺陷

(b) 位置 b 处的缺陷

图 5.57　涡轮盘紧贴型缺陷

3. 检测工装

对涡轮盘进行探伤时，考虑到工件表面形状的复杂性，弱磁检测探头可根据工件表面的实际情况及检测需要进行组合。图 5.58 所示为阵列式弱磁检测探头，由弱磁检测探头和探头安装架两部分组成。弱磁检测探头呈锯齿状排列，每个探头与相邻探头之间保持一定距离(间距为 12mm)以排除探头之间的互相干扰。根据检测需要，可在探头安装架上安装一个提离高度较高的探头，用于测量环境磁场。

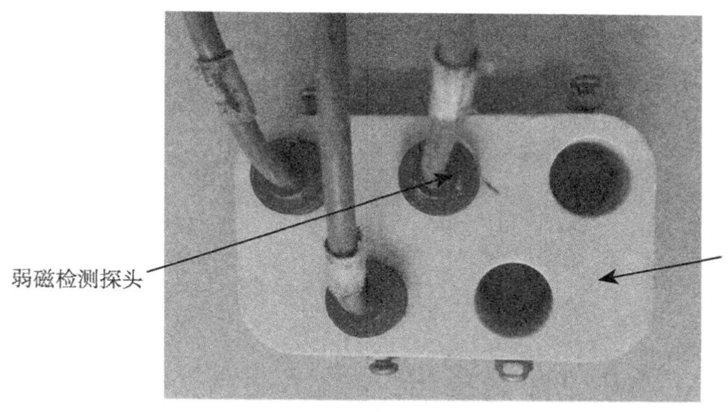

图 5.58　阵列式弱磁检测探头

把预制了人工缺陷的涡轮盘试件置于稳定的地磁场环境中，采用上述检测装置结合所编制的控制软件对试件进行检测。检测时把被检试件放置稳定，被检试件的检测面平行于水平面，即检测面与垂直向下的磁场方向垂直。若检测环境中存在除地磁场以外的外界磁场，尽可能予以排除，若无法排除则要求该外界磁场在检测过程中必须稳定，磁场的变换强度小于 20nT，否则试验无法进行。检测过程中把探头垂直置于被检试件的检测面上，使用手推动测磁探头的方式进行检测，且尽可能使测磁探头保持在稳定的状态，以免产生太大的干扰信号，给检测信号分析带来困难。

4. 检测结果

对含有 ϕ0.8mm 孔洞型人工缺陷的涡轮盘试件进行检测，检测长度为 110mm，结果如图 5.59 所示。从图中可看出，在横坐标方向 32mm、63mm 和 93mm 处存在 3 个磁场异常，以椭圆标注。孔洞型人工缺陷实际所在的位置为 30mm、60mm 和 90mm，与检测结果存在一定的偏差，这是因为试验中由人推动测磁探头进行检测，很难保证测磁探头匀速运行，而弱磁检测仪在检测过程中是等时间间隔进行数据的采集。

对含有人工刻槽缺陷的试件乙的 A 面和 B 面使用弱磁检测仪进行检测，结果如图 5.60 和图 5.61 所示。从图中可看出，在试件的两个面上分别检测出 3 个缺陷。其中 A 面的 3 个缺陷在横坐标方向的位置为 31mm、79mm 和 132mm，与缺陷实际所在的位置 30mm、80mm 和 130mm 存在微小的偏差；3 个缺陷信号的异常磁场强度值为 110nT、210nT 和 440nT，与 A 面上的槽型缺陷实际尺寸 1mm×0.15mm×1mm、1mm×0.25mm×3mm、1mm×0.3mm×5mm 能很好地对应。其中，B 面的 3 个缺陷在横坐标方向的位置为 50mm、100mm 和 140mm，与缺陷实际所在的位置 50mm、100mm 和 150mm 存在一定偏差；3 个缺陷信号的异常磁场强度值为 580nT、1050nT 和 1380nT，与 B 面尺寸为 1mm×0.3mm×7mm、3mm×0.25mm×5mm、5mm×0.3mm×7mm 的槽型缺陷能很好的对应。

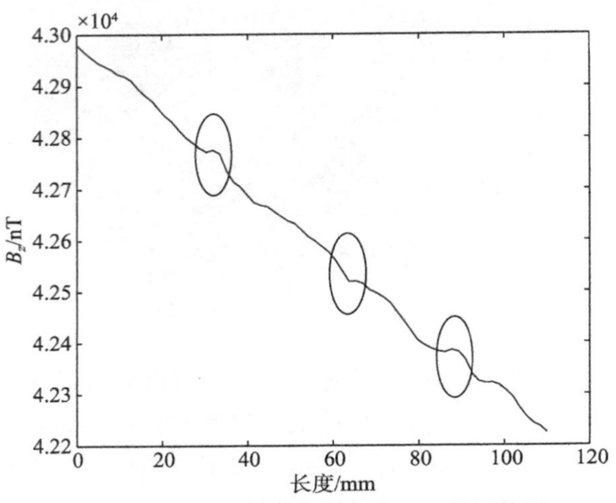

图 5.59　含 ϕ0.8mm 孔洞的涡轮盘检测信号

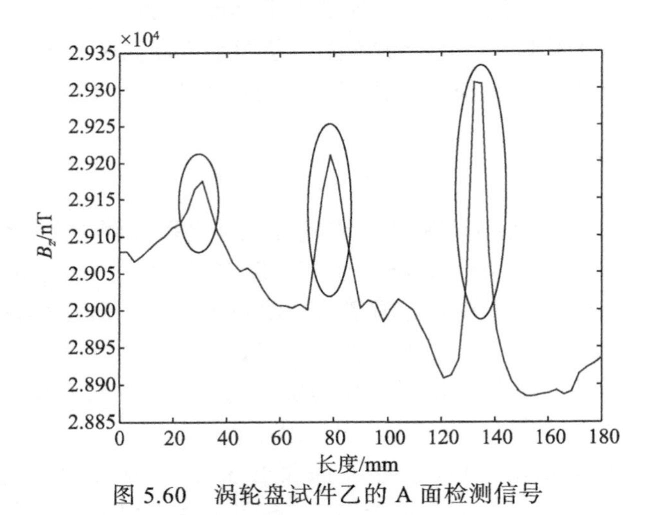

图 5.60　涡轮盘试件乙的 A 面检测信号

选用单探头对存在紧贴型自然缺陷的涡轮盘试件进行分段检测，每段检测长度为 95mm，在其中一段检测中发现磁场异常，如图 5.62 所示。被检试件上存在两个缺陷，以 a′、b′ 进行标注，两个缺陷分别在 33.4mm、73.9mm 处，缺陷信号的异常磁场强度值为 180nT、550nT。把涡轮盘的该段切割下来，切割下来的部分如图 5.56 所示，两个紧贴型裂纹缺陷在涡轮盘切割部分长度方向的 34mm、74.5mm 处，与图 5.57 中位置 a 和 b 处的缺陷能很好地对应。

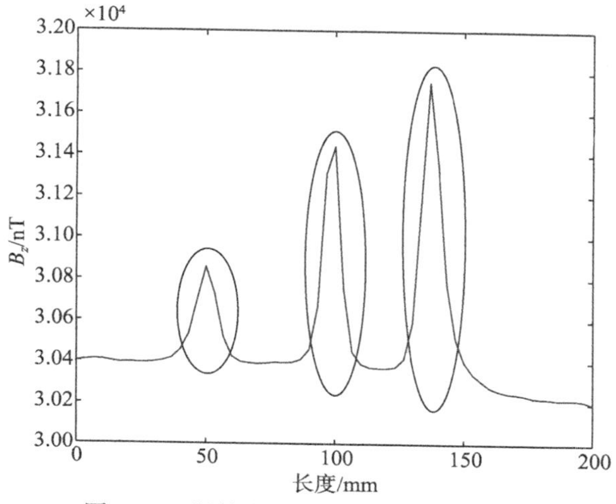

图 5.61　涡轮盘试件乙的 B 面检测信号

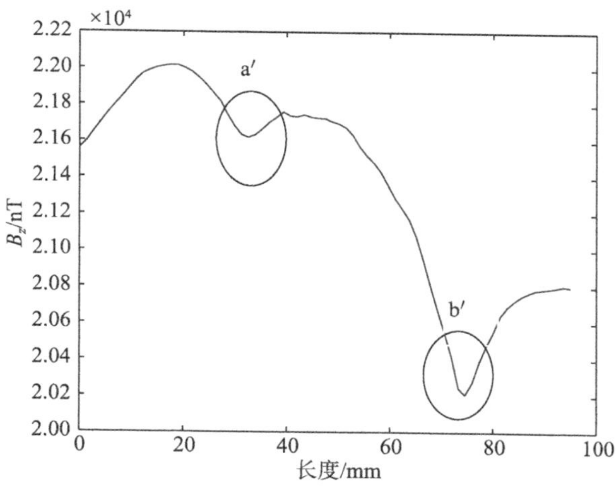

图 5.62　存在紧贴型缺陷试件的检测信号

5.5　镍铜合金棒材裂纹检测

5.5.1　概述

镍铜合金具有较好的室温力学性能、高温强度以及较高的耐蚀性，容易加工，耐磨性好，广泛应用于航空航天等领域。但是，镍铜合金是一种新型材料，其铸造工艺还不成熟，目前国内生产和使用的镍铜合金棒材多采用铸棒，而铸棒中心部位常存在缩孔、夹渣和晶间裂纹等缺陷，且棒材塑性较差，致使零件在加工过程中容易发生断裂。因此，在镍铜棒材的制造、在役阶段，采用无损检测技术对棒材进行诊断具有重要意义。

现阶段用于棒材的无损检测技术有超声、渗透、涡流和漏磁等，而针对镍铜合金棒材无损检测的研究还不多。浙江大学研发的水浸式棒材超声检测系统解决了手工超声检测劳动强度高、检测效率低、对工人的经验要求高等问题，适用于一些圆柱度较差、弯曲度较大的金属棒材[24]。但超声检测缺陷回波具有一定的指向性，易导致微小缺陷的漏检。西安航空动力控制科技有限公司在对镍铜合金棒材渗透检测前采用 $FeCl_3$ 溶液进行腐蚀预处理，解决了因表面开口缺陷被堵塞而造成的漏检问题，但同时也损坏了工件且不能检测内部缺陷[25]。传统涡流检测技术多采用通过式线圈涡流进行探伤，无法获得圆周方向缺陷的具体位置；阵列涡流检测技术虽然能通过单次扫查同时检测出横向和纵向缺陷从而提高了检测效率，但对内部缺陷不敏感[26]。漏磁检测在棒材自动化检测中应用较广，但由于趋肤效应和磁化机理仅适用于检测铁磁性材料的表面及近表面缺陷。蔡桂喜等研发了一种将超声、涡流和漏磁等方法综合应用的设备，弥补了单一方法的不足，同时提高了检测成本、降低了检测效率[27]。

5.5.2 镍铜合金棒材裂纹缺陷

1. 裂纹种类

棒材的裂纹按其形成过程通常分为热裂纹与冷裂纹。热裂纹是在凝固过程中产生的裂纹，在线收缩开始温度至固相点的有效结晶温度范围内形成，结晶温度范围较宽的合金棒产生热裂纹的倾向较大。热裂纹多为沿着晶界开裂，裂纹曲折而不规则，常出现分枝，表面呈氧化色，其宏观表现形式为表面裂纹、中心裂纹、环状裂纹和放射状裂纹等，如图 5.63 所示。

冷裂纹是在凝固后的冷却过程中产生的裂纹，多发生在 200℃左右。冷裂纹表面光滑，没有发生氧化，裂纹多为穿晶形式的直线，侧裂、底裂和劈裂多为冷裂纹。在生产过程中一般不存在纯粹的热裂纹或冷裂纹，大部分都是先产生热裂纹，然后在冷却过程中由热裂纹发展成冷裂纹，从而导致棒材产生裂纹。

2. 裂纹产生的原因

棒材多为合金材料，产生裂纹的本质原因是组织内应力与外部机械应力太大，超过材料塑性变形能力，引起金属组织不连续而开裂。棒材裂纹的产生主要有合金本身和铸造工艺参数两方面的原因。

1) 合金本身的特性及杂质的影响

合金成分决定了合金具有不同的力学性能及加工性能，如抗拉强度、屈服强度、硬度和塑性等，合金主要成分必须控制在标准范围内才能使产品的各项性能满足要

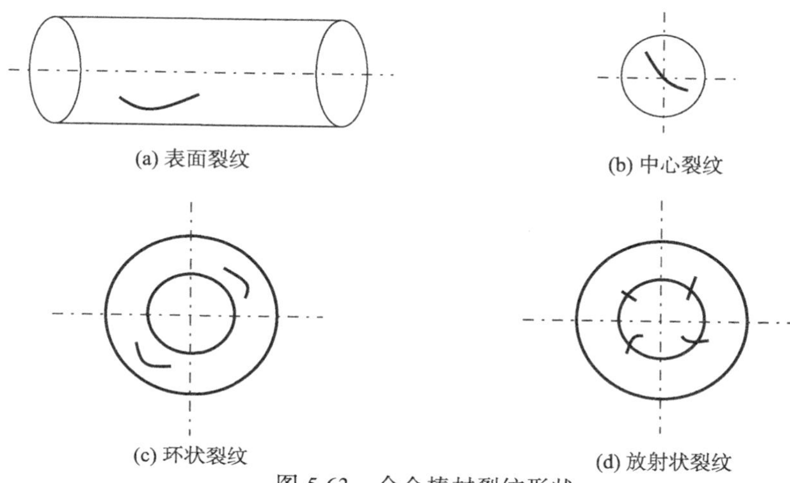

图 5.63　合金棒材裂纹形状

求。塑变能力越大的合金越不易产生铸造裂纹，因为合金本身抵抗塑性变形的能力强，允许变形能力大，即不易产生开裂现象。

镍铜合金铸件的拉伸性能受硅或硅和铌的固溶强化作用的影响，增加铜含量也有微弱的强化作用。当硅含量为 3.5% 时，镍铜合金具有时效硬化作用；当硅含量达到 3.8% 而超过它在镍铜合金中的溶解度时，基体就要析出硬而脆的硅化物，使得合金组织中的晶格畸变量增大，内应力增大，抵抗塑性变形能力大大下降，因此镍铜合金易于开裂。另外，由于镍铜合金的铜含量较高，铸造难度较大，容易产生晶间裂纹缺陷。

2) 铸造工艺参数

下面介绍主要的铸造工艺参数。

(1) 铸造温度。铸造温度必须与合金及规格相匹配，否则铸造过程中温度梯度增大，内应力增加，易于开裂。温度过高易造成棒材中心裂纹，过低则会形成冷隔。

(2) 冷却强度。冷却强度即水压的大小，决定着凝固与收缩的速率。当水压偏大时，组织收缩应力增大，易于产生棒材裂纹，因此生产中应合理控制水压。

(3) 铸造速度。铸造速度是棒材产生裂纹的最敏感因素之一。铸造速度增大，熔体液穴变长，会导致温度梯度增大，组织应力加大，易于产生裂纹。因此，生产中应严格按规定来调节铸造速度，防止裂纹产生。

5.5.3　镍铜合金棒材检测方法

检测试件是一直径为 22 mm、长度为 160 mm 的镍铜合金棒材(NiCu28-2.5-1.5)，其化学成分如表 5.7 所示，缺陷情况未知。该合金属于固溶强化型镍铜合金，具有中等强度、耐蚀、耐高温等特点。在室温下，镍铜合金棒材表现为非铁磁性。

表 5.7　NiCu28-2.5-1.5 合金成分

元素	Ni	C	Cu	Fe	Mn	Si	S
质量分数/%	余量	0.3	27～29	2.0～3.0	1.2～1.8	0.1	0.02

通过单通道磁通门测磁传感器对棒材试件进行检测，采用轴向扫查方式，如图 5.64 所示，以避免轴向扫查时探头方位角变化导致的信号变化掩盖了缺陷的微弱磁信号。扫查时，探头紧贴棒材表面，沿着棒材轴向匀速扫查；探头移动过程中采集棒材沿着轴向的磁感应强度分布，可检测出由缺陷引起的微弱磁感应强度变化，实现对缺陷导致的磁异常区域的定位。

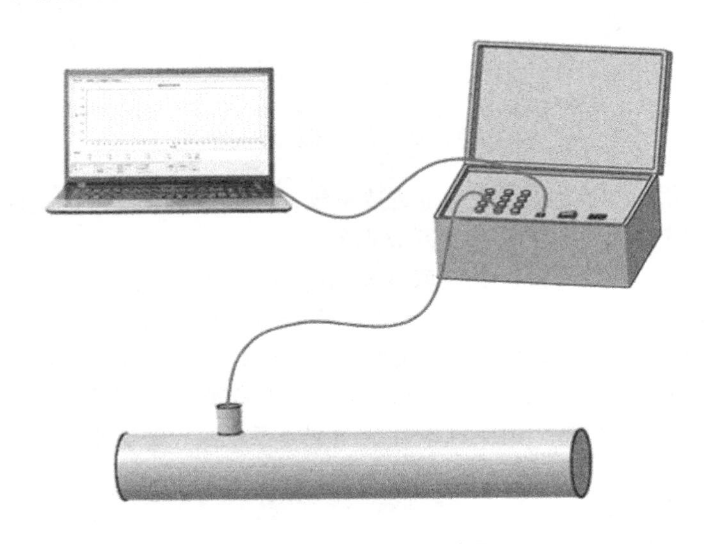

图 5.64　棒材弱磁检测示意图

在试件表面沿轴向扫查，由于探头有效测量范围为探头直径的 1.5 倍，将棒材表面等分为 6 条轴向扫查路径，实现棒材的全覆盖检测。每条路径扫查两遍，以确保检测结果的重复性。图 5.65(a) 中数据 1 和数据 2 曲线为第一条路径(称为路径一)的两次扫查结果，图中可见明显磁异常信号。其余 5 组试验数据曲线无明显磁异常且平滑，如图 5.65(b) 所示。图 5.65(b) 中的数据曲线表示路径一相邻一侧路径的测磁数据，数据 1 和数据 2 曲线为路径二的两次扫查结果。图 5.65 横坐标为扫查长度，纵坐标为试件表面的法向磁感应强度。

对比图 5.65(a)、(b) 中的检测结果，可知图 5.65(a) 中扫查路径的磁异常信号相比其他路径的磁异常信号更明显。根据漏磁理论可知，缺陷检测的灵敏度具有对称性，但当棒材转到图 5.65(a) 路径的对称方向时，缺陷相对于测量点的埋深增大，且镍铜合金棒材属于弱磁性材料，测磁信号属于漏磁场的某一分量，导致其实测信号比理论值小，磁异常信号变弱。综上分析，6 条轴向扫查路径获得的 6 组试验数据中只出现一组明显的缺陷磁异常信号的数据是可靠的。

图 5.65(a) 所示的检测结果，数据 1 在数值上整体大于数据 2，这是由检测环境及背景场导致的，两条曲线形态具有较好的重复性，说明检测结果是稳定、可靠的。检测时人工推动测磁探头沿一定方向前进，存在一定的人工测量误差。但图 5.65(a)中两条曲线均在 9～15mm、40～56mm、120～140mm 处相对整体磁场呈下凹状：9～15mm 磁信号区域处于棒材端头，该处异常由端头效应引起；40～56mm、120～140mm 区域的磁异常信号下凹状在两次扫查时均出现，可排除扫查抖动的影响；40～56mm、120～140mm 区域的磁信号幅值低，易被环境磁场淹没，根据原始信号难以进行评价。

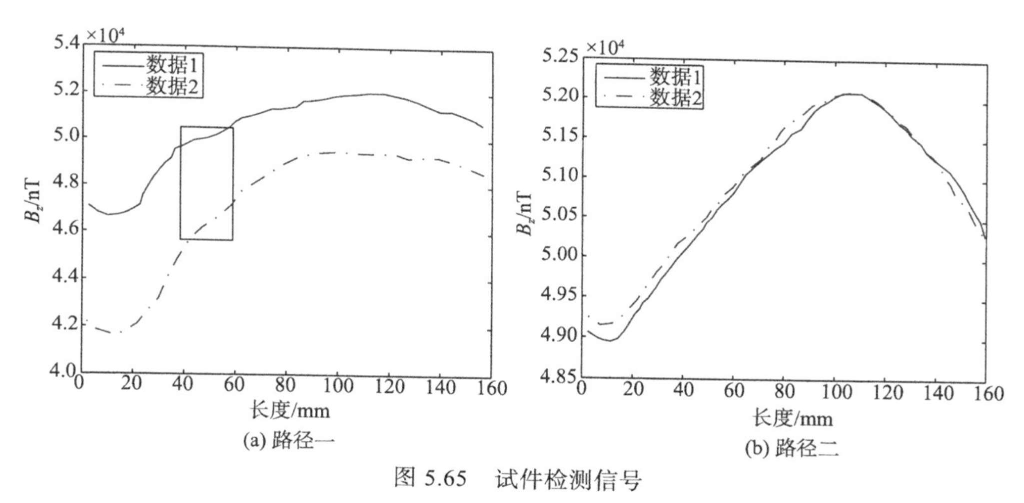

(a) 路径一　(b) 路径二

图 5.65　试件检测信号

为突出磁信号特征，这里对信号进行进一步处理和分析。根据原始磁场信号计算得到各点的磁梯度信号，结果如图 5.66(a) 所示。磁梯度表示两个相邻测点测得的磁信号差值与测点间距的比值 $\Delta B/\Delta x$，磁梯度信号属于随机信号，服从正态分布。图 5.66(a)所示为由图 5.65(a) 中的数据 2 的数据计算得到的磁梯度信号，并做出对应的阈值线，对超出阈值线部分的磁梯度异常信号使用椭圆进行标注。数据处理结果显示，在 0～8mm、30～40mm、56～60mm、156～160mm 区域内的磁梯度存在异常。其中，0～8mm 和 156～160mm 区域的磁异常属于端头效应。因此，结合原始磁信号和磁梯度信号，可确定 40～56mm 区域的磁场分布呈下凹状是棒材存在不连续性缺陷所致。

为进一步验证上述结论，采用包络分析法对磁梯度数据进行处理。该方法的基本原理是根据磁梯度数据的极大值点和极小值点分别进行三次样条插值，拟合得到磁梯度数据的上包络预测数据 e1 和下包络预测数据 e2，将两组预测数据作差得到 S 。

差值 S 反映了磁梯度数据的波动性，差值越大说明磁梯度变化越剧烈。对磁梯度数据进行包络分析，处理结果曲线显示棒材 46mm 处的磁梯度波动性最大，如图 5.66(b) 所示。结合上述信号分析，可知 40～56mm 区域的磁场分布呈下凹状是棒材存在不连续性缺陷导致的。

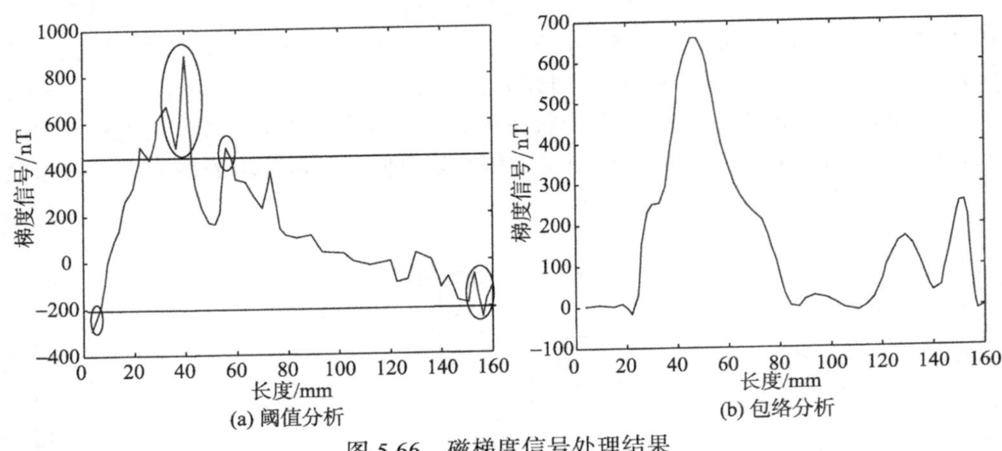

(a) 阈值分析　　(b) 包络分析

图 5.66　磁梯度信号处理结果

按照上述检测结果，在对应棒材 40mm、46mm 位置进行切割取样，得到棒材 40～46mm 段的试样。结果显示，试样的 46mm 端面在金相显微镜 200 倍下观察到的部分金相组织如图 5.67(a) 所示，在棒材中心发现裂纹。对该区域进行电镜扫描，在放大 500 倍的条件下，获得如图 5.67(b) 所示的检测结果。经测量裂纹宽度约为 13.3μm，深度约为 0.6mm。

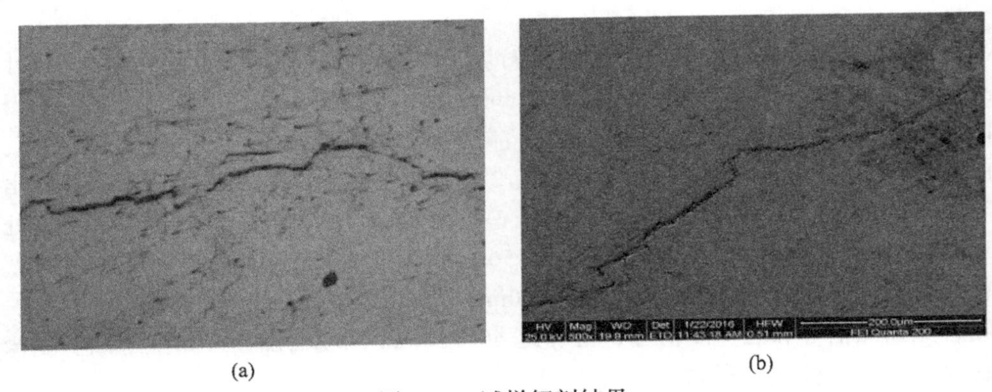

(a)　　(b)

图 5.67　试样解剖结果

金相观察和电镜扫描结果均验证了在棒材 46mm 处的切面存在裂纹，缺陷内的介质视为空气，镍铜合金属于顺磁性材料，两者的相对磁导率有一定差异，会引起磁异常。综上，验证了棒材弱磁检测数据的准确性，以及镍铜合金棒材弱磁检测的可行性。

5.6 本章小结

用于非铁磁性金属材料的无损检测方法相对较少，除超声法、射线法外，电磁类的无损检测方法只有涡流法。射线检测法受材料或构件厚度和形状的影响较大，检测成本高，效率低，且具有一定的危害性。涡流检测法主要存在涡流效应的影响因素多、对缺陷定性和定量分析困难等问题。超声检测一直是非铁磁性金属材料的主要检测手段，但由于材料和缺陷的特性，在实际检测中仍存在诸多问题。本章将弱磁无损检测技术应用到奥氏体不锈钢、铝合金、镍基高温合金和镍铜合金等非铁磁性金属材料的无损检测中，并利用自主研发的检测系统和检测工装进行实际检测和结果验证，取得了较好的检测效果。

参考文献

[1] 袁志钟, 戴起勋, 程晓农, 等. 氮在奥氏体不锈钢中的作用[J]. 江苏大学学报(自然科学版), 2002, 23(3):72-75.
[2] Xue Z Y, Zhou S, Wei X C, et al. Influence of pre-transformed martensite on work-hardening behavior of SUS 304 metastable austenitic stainless steel[J]. 钢铁研究学报(英文版), 2010, 17(3):51-55.
[3] 岳世超. 不锈钢管在钻井中的应用及趋势分析[C]. 全国钢材深加工研讨会, 天津, 2014.
[4] 蒲军, 周强. 核电产品奥氏体不锈钢材料磁导率控制工艺[J]. 机械, 2012, 39(3):66-70.
[5] George G, Shaikh H. Introduction to austenitic stainless steels[M]//Khatak H S, Raj B. Corrosion of Austenitic Stainless Steels. Cornwall:Woodhead Publishing, 2002.
[6] 翟德双. 锅炉高温氧化腐蚀爆管原因分析[J]. 电力技术, 2009, (5):58-61, 68.
[7] 王俊康. 锅炉“四管”泄漏原因分析与对策[J]. 中国电力, 1995, (5):41-43.
[8] 张世平，路浩，朱政，等. 薄壁 LY12 铝合金焊接残余应力超声波法无损测量及验证[J]. 焊接学报, 2009, 30(9):25-28.
[9] Morozov M, Tian G Y, Withers P J. Elastic and plastic strain effects on eddy current response of aluminium alloys[J]. Nondestructive Testing and Evaluation, 2013 , 28 (4):300-312.
[10] Kinchen D G, Aldahir E, Martin L. NDE of friction stir welds in aerospace application[R]. New Orleans: Lockheed Martin Michoud Space Systems, 2002.
[11] 刘松平, 刘菲菲, 李乐刚, 等. 铝合金搅拌摩擦焊焊缝的无损检测方法[J]. 无损检测, 2006, 3:81-84.
[12] Lamarre A. Eddy current array and ultrasonic phased array technologies as reliable tools for FSW inspection[C]. 6th International Symposium on Friction Stir Welding, Montreal, 2006.
[13] Smith R A. The potential for friction stir weld inspection using transient eddy currents[J]. Insight, 2005, 47(3):133-143.
[14] 史亦伟, 梁菁, 何方成. 航空材料与制件无损检测技术新进展[M]. 北京: 国防工业出版社, 2012.

[15] Feist W D, Mook G, Taylor S, et al. Non-destructive evaluation of manufacturing anomalies in aero-engine rotor disks[C]. 16th World Conference on Non-Destructive Testing, Montreal, 2004.

[16] Abdul-Aziz A, Trudell J J, Baaklini G Y. Finite element design study of a bladed, flat rotating disk to simulate cracking in a typical turbine disk[J]. Nondestructive Evaluation and Health Monitoring of Aerospace Materials, Composites, and Civil Infrastructure Ⅳ, 2005, 5767: 298-307.

[17] Kryukov I I, Leont'ev S A, Platonov V S, et al. The experience of application of dye penetrant nondestructive testing in diagnostics of gas turbines[J]. Gas Turbine Technologies, 2006, 7:10-12.

[18] Kryukov I I, Leont'ev S A, Platonov V S, et al. Testing of discs of turbine rotors of gas compressors with the dye penetrant nondestructive testing technique[J]. Russian Journal of Nondestructive Testing, 2008, 44(8):542-547.

[19] Shmelev N G, Gorbatsevich M I, Kryukov I I, et al. Inspection of rotor disks of HPT and LPT of TK-10-4 gas-compressor units by the ultrasonic flaw detection method[J]. Russian Journal of Nondestructive Testing, 2012, 48(1):15-22.

[20] Dubov A A. A study of metal properties using the method of magnetic memory[J]. Metal Science and Heat Treatment, 1997, 39(9):401-405.

[21] Dubov A A. Diagnostics of steam turbine disks using the metal magnetic memory method[J]. Thermal Engineering, 2010, 57(1):16-21.

[22] Medina E A, Blodgett M P, Martin R W, et al. Nondestructive evaluation of dual microstructure turbine engine disk material[J]. American Institute of Physics, 2011, 1335(1):1144-1151.

[23] Guan X, He J, Rasselkorde E M, et al. Probabilistic fatigue life prediction and structural reliability evaluation of turbine rotors integrating an automated ultrasonic inspection system[J]. Journal of Nondestructive Evaluation, 2014, 33(1):51-61.

[24] 刘英和, 蔡诗瑶, 范铁铮, 等. 镍铜合金棒材超声波检测方法[J]. 无损检测, 2013, 35(9):35-37.

[25] 张新菊, 张环, 胡学知, 等. 镍铜合金铸件的渗透检测[J]. 无损检测, 2015, 37(5):81-83.

[26] Smith R A, Harrison D J. Hall sensor arrays for rapid large-area transient eddy current inspection[J]. Or Insight, 2004, 46(3):142-146.

[27] 蔡桂喜, 刘畅, 林俊明, 等. 精密管棒材数字成像无损探伤和测量系统[J]. 无损检测, 2012, 34(4):17-21.

第 6 章　非金属材料检测

弱磁无损检测技术适用于某些非金属材料的检测，如晶体硅和复合材料(包含碳纤维、玻璃纤维)等，这两类材料也存在生产应用中无有效无损检测技术和设备的问题，尤其是风电叶片的无损检测。本章在分析这两类非金属材料磁化特性的基础上，针对试件的实际情况，选择合适的探头进行检测，并对检测结果进行验证和评价。

6.1　晶体硅的检测

6.1.1　概述

太阳能具有资源丰富、无污染、安全等优势，是 21 世纪最有潜力的新能源之一，光伏技术作为最有效利用太阳能的方式，得到了政府的大力扶持和学术界的广泛研究。从 20 世纪 70 年代以来，世界光伏产业发展迅猛，太阳能电池的平均年增长率一直较高。国际能源署(International Energy Agency, IEA)曾预测到 2040 年光伏发电量将占据各能源发电总量的 20%以上，欧盟联合研究中心也预测到 21 世纪末光伏发电将在能源结构中占 60%以上，可见光伏产业具有极大的发展前景。光伏产业是以晶体硅材料为基础发展起来的，晶体硅太阳电池占据了绝大部分的市场，其中最早被研究和应用的是单晶硅太阳电池，但单晶硅生产成本较高、工艺较复杂，发展受到了限制；多晶硅则因其相对的低成本和多产性而被广泛地应用。然而，光伏发电的成本仍然较高，要想更大规模地应用，必须继续往低成本、高效率的方向推进。若采用品质较差的原材料，就会引入更多的杂质，尤其是金属杂质对硅片质量的影响很大，因此采用新型太阳电池结构不可避免地会增加一定的工艺成本。

制备单(多)晶硅抛光片的主要工艺流程为备料—单(多)晶硅锭制备—截断取样—测量—滚磨—线切割—硅片剥离清洗—厚度测量—倒角—测量—分选—表面磨削—表面腐蚀—边缘抛光—双面抛光—包装，其他硅片和硅产品的制备流程与此类似，主要差别在于硅锭制备和各工序要求上。复杂的工艺流程及设备和较低制造水平导致各个工序中存在机械特性和物理特性不合格的产品，对器件质量和成品率均有不同程度的影响。

目前，生产企业主要通过批次抽检来对硅产品加工进行质量控制，主要特征参数包括加工前内在的质量特性参数和表征其加工后几何尺寸精度的特性参数，如硅片结晶学参数(位错、杂质和微缺陷等)、电学参数、机械几何尺寸参数、加工缺陷(如划痕)、表面洁净度和金属离子沾污、含量等[1]。针对硅产品质量的各种特征参数，目前已有细致对应的检测方法，或处于实验室研究阶段，或已应用于工程实际，但都受限于其可靠性、成本和检测速度等方面的不足。相关的无损检测技术也得到应用，Belyaev 等[2]和 Dallas 等[3]应用超声共振法检测晶体硅片中的裂纹；Hilmersson 等[4]提出单晶硅内存在不同形式和部位微裂纹机械振动模式的超声测量方法，结果表明该冲击试验方法可能适用于太阳能硅片的裂纹检测和质量控制；Chakrapani 等[5]利用空耦兰姆波超声检测方法检测整块太阳能硅片；Chiou 等[6]应用计算机视觉技术检测太阳能硅片中的微观裂纹，最小能检测到 13.4 μm 的裂纹。

太阳能级晶体硅材料的非金属杂质元素主要有碳、磷、硼等，金属杂质主要有铜、铝、铁等，关于杂质的检测方法有针对个性元素进行分析的方法(如红外光谱法、碳氧浓度测试仪和分光光度法)，针对多元素进行分析的原子发射光谱法、X 射线荧光光谱法和原子吸收光谱法等，以及针对表面元素进行分析的总反射 X 射线荧光法等。这些方法存在空间分辨率不足、检测限不够或缺乏快速多元素分析能力等缺点，不能有效地分析出太阳能晶体硅的杂质。另外还有质谱法，因具有检测限低、分析快速、灵敏度高、谱图简单和多元素检测能力等特点而受到晶体硅制造行业的重视。常用的质谱检测方法有激光电离质谱法、电感耦合等离子体质谱法、二次离子质谱法和辉光放电质谱法，但是这些方法都存在破坏样品的问题。

太阳能级晶体硅材料的杂质元素以碳居多，碳与硅属于同族元素，性质相似，极难分离，检测难度很大。Binetti 等[7]研究从冶金硅材料结晶为多晶硅过程中裂纹和杂质的产生问题。Rajasekhara 等[8]研究红外碳化硅薄膜上杂质和面缺陷对其性能的影响。这些研究只停留在硅晶片成品和性能与其杂质缺陷的关系，并没有提出与杂质缺陷检测相关的可行性方法。

6.1.2　晶体硅缺陷分析

晶体硅中常见的缺陷有位错、晶界和金属杂质等。

1. 位错

晶体硅中的位错是一种线缺陷，可能由掺杂、机械应力等引起，可分为刃型位错和螺型位错两大类，其中刃型位错的位错线与柏氏矢量垂直，螺型位错的位错线与柏氏矢量平行，在实际晶体中还存在混合型的位错。位错的存在破坏了晶体的周期性，引入了晶格应力，例如，刃型位错多出的原子面上存在大量的悬挂键，可以携带电荷。因此，位错对晶体硅的力学性能和电学性能都有很大的影响。另外，位错还会在禁带中引入深能级，极大地影响载流子的寿命。

2. 晶界

晶界是多晶硅中最为常见的一种面缺陷，是晶粒与晶粒接触的界面。根据晶粒间位相差异的不同，晶界可以分成小角度晶界和大角度晶界。通常失配角小于 10°的晶界称为小角度晶界，被认为是由位错构成的。晶界包含了很多位错和悬挂键，不仅可以因晶格畸交而引入应力场，也会因带电而形成电场，还会引起杂质原子在晶界处的富集或耗尽。

3. 金属杂质

晶体硅中的金属杂质种类很多，尤以过渡族金属最为常见，如铁、镍、铜等，它们会在硅的禁带中引入深能级，显著缩短少数载流子的寿命，导致太阳电池转换效率的下降。金属杂质不仅本身具有较强的复合活性，还会与其他缺陷相互作用，更进一步地对硅片的电学性能造成影响。因此，在晶体硅的生长和硅基器件的制备中，对金属杂质的控制至关重要。

晶体硅在生长和加工过程中都可能引入金属杂质，如生长原料中的金属杂质、来自坩埚壁的金属扩散、切割和抛光等步骤中不锈钢设备的金属沾污、热处理过程中炉子的污染等。在原料上，由于提纯技术的发展，目前电子级的硅料已经可以达到很高的纯度，但为了降低成本，太阳能级的晶体硅不再采用电子级原料，而是采用其废料，这就远不能达到太阳电池对硅片的需求。提纯金属硅是一种潜在可行的方法，但其中的金属杂质含量仍然较高。在晶体硅的生长过程中会引入金属沾污，不同生长方式的影响也有所不同。另外，在太阳能电池的制备工艺中会引入金属沾污，如铝背的烧结过程、金属镊子的反复夹持等。

金属杂质在晶体硅中有很多存在形态，如间隙态、替位态、相关复合体和沉淀态等，这些形态一般都具有较高的复合活性。金属在硅中的存在形态主要由其溶解度和扩散性决定。

金属杂质在硅中的溶解度往往受到掺杂类型和掺杂浓度的影响，一般在重掺层中，金属杂质具有较高的溶解度，这也是太阳能电池磷吸杂工艺的原理所在。在硅中 Cu 的溶解度最高，之后依次是 Ni、Co、Mn、Fe，且溶解度随温度升高而显著上升，因此高温过程引入的金属杂质往往浓度较高，在冷却过程中可能会因溶解度减小而析出沉淀，如果冷却速度足够快，金属杂质也有可能保留在间隙态。

金属杂质的扩散多以间隙态的形式进行，因其特殊的电子结构，扩散速率通常会比一般的轻元素杂质更高，某些金属杂质甚至在室温下就能很快地扩散，如 Cu 等。Cu 和 Ni 的扩散系数都很大，是典型的快扩散金属。Fe 的扩散系数较小，属于慢扩散金属。在高温固溶后的冷却过程中，Cu 和 Ni 因扩散较快而易于形成沉淀，而 Fe 在较快冷却速度下就能保持在间隙态，因此间隙铁在晶体硅中极为常见，且易于与硼等受主形成复合体，对硅片的电学性能影响很大。

存在于半导体晶片的各种结晶缺陷和加工缺陷，对器件质量和成品率都有不同程度的影响。例如，碳杂质在单晶生长过程中会析出产生螺旋缺陷，器件的结漏电增大，缩短了载流子的寿命；经常出现双极性集成电路中的发射极漏电现象，主要原因正是硅片上存在划道等缺陷。就太阳能级晶体硅材料而言，晶体硅中存在的少量金属杂质在硅禁带中引入深能级，成为光生少数载流子的复合中心，少数载流子寿命缩短，从而严重影响太阳能电池的发电效率。因此，在硅产品生产过程中要严格控制其中的杂质含量，且利用高精度痕量检测或其他检测方法对杂质进行检测、对加工过程进行监测，以便调整生产工艺，保证产品质量。另外，在硅片的生产过程中，需要将硅锭切成薄片，如果硅锭中含有杂质，切削时会因局部过热而损伤切削用的刀片或切割线，这是生产商所不愿看到的。

为降低生产成本，当前制备太阳能光伏产业硅系晶体材料的原料通常是微电子工业用单晶硅材料废弃的头/尾料、各种报废硅材料或质量较低的电子级高纯度多晶硅。目前，应用于太阳能电池产业的硅片材料主要有直拉单晶硅、铸造多晶硅、带状多晶硅和薄膜多晶硅、薄膜非多晶硅。铸造多晶硅是利用定向凝固或浇铸的铸造技术，在方形坩埚中制备的晶体硅棒材料，其生长方法简单，易生长出大尺寸的硅锭，可进行自动化生长的控制，之后也易于切割成方形的硅片，与生长直拉单晶硅相比，其能耗小、切割加工的材料损耗小。又因铸造多晶硅技术对所使用硅材料的纯度要求比直拉单晶硅低，其生产成本进一步降低。因此，铸造多晶硅是目前光伏产业生产的主流材料，但它也往往具有高密度位错、微裂纹和相对较高浓度的杂质等缺陷。

6.1.3　晶体硅检测方法

1. 理论分析

硅的相对磁导率为 0.99999688，表现为抗磁性，这主要是由自由电子或离子的抗磁性所决定的，多晶硅与硅具有相似的性质。经磁化测试并计算得到多晶硅的相对磁导率为 0.9999983～0.9999995 (见第 2 章)，表现为抗磁性。因此，当给多晶硅材料外加一个磁场时，永久磁矩均沿与外磁场相反的方向排列，材料被磁化，磁场强度略有削弱。而碳(金刚石)的相对磁导率为 0.999982，磷的相对磁导率为 0.9999734，硼的相对磁导率为 0.999933，均略小于多晶硅的相对磁导率；空气的相对磁导率为 1，略大于多晶硅的相对磁导率。基于相对磁导率的差异，弱磁检测技术得以实施。

2. 检测试件

选择工业级多晶硅薄片为检测对象，它们是由多晶硅铸锭切成的薄片，形状较规则、尺寸较统一，含有较多切割前硅锭原有的杂质和微缺陷，主要杂质有金属元素 Fe、Al，以及非金属元素 C 、B 、P 等，还可能存在因加工产生的微裂纹。由于工件较薄，存在其中的缺陷可视为表面或近表面缺陷。选取两块多晶硅薄片作为被检试件 1 和 2，尺寸均为长 125mm、宽 125mm、厚 0.4mm，如图 6.1 所示。另外，选取一枚铸造多晶硅锭为被检试件 3，试件尺寸为长 200mm、宽 150mm、高 150mm，如图 6.2 所示。

图 6.1　试件 1 和 2 实物图

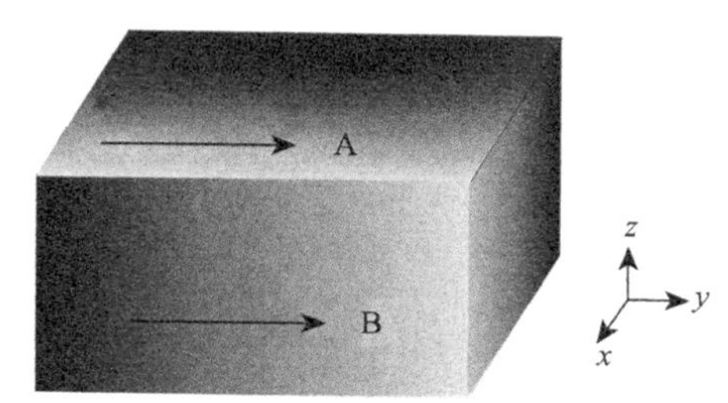

图 6.2　试件 3 实物图

3. 检测结果

采用单探头，在试件 1 和 2 表面从左向右逐一扫查，完全覆盖试件表面，此处只给出有磁异常的扫查曲线。图 6.3 和图 6.4 分别为试件 1 和 2 中上部某位置的磁异常曲线，可见曲线呈锯齿状，极不平滑。图 6.3 中曲线出现一处向上凸的磁场异常，位置为 60～75mm，磁异常幅值为 190nT。图 6.4 中曲线出现两处向上凸的磁异常，位置分别为 40～50mm 和 80～90mm，两处异常均呈现两个不同幅值的波峰，第一处磁异常幅值 H_1、H_2 分别为 70nT 和 50nT，第二处磁异常幅值 H_3、H_4 分别为 70nT 和 100nT。

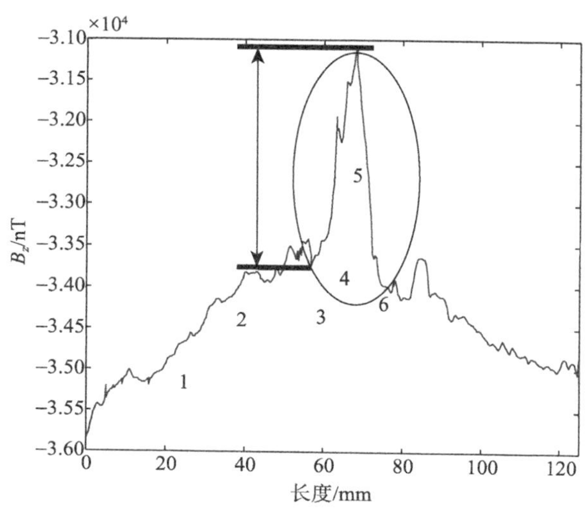

图 6.3　试件 1 弱磁检测原始磁信号

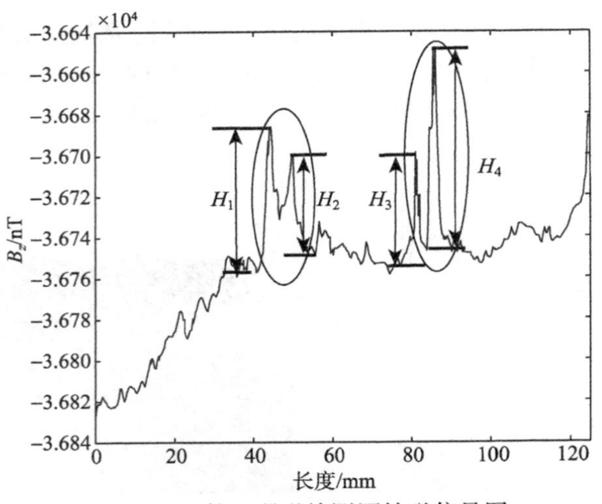

图 6.4　试件 2 弱磁检测原始磁信号图

为验证异常，对试件 1 曲线所圈范围取四个位置(60mm、65mm、70mm、75mm)，同时任取两个无异常位置(20mm、40mm)，拍摄金相图。图 6.5 为试件 1 拍摄金相图的位置。图 6.6 为试件 1 磁场强度无异常位置截取的两处金相图；图 6.7 为试件 1 异常处截取的四处金相图，金相图放大倍数均为 400。对比图 6.6 和图 6.7 可清楚地发现异常位置与无异常位置的区别，该试件磁场强度无异常处金相组织均匀，而异常位置金相组织呈现出异常，表现为黑色聚集物。其中，65mm 处聚集物面积最大，颜色最深，60mm 和 70mm 处次之，75mm 处呈现为不均匀的金相组织。

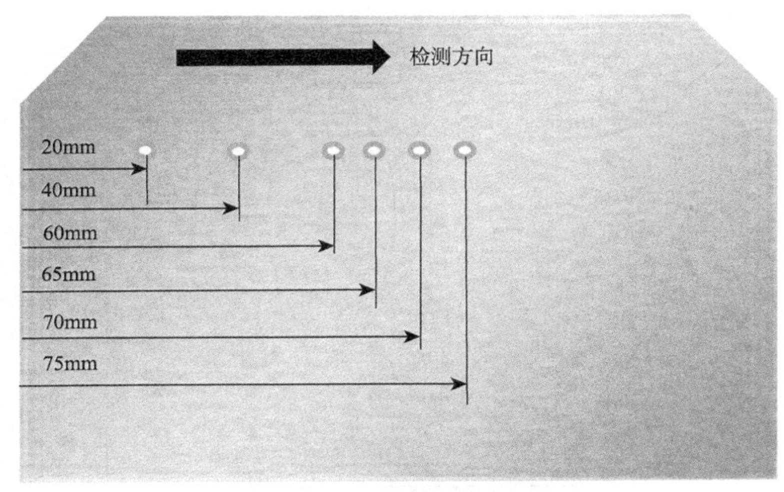

图 6.5　试件 1 拍摄金相图的位置

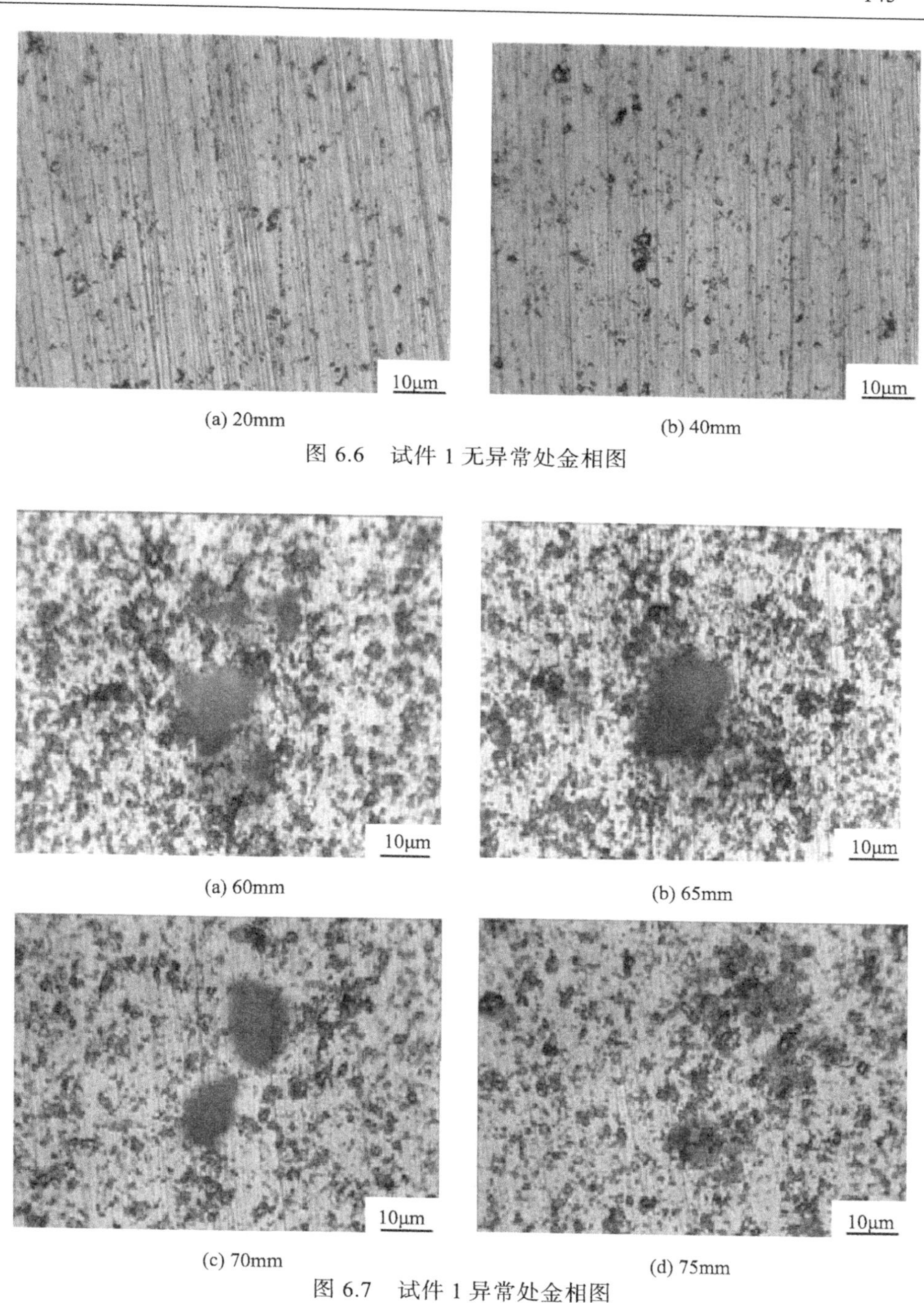

(a) 20mm　(b) 40mm

图 6.6　试件 1 无异常处金相图

(a) 60mm　(b) 65mm

(c) 70mm　(d) 75mm

图 6.7　试件 1 异常处金相图

对试件 2 曲线所圈范围取四个位置(45mm、50mm、80mm、86mm)，同时任取两个无异常位置(20mm、60mm)，拍摄金相图。图 6.8 为试件 2 拍摄金相图的位置。图 6.9 为试件 2 磁场强度无异常位置截取的两处金相图；图 6.10 和图 6.11 分别为试件 2 在异常Ⅰ、Ⅱ处截取的金相图，金相图放大倍数均为 200。比较图 6.9～图 6.11 可清楚地发现有异常位置与无异常位置的区别。首先，无异常处试件金相组织比较均匀，即金相比较正常，而异常处金相呈现出黑色聚集物状异常。其次，比较 40～50mm 处金相图和 80～90mm 处金相图，发现在同样的放大倍数下观测到后者的组织异常面积比前者大，这与图 6.4 中第二处异常的磁信号幅值大于第一处异常的磁信号幅值是相吻合的。

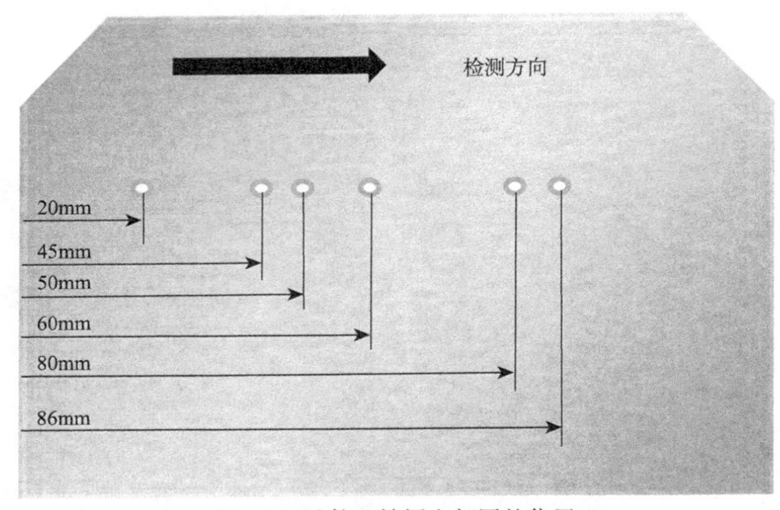

图 6.8　试件 2 拍摄金相图的位置

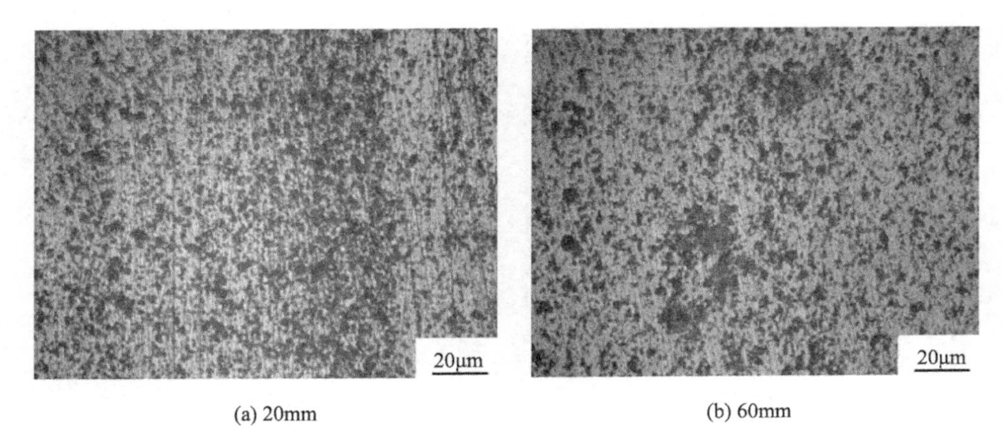

(a) 20mm　　(b) 60mm

图 6.9　试件 2 无异常位置的金相图

使用高精度测磁传感器在多晶硅材料表面进行扫查时，在缺陷位置会使材料表面法向磁场强度产生异常，其磁异常范围和幅值分别与材料缺陷面积和法向厚度成正比，曲线呈现的磁异常范围比实际缺陷要大得多；而材料结晶组织的不均匀导致磁曲线不平滑，磁曲线在缺陷位置均产生向上凸的异常，根据弱磁检测原理，判定该缺陷为相对磁导率小于多晶硅的杂质。

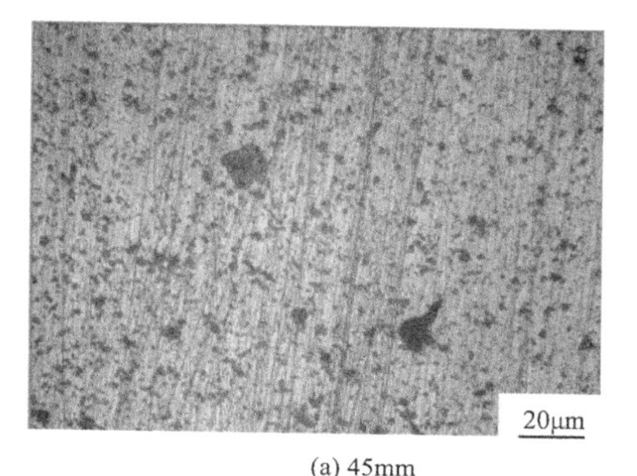

(a) 45mm　　(b) 50mm

图 6.10　试件 2 在异常 I 处的金相图

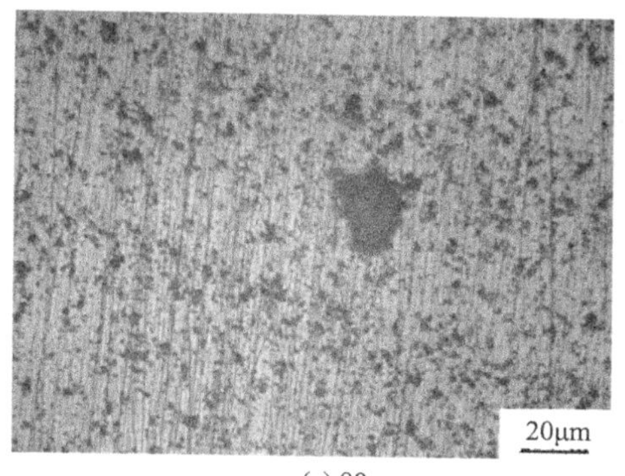

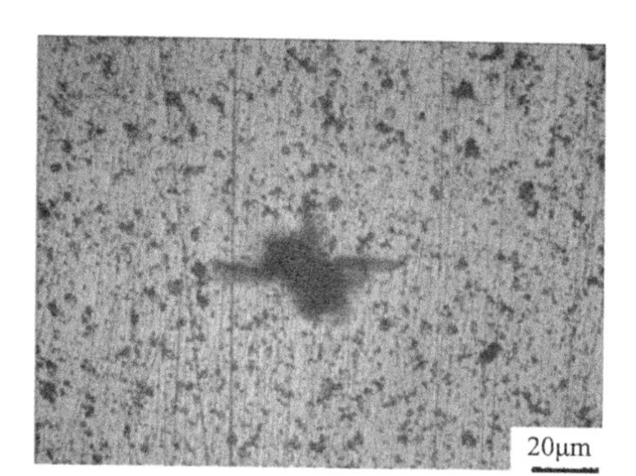

(a) 80mm　　(b) 86mm

图 6.11　试件 2 在异常Ⅱ处的金相图

为了确定试件中黑色聚集物为何种物质，下面对试件剖开处进行能谱分析。能谱分析是指样品受到 X 射线的辐射，其原子或分子的价电子或内层电子被激发出来(把这样被激发出来的电子称为光电子)，测量得到光电子的能量，并以其相对强度为纵坐标，光电子的动能为横坐标，绘出光电子的能谱图，以此来获得被测样品的组成。能谱分析主要应用于测定电子的结合能，进而对样品的表面元素进行定性分析，包括价态等。试件 1 含有缺陷 70mm 处的能谱分析，如图 6.12 (a)所示，试件剖开处只存在两种元素，碳和硅。碳以 $CaCO_3$ 的形式出现且含量为 18.09%，可判断黑色聚集物为碳杂质，碳(金刚石)的相对磁导率为 0.999982，硅的相对磁导率大于碳的相对磁导率。由磁法检测原理可知，对于抗磁性物质，当缺陷的相对磁导率小于母材的相对磁导率时，磁场发生向上凸的异常，这与磁法检测结果相一致。在试件1缺陷以外任取一位置进行能谱分析，结果如图 6.12(b)所示，从图中可看出，试件1中所含元素全为Si，不存在其他元素。

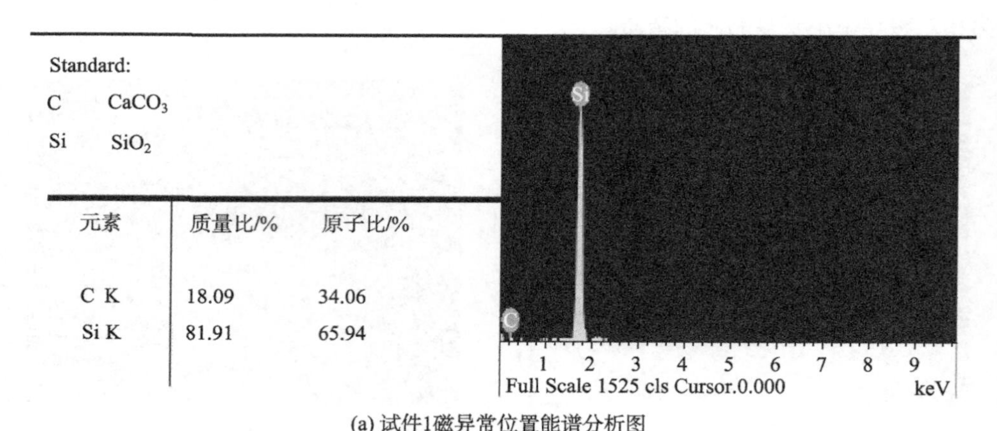

Standard:

C　$CaCO_3$

Si　SiO_2

元素	质量比/%	原子比/%
C K	18.09	34.06
Si K	81.91	65.94

(a) 试件1磁异常位置能谱分析图

Standard:

Si　SiO_2

元素	质量比/%	原子比/%
Si K	100.00	100.00

Si

1 2 3 4 5 6 7 8 9

Full Scale 1525 cls Cursor.0.000　keV

(b) 试件1磁正常位置能谱分析图

图 6.12　试件 1 能谱分析图

采用单排阵列式测磁传感器对多晶硅铸锭试件 3 进行检测，A 面和 B 面的检测结果分别如图 6.13 和图 6.14 所示，图中的横坐标为试件的长度，纵坐标为垂直于检测面方向的磁感应强度，分别为 B_z 和 B_x。图 6.13 和图 6.14 中弱磁检测曲线沿长度方向在 125mm 处磁场发生向下凹的异常，说明试件此处的横截面存在一个缺陷，判断该缺陷为相对磁导率小于多晶硅的杂质。

根据视磁化率成像原理，试件 3 的 A 面、B 面成像效果如图 6.15 和图 6.16 所示。图 6.15 中横坐标为试件的长度(即 y 方向)，纵坐标为试件的宽度(即 x 方向)；图 6.16 中横坐标为试件的长度(即 y 方向)，纵坐标为试件的高度(即 z 方向)。图 6.15 和图 6.16 中 125mm 处的视磁化率小于图中其余位置的视磁化率，视磁化率成像显示的缺陷位置和图 6.13、图 6.14 检测出的缺陷位置一致。取视磁化率异常位置局部

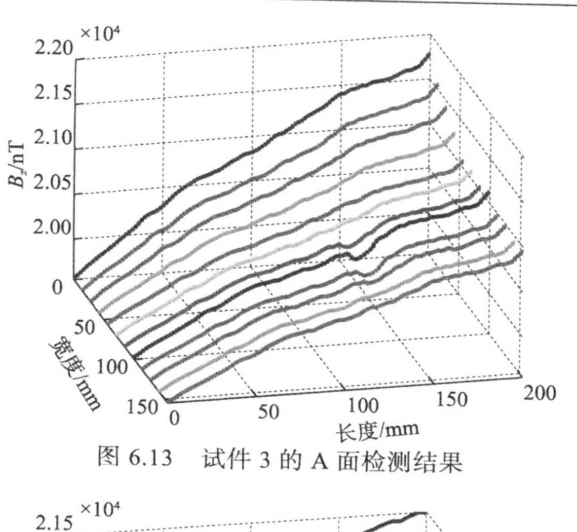

图 6.13　试件 3 的 A 面检测结果

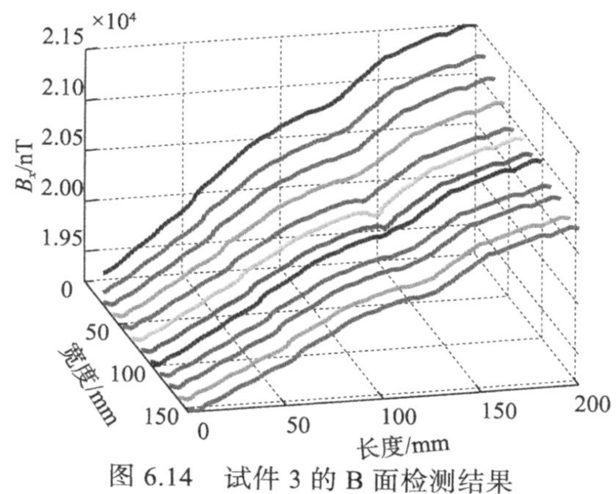

图 6.14　试件 3 的 B 面检测结果

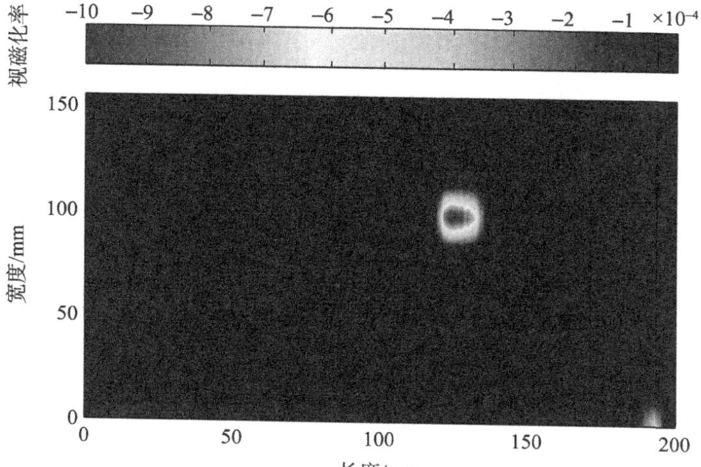

图 6.15　试件 3 的 A 面成像显示效果图

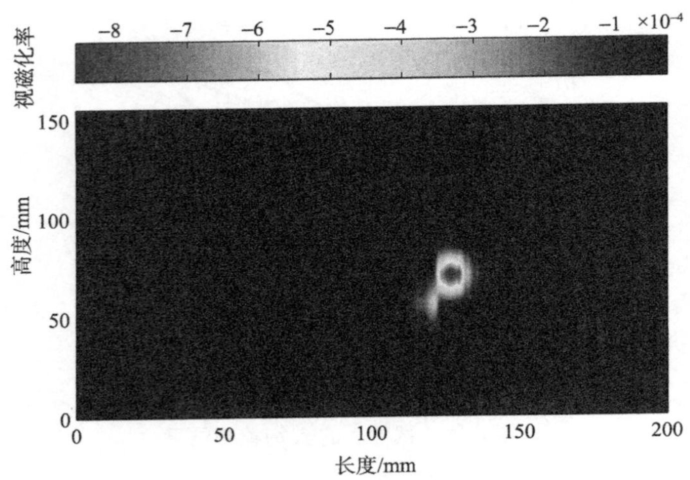

图 6.16 试件 3 的 B 面成像显示效果图

数据进行三维切片成像，试件长、宽、高分别对应 y 、 x 、 z 轴。图 6.17 为试件 3 的三维切片成像效果图。从图中可知，缺陷中心的空间坐标(x , y , z)大致为(102mm, 125mm, 70mm)，且在 124～128mm 处缺陷影像明显，而 130mm 处缺陷影像很淡，由此可知缺陷的长度大致为 4mm。

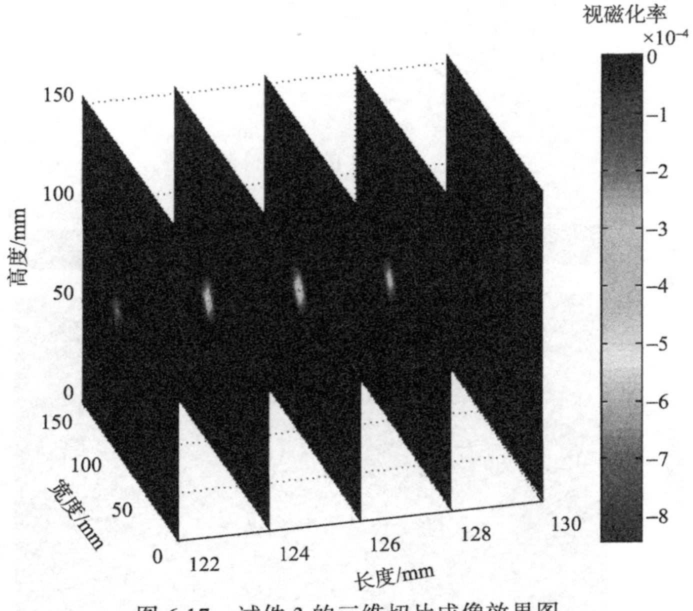

图 6.17 试件 3 的三维切片成像效果图

将试件 3 的 125mm 处所在的横截面剖开并查看其内部结构，其纵向深度 70mm

处的微观形貌如图 6.18(a) 所示。在 400 倍放大情况下，镶嵌试块上存在明显的异常，异常形式表现为黑色聚集物且大小为 $\phi 40\mu m$ 。再对试件任取一处剖开，其微观形貌如图 6.18(b) 所示，镶嵌试块上不存在明显的异常，从而验证了弱磁检测的正确性。

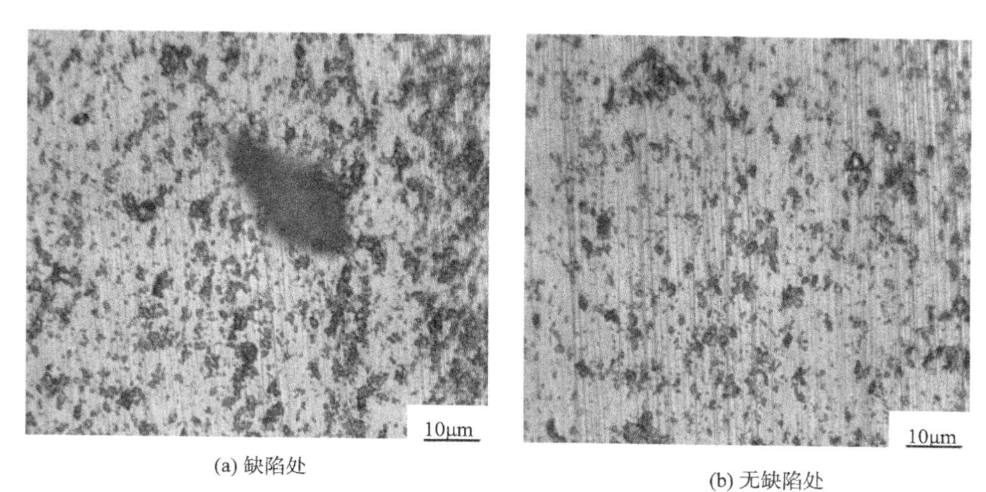

(a) 缺陷处　(b) 无缺陷处

图 6.18　试件 3 的金相图

6.2　复合材料的检测

6.2.1　概述

随着高新材料技术的发展，复合材料以其独有的特性在全球获得迅速发展，已成为现代航空航天领域不可缺少的材料之一。以前的单质材料已很难满足性能的综合要求和高指标要求，取而代之的是具有重量轻、比强度和比刚度高、耐疲劳及破损、安全性好、抗腐蚀、易隐形和材料性能可设计等诸多优良性能的复合材料。

目前，复合材料已经越来越多地应用于飞行器设计与制造中。从有人驾驶飞行器出现以来，复合材料就在飞机上得到应用。1903 年的莱特兄弟的“飞行者一号”双翼机就是复合材料在蒙皮结构上应用的一个例子。现在已经研制出主要采用复合材料的小型商用飞机 Lear Fan 2100，其采用的复合材料总重达到飞机结构总重的 85%，比用铝合金减重 40%。而大飞机所使用的材料，也不再是原来的铝合金等传统材料，例如，美国波音公司生产的 787 客机的复合材料设计用量达到结构重量的 50%；欧洲空中客车公司生产的超大型客机 A380-800 可搭乘 555 名旅客，起飞质量为 56t，复合材料的用量高达 25%；空中客车公司生产的军用运输机 A400M 在复合材料的使用上也有了突破，包括机翼梁的热隔膜成型(hot-diaphragm forming)、舱门及后压力隔框的真空辅助成型(vacuum assisted processing, VAP)以及 Fibersim 软件在复合材料模拟上的应用；法国和意大利合作研制的 ATR-42 飞机的机翼、尾翼、发动机舱及客舱地板等均由复合材料制成，占结构总重的 10%，其改进型 ATR-72 更是采用了复合材料机身，复合材料占比提高到 20%；美国 AASI 公司的 6 座公务机 Jetcruzer 500 的整个机身均由碳或环氧树脂制成。复合材料不仅在航空航天领域得到了广泛的应用，在其他领域也有很大的应用潜力。我国于 1958 年由上海白莲径船厂研制成聚酯玻璃纤维复合材料工作艇，第二年原建材工业部建材研究院研制的环氧玻璃纤维复合材料汽艇在北海公园试航成功，经过四十多年的发展，已建造了 100 多种型号的复合材料舰艇，这表明船舶工业的应用也是复合材料发展的重要方向之一。近二十年来，复合材料在民用建筑领域尤其是在桥梁上的应用得到了长足的发展。美国交通部高速公路管理局于 1998 年起投资 10.8 亿美元设立“新桥研究和建设计划”。到 2001 年，所资助的 210 个涉及桥梁设计和建设的高性能材料及概念的示范项目中超过 100 个运用了复合材料。随着复合材料技术的迅速发展和广泛应用，复合材料的检测技术也显得尤为重要，无损检测技术成为这一新型构件有效应用的关键所在。

碳纤维复合材料因高强度和高刚度而成为复合材料领域的主导材料，但其造价成本比较高，对复合材料产品的生产商来说，强度和成本是两个不可忽视的关键问题，试验研究发现，由玻璃熔化得到的玻璃纤维，在保持较高性能的同时也在成本问题上具有优势，这对生产商和整个复合材料的市场来说是一个巨大的机遇。将用玻璃纤维或玻璃纤维材料制成的极细纤维作为补强剂得到的聚合物产物，称为纤维增强聚合物(fiber reinforced polymer, FRP)，将所得的复合材料，称为玻璃纤维，其具有强度高、稳定性好、耐腐蚀、耐高温等特点。玻璃纤维复合材料内部质量监测是评估材料结构性能的依据和保证。转子叶片是风力发电设备的核心部分，多采用玻璃纤维复合材料，利用其内阻尼大、抗震性能强、抗疲劳强度好和翼型结构上容易成型的特点，可满足风电叶片制作轻量化、大型化的需求。

与传统的金属材料相比，复合材料是多相物组成的混合物，受组分的多样性和各向异性等因素的影响，其内部质量存在不可预见性。因此，无论是在材料工艺研究阶段，还是在结构设计制造阶段和服役使用阶段，都可能产生意想不到的缺陷，这就迫切需要通过先进可靠的复合材料无损检测技术对材料的行为特征(如均匀性、工艺性和界面结合行为等)、结构件的制造质量等进行可靠性检测。20 世纪 80 年代后，为了找到适应复合材料这种特殊工艺特点的缺陷检测方法，国内外相继诞生了许多适应复合材料特点的无损检测新技术、新方法。

目视检测以其快速、方便且几乎随时都能应用的特点成为迄今为止最为廉价、可行的检测方法，对复合材料结构中的表面损伤、鼓包和压坑等大部分具有明显表面特征的损伤缺陷比较适用，成为飞行器复合材料构件制造和维护中必不可少的检测手段，也可以用于复合材料制造过程和服役阶段的检测。通过选用一些简易可行的辅助工具，可进一步提高目视检测的可检性和可靠性。一些透明或半透明的复合材料构件可以用透光的方法进行目视检测，如无色玻璃纤维增强塑料(glass fiber reinforced plastic, GFRP)中的气孔、分层和夹杂等一类非均质的缺陷。在 CFRP 中，“应力增白”可能来于纤维-树脂脱黏或树脂开裂。目视检测只是廉价的表面异常的检测方法，为了确定损伤程度、对复合材料的内部缺陷进行检测，还需采用其他无损检测方法。

1. 射线检测

目前，国内外许多学者研究的 X 射线层析法是射线检测的最新发展[9]。在这种方法中，用 X 射线照相机对复合材料进行不同角度的扫描，将检测到的信号传入计算机进行分析处理，产生实时三维图像，精确显示复合材料内部的信息。这种方法需要从两侧接近被检测结构，检测过程复杂，且费用较高。

射线检测方法灵敏度高，检测结果直观，但不适于面积型缺陷的检测，检测分层缺陷比较困难，不易发现在射线垂直方向上的裂纹；射线对人体有害，操作者必须经过专门培训；检测设备复杂且庞大，不易实施外场检测。

2. 超声检测

超声检测要求被检测表面具有一定的光滑度，因此难以检测小、薄和复杂的零件。另外，在检测过程中还需要使用耦合剂，而且多数情况介质是水或直接把复合材料置于水槽中，这对很多复合材料是不利的。因为有些复合材料易于吸潮、吸水从而造成性能衰减(如制动盘摩擦力矩降低)，甚至可能给复合材料带来新的缺陷，所以应尽量不要将其浸入水中，以免给复合材料的检测带来很大的影响[10]。

除了以上检测方法，其他常用检测方法还有敲击法、渗透法和红外线成像法等，其中以敲击法和渗透法最为廉价、简便和粗略。常用无损检测方法的适用范围及优缺点列于表 6.1。通过对常用复合材料检测方法的特点及局限性的分析可知，每种方法都有一定的适用范围，但尚未有一种操作方便同时能够有效检测材料内部损伤的无损检测方法。而在地磁场环境下的复合材料弱磁无损检测技术，主要针对在工程上应用广泛的纤维增强复合材料——碳纤维复合材料和玻璃纤维复合材料，研究其内部损伤的检测技术，利用材料本身与缺陷处相对磁导率的差异，采用高精度的磁性探伤仪，对纤维增强复合材料内部存在的分层进行有效的检测，并实现缺陷的定位及定量。

表 6.1　复合材料常用无损检测方法比较

方法	适用范围	优点	缺点
目视法	表面裂纹与损伤	快速、简便、成本低	人为因素大
超声法	内部缺陷(疏松、分层、夹杂物、孔隙和裂纹)检测、厚度测量和材料性能表征	易于操作、快速、可靠、灵敏度高、精确度高，可精确确定缺陷的位置并进行分析	操作者必须经过专门培训，需要使用耦合剂，对不同缺陷要使用不同的探头
射线法	表面微裂纹、孔隙、夹杂物(特别是金属夹杂物)、贫胶和纤维断裂等	灵敏度高，可提供图像，进行灵活的实时检测，可检测整体结构	对人体有害，操作者必须经过专门培训，需要图像处理设备
计算机层析照相法(CT)	裂纹、夹杂物、气孔、分层和密度分布	空间分辨率高、检测动态范围大、成像的尺度精度高，可实现直观的三维图像	检测效率低，成本高，双侧透射成像，不适于平面薄板构件和大型构件的现场检测
渗透法	表面开口裂纹与分层	简便、可靠、快速	检测前必须进行清洁工作，渗透液和显影液污染
微波法	较大的物理缺陷，如胶脱、分层、裂纹和孔隙等	操作简单、直观、可自动显示，无须预处理	仅适用于较大缺陷的检测

6.2.2　纤维增强复合材料的缺陷分析

1. 碳纤维复合材料的常见缺陷

碳纤维复合材料的常见缺陷有如下几种。

(1) 孔隙：主要形成原因是固化过程操作不良，产生的孔隙尺寸较小，对材料的综合性能有影响。

(2) 分层：在成形过程中树脂没有完全将纤维浸润，且层间存在较多空气，容易出现较多呈椭圆形的分层；另外，在树脂固化过程中会发生一系列的化学反应，就会产生挥发性物质导致分层的产生；在冲击状态下的复合材料应力集中区也容易出现损伤，缺陷易沿纤维方向进一步发展。

(3) 脱黏：主要形成原因有零件装配不协调、混入脱模剂或固化过程控制不好等。当冲击损伤或超载荷时，在黏接区域的应力集中区容易发生损伤延伸。

(4) 表面损伤：主要是由脱模方法不正确或者操作失误引起的，体现为凹点或划痕，一般只存在于表面，不会穿透材料。

2. 玻璃纤维复合材料的常见缺陷

在生产过程中，玻璃纤维复合材料受到制造工艺等随机因素的影响，如果纤维布和芯材的铺置操作不当，或者在树脂灌注后的固化过程中监督不严，那么容易形成纤维布褶皱、气泡和缺胶等缺陷。作为层层交叠结构的玻璃纤维复合材料，其疲劳性能相对于金属材料存在不同，在交变应力的作用下，在高应力集中区容易出现大面积的损伤，如界面脱黏、基体开裂、表面磨损或者纤维断裂等。由于叶片在高强度的载荷作用下会产生自振，叶片材料经过重复振动，无法承受应力，以至于在很短的时间内就出现裂纹或断裂并随之扩展，最终影响叶片的使用寿命。

6.2.3　碳纤维复合材料的弱磁检测

1. 理论分析

碳纤维复合材料的磁化曲线见附录 A。可以看出，材料的磁化强度与外磁场之间的变化不是简单的线性关系，而是随着外磁场正负向的增加，磁化强度逐渐趋于饱和。在零磁场附近，磁化曲线没有出现明显的磁滞现象，可以判定碳纤维复合材料的磁性表现为微弱的顺磁性。由磁化曲线可计算碳纤维复合材料的相对磁导率(1.0005～1.0010)，且相对磁导率在零磁场时变化剧烈，但总体变化幅度在数量级上很小。材料的相对磁导率与空气存在的差异是高精度测磁传感器可测得的，因此弱磁无损检测技术适用于碳纤维复合材料的缺陷检测。

2. 检测试件

试验选用两块碳纤维复合材料板，分别为预置人工缺陷的碳纤维复合材料试件 A 和应力加载后产生自然分层缺陷的碳纤维复合材料试件 B。试件 A 预置了 9 个人工缺陷，以从上到下、从左到右的顺序分别记为 A1 号、A2 号、A3 号、A4 号、A5 号、A6 号、A7 号、A8 号、A9 号缺陷，缺陷信息及实物如图 6.19 和图 6.20 所示。试件 B 存在 2 个自然缺陷，是在施加应力后处于应力集中区域受到冲击后因疲劳损伤而产生的分层缺陷，位于(255mm, 23mm)和(278mm, 33mm)处，记为 B1 号、B2 号缺陷，缺陷信息及实物如图 6.21 和图 6.22 所示。

采用单探头进行检测，在检测过程中人工匀速移动探头，探头宽度为 22mm，实际有效检测宽度为 18mm。对于试件 A，整个人工缺陷板的待检测宽度为 130mm，根据探头的有效检测宽度划分检测区域。具体实施步骤如下：①在两排缺陷之间选择一条检测路径，测量无缺陷处的磁感应强度，如图 6.23(a) 所示，探头沿虚线方向移动；②单独测量单个缺陷 A5 号的磁感应强度，如图 6.23(b) 所示，探头在 A5 号缺陷两端沿虚线方向移动，验证弱磁检测对于碳纤维复合材料人工缺陷板中的单个分层缺陷检测是否具有可行性；③从左到右依次测量大中小三个缺陷 A4 号、A5 号、A6 号的磁感应强度，如图 6.23(c) 所示，探头沿虚线位置移动。对于试件 B，只选择缺陷所在的一条检测路径，检测长度为 300mm。为验证弱磁检测技术同样适用于碳纤维复合材料的自然缺陷检测，探头沿虚线方向检测两个大小不同、位置不同的自然缺陷，如图 6.24 所示。

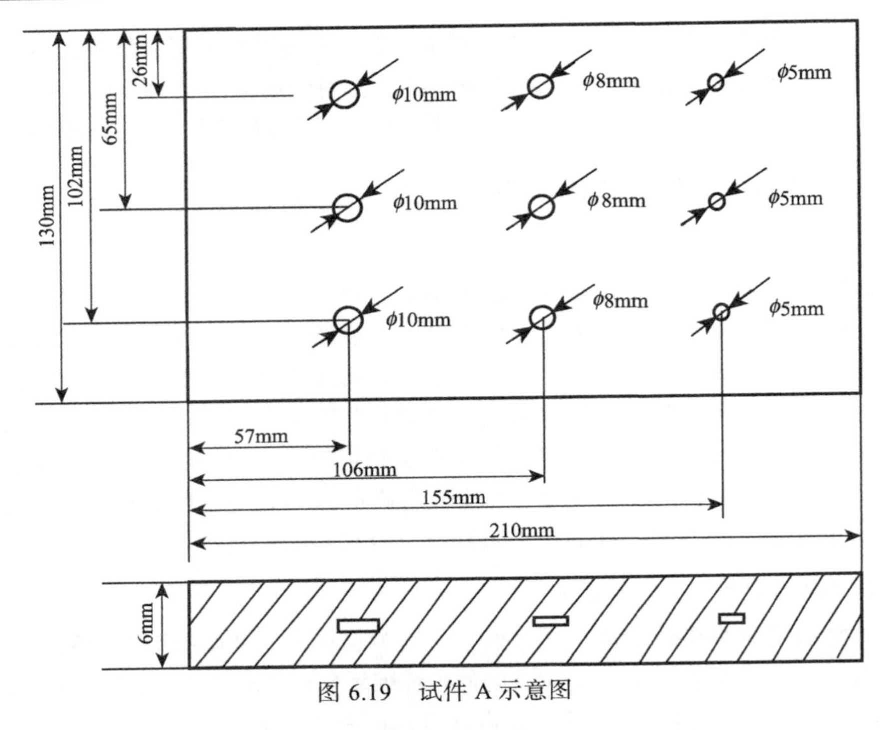

图 6.19　试件 A 示意图

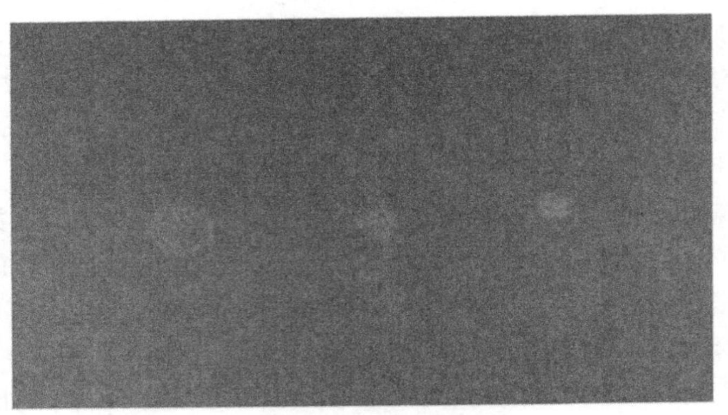

图 6.20　试件 A 实物图

3. 检测结果

1) 无缺陷处的检测结果

按图 6.23(a) 所示对材料进行检测，得到无缺陷处的磁感应强度曲线如图 6.25 所示。图中曲线光滑，没有明显的异常点，由于无缺陷处材料是连续的，地磁场可以均匀地穿过无缺陷处，磁感应线不会产生弯曲。通过差分数据处理(图 6.26)可知，相邻数据间的差值可以通过软件自动设置的阈值区分其变化大小，整个曲线呈近似递减趋势，差分处理得到的数据为负数，所有差分处理后的数据均在阈值内，可以确定检测区域无异常。

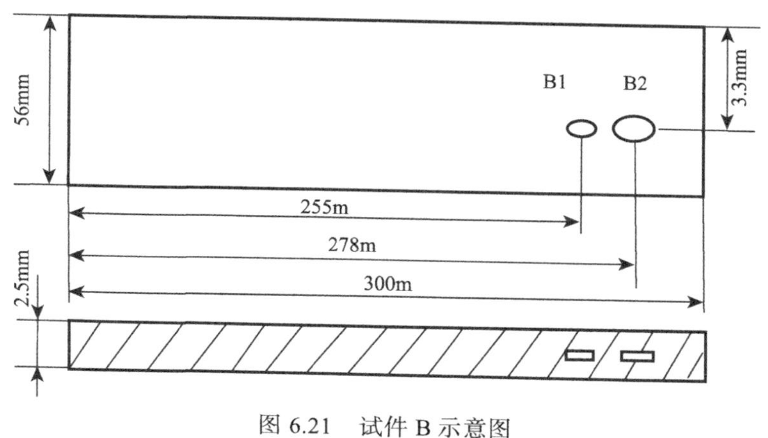

图 6.21　试件 B 示意图

图 6.22　试件 B 实物图

2) 预置缺陷 A5 号处的检测结果

根据 6.2.3 节“2. 检测试件”的步骤②，对碳纤维复合材料人工缺陷中的单个缺陷 A5 号进行磁法检测，以验证磁法检测仪对于该材料中分层缺陷检测的可行性。从图 6.23(b) 中可知，检测长度为 90mm，将探头沿图示方向检测单个缺陷区域，缺陷坐落在整个检测长度的中间部分，得到的磁感应强度曲线如图 6.27 所示。由图可以看出，随着探头的移动，磁感应强度呈近似线性变化，在椭圆标注区域，磁感应强度的变化与整体趋势有所不同，呈现较为明显的波峰现象，异常区域的磁感应强度峰值变化为 31nT，初步判断是由材料内部分层缺陷引起的波峰现象。从前面的分析中可知，碳纤维复合材料表现为顺磁性，且在地磁场弱磁化下材料的相对磁导率为 1.00075，大于缺陷处的相对磁导率(即空气相对磁导率)1.000004，在磁信号曲线中应呈现波峰状态，因此可认定椭圆标注处的异常是由分层缺陷引起的。结合磁感应强度曲线中的波峰位置和探头的检测移动速度，得出磁异常区域峰值位于试件长度方向 45.9mm 处，实际缺陷 A5 号的位置在整个检测区域 90mm 的中间，异常信号位置与之对应。

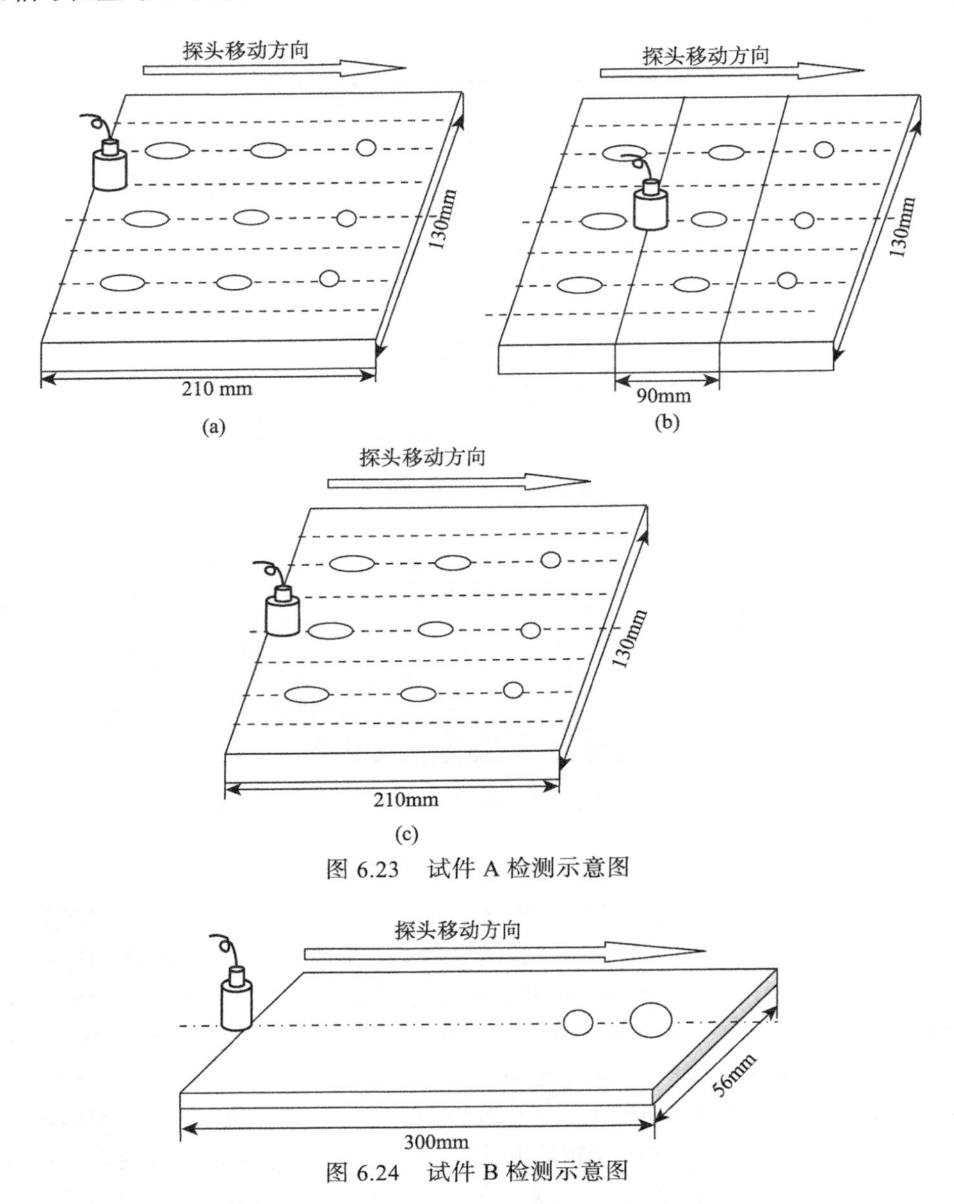

图 6.23　试件 A 检测示意图

图 6.24　试件 B 检测示意图

为了对缺陷进行精确定位，现对磁信号原始数据进行差分处理，结果如图 6.28 所示。大椭圆标注在 43.7mm 处，差分信号最大，超过了设定的阈值，差分值达到 14nT，此处探头进入缺陷区域，产生剧烈的异常变化，为异常开始的位置。相应地，当探头离开缺陷区域时，也会产生剧烈的异常变化，如小椭圆标注的位置

47.1mm。两处椭圆标注的中间位置为分层缺陷的中心位置，即 45.4mm 处，与实际预置缺陷 A5 号的位置 45mm 基本吻合，且比通过原始信号的峰值进行定位更加准确。

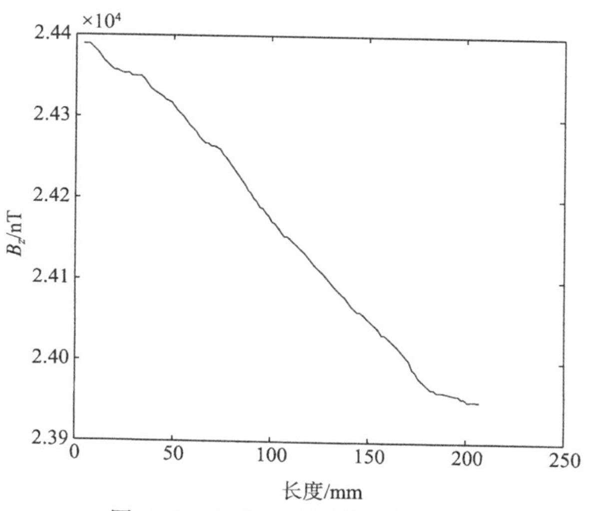

图 6.25　试件 A 无缺陷处的原始信号

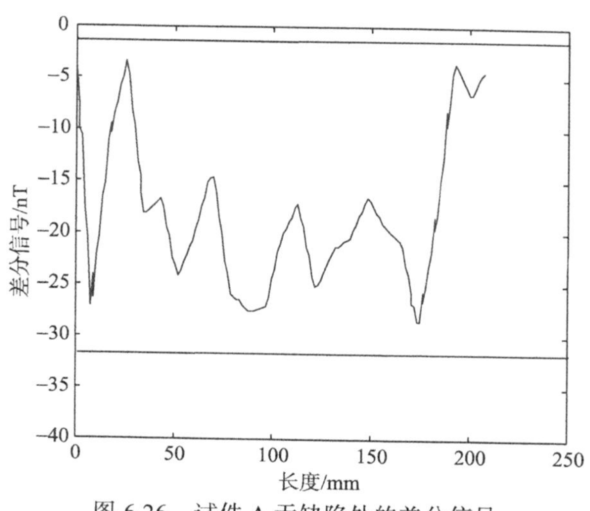

图 6.26　试件 A 无缺陷处的差分信号

3) 多个预置缺陷处的检测结果

采集缺陷 A4 号、A5 号、A6 号表面路径的磁感应强度，沿图 6.23(c) 所示虚线方向移动探头，检测长度为 210mm，预置缺陷分别位于材料的 57mm、106mm、155mm 处。由磁感应强度曲线(图 6.29)可知，随检测移动距离的递增，磁感应强度

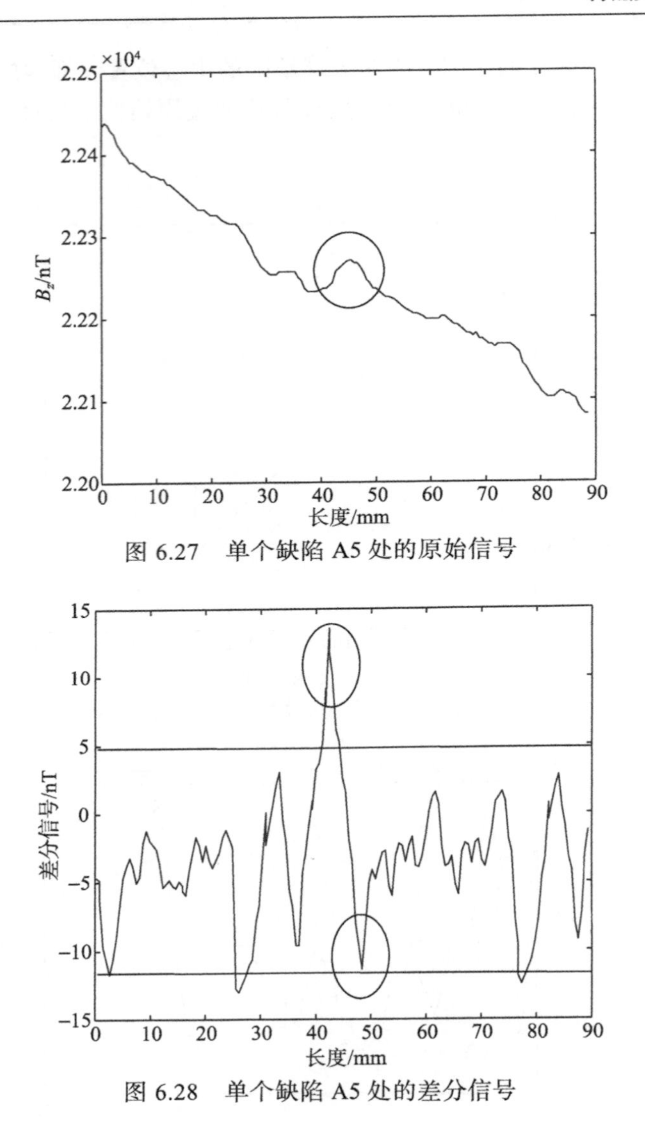

图 6.27　单个缺陷 A5 处的原始信号

图 6.28　单个缺陷 A5 处的差分信号

越来越小，特别注意到图中椭圆标注的 a、b、c 区域的磁感应强度比其他区域变化剧烈，曲线近似为波峰，其他部分较平缓，这三个区域的磁异常峰值位置分别为 52.6mm、109.5mm、150.8mm，与试件分层缺陷的中心位置一致，其磁感应强度分别为 22394nT、22271nT、22230nT，a、b、c 区域相对于各区域前正常区域处磁感应强度的峰值变化分别约为 80nT、50nT 和 70nT。再根据之前对单个分层缺陷检测的经验，结合磁法检测原理中异常区域的判断方法，可初步判定 a、b、c 处的磁异常是由预置的三个分层缺陷引起的。

对原始数据进行差分处理，得到的差分信号如图 6.30 所示，用椭圆标注的 a、

b、c 三个区域超出了阈值线，梯度达到 18.89nT、14.92nT、17.34nT，结合之前对缺陷处空气与材料相对磁导率之间的换算可知，超过阈值的点突变均达到 10nT 以上。根据 a、b、c 区域的波峰-波谷在检测长度上的中心位置，对缺陷实施定位，其位置分别为 54.8mm、109.8mm、154.8mm，与实际预置缺陷 A4 号、A5 号、A6 号之间的间隔基本吻合，且比通过原始信号的峰值定位更加准确。

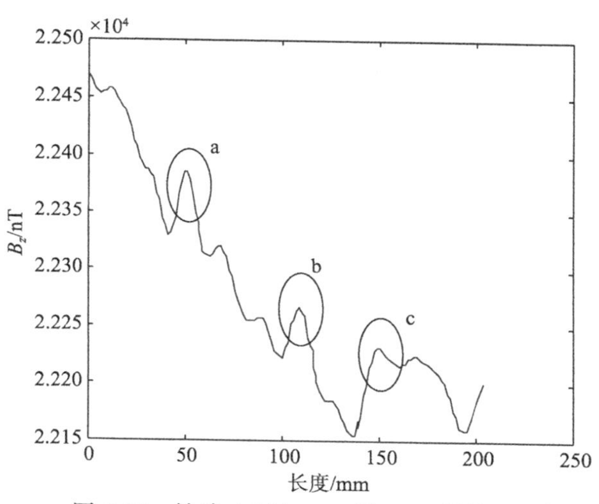

图 6.29　缺陷 A4 号、A5 号、A6 号的原始信号

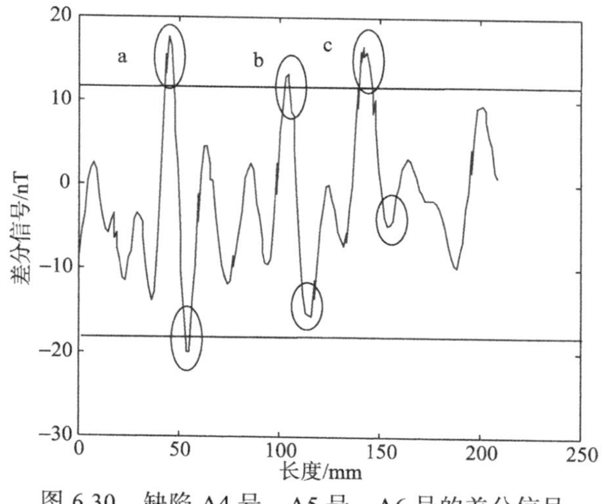

图 6.30　缺陷 A4 号、A5 号、A6 号的差分信号

4) 自然缺陷的检测结果

试件 B 的检测结果如图 6.31 所示，检测长度为 300mm。从原始信号图中可以

看出，随着检测长度的增加，传输线存在不可避免的漏磁现象，由于本身采集到的磁信号很弱，整个磁信号曲线在坐标轴上呈线性递减趋势。在不经过任何数据处理的前提下，曲线中存在 a、b 两处磁异常，分别位于 248.3mm 和 273.9mm，用椭圆标识，在 a、b 两磁场处的磁感应强度分别为 19985nT 和 20173nT，波峰相比于相邻点的变化程度为 40nT 和 160nT，与自然缺陷的真实位置 255mm 和 278mm 基本吻合，且缺陷处的相对磁导率小于材料的相对磁导率，根据碳纤维复合材料常见的缺陷，可判断 a、b 处的磁异常是分层缺陷。由于试件 B 的厚度很小，均为试件 A 的 1/3，且试件 B 是在役使用的材料，表面粗糙度大，对磁法检测存在一定的影响。与厚板试件 A 相比，试件 B 表面的磁感应强度的干扰信号增加，故得到的原始信号不是光滑的，波峰体现为尖锐形。

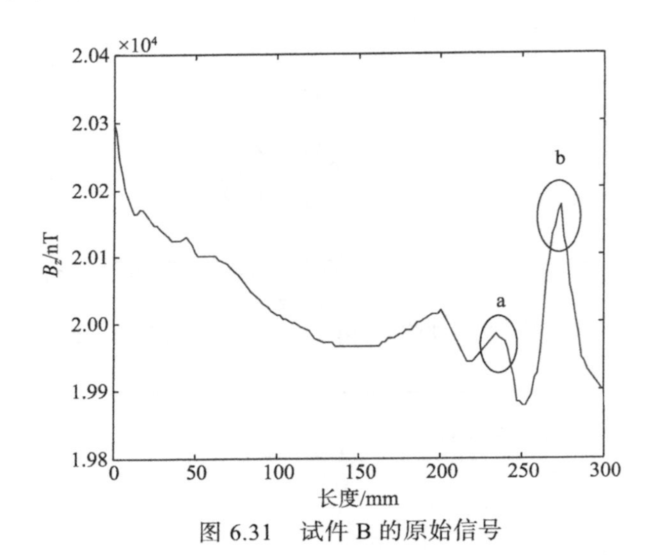

图 6.31　试件 B 的原始信号

对检测数据进行差分处理，结果如图 6.32 所示，b 区域超出了阈值线，经过波峰-波谷进行定位，得到缺陷的中心位置为 274.9mm，与试件缺陷 B2 的位置 277mm 基本吻合。此外，材料本身厚度较小，只有 2.5mm，在原始数据中磁感应强度衰减很大，因此在差分处理后，阈值相对来说设置得很高，仔细分析可知，在原始信号体现的异常点 a 处梯度也达到 34.03nT，由之前对缺陷处空气相对磁导率与材料相对磁导率之间的换算可知，超出阈值的点突变均达到 10nT 以上，就可认为是由缺陷引起的磁异常，而 a 区域异常点波峰-波谷中心位置为 247.2mm，与实际缺陷 B2 的位置 255mm 存在一定偏差，猜测 a 区域异常是由自然缺陷 B1 引起的。综上可知，对于较小尺寸的缺陷，弱磁检测的磁异常不明确。

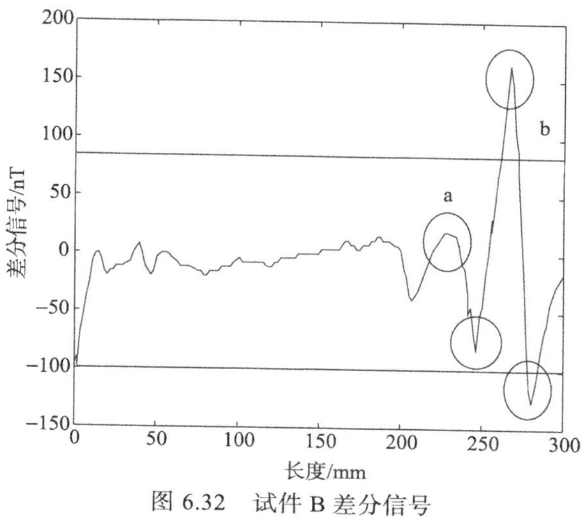

图 6.32　试件 B 差分信号

5) 阵列扫查成像结果及超声验证

采用 12 通道阵列式测磁传感器进行检测，得到试件 A 的二维成像图，如图 6.33 所示。图中显示存在 9 个颜色异常点，与其他部分的区域有明显区分，位置分别为(65mm, 28mm)、(127mm, 28mm)、(162mm, 28mm)、(64mm, 65mm)、(127mm, 65mm)、(162mm, 65mm)、(54mm, 105mm)、(106mm, 105mm)、(152mm, 105mm)，与预置的人工缺陷 A1、A2、A3、A4、A5、A6、A7、A8、A9 的真实位置(57mm, 28mm)、(106mm, 28mm)、(155mm, 28mm)、(57mm, 65mm)、(106mm, 65mm)、(155mm, 65mm)、(57mm, 105mm)、(106mm, 105mm)、(156mm, 105mm) 比较可知，通过二维成像图分析得出的缺陷异常点与预置缺陷真实位置在横坐标上有所偏移，但缺陷与缺陷间的距离以及缺陷的个数和当量均符合预置缺陷的特征，二维成像图整体向后偏移主要是因为电机装置在启动过程中存在延迟现象，但整体上与预置人工缺陷位置相同。

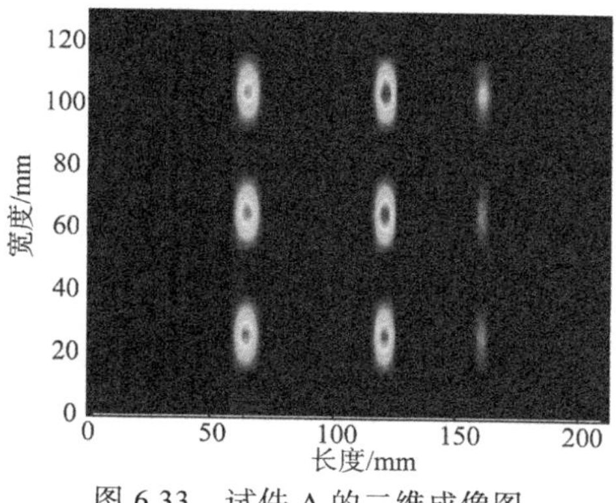

图 6.33　试件 A 的二维成像图

图 6.34 是试件 B 的二维成像图，在(245mm, 24mm)、(269mm, 24mm)处存在两个相对其他区域颜色较为异常的点，实际疲劳损伤的两个缺陷位置分别为(255mm, 23mm)和(278mm, 23mm)，二维成像图(245mm, 24mm)处的异常点，在 x 轴方向的边界点位于 243mm 和 247mm 处，在 y 轴方向的边界点位于 20mm 和 28mm 处，由理想的缺陷当量计算可知，此处缺陷的高为 8mm、宽为 4mm。比较二维成像图中的异常点与实际缺陷位置可知，通过二维图分析得出的缺陷异常点中心位置与预置缺陷真实位置在横坐标上有所偏移，(245mm, 24mm)和(269mm, 24mm)两处异常相对于实际缺陷中心位置同时偏移了 10mm，分析原因主要是采集数据的前几秒电机装置在启动过程中存在延迟现象而导致数据丢失，但整体缺陷定位显示符合预置缺陷的特征。

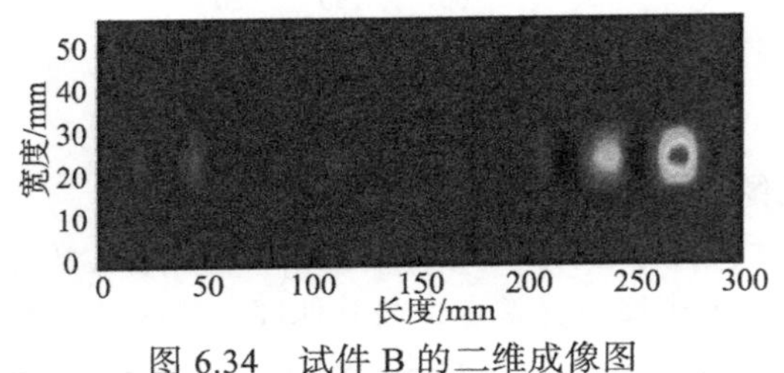

图 6.34　试件 B 的二维成像图

图 6.35 和图 6.36 分别显示了试件 A 和 B 的超声检测结果。通过比较弱磁检测结果与超声检测结果可知，弱磁检测自动检测系统的步进电机启动时间与实际采集启动时间存在一定的延迟，整体来说对预置缺陷有较好的检测效果，与超声检测结果一致，但在预置缺陷的定量上存在一定的偏差。

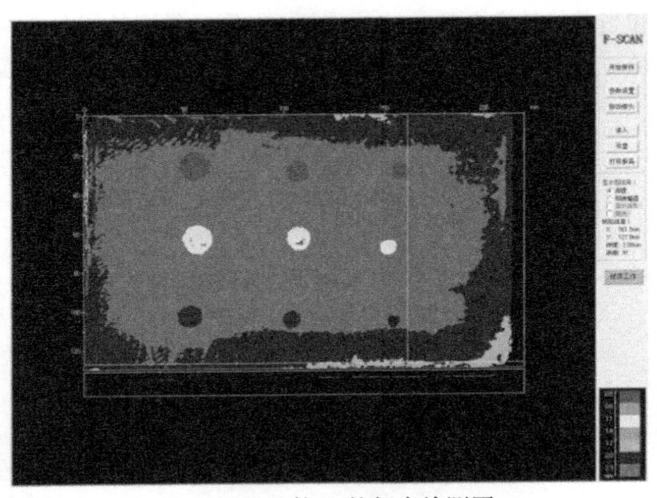

图 6.35　试件 A 的超声检测图

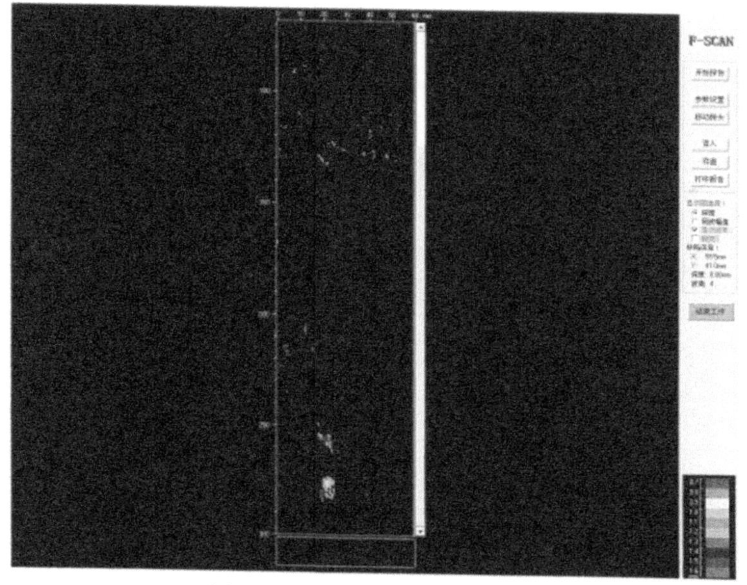

图 6.36 试件 B 的超声检测图

6.2.4 玻璃纤维复合材料的弱磁检测

1. 理论分析

玻璃纤维复合材料的磁化曲线见附录 A。可以看出，玻璃纤维复合材料与碳纤维复合材料的磁化曲线大致相同，材料的磁化强度与外磁场之间的变化不是简单的线性关系，随着外磁场正负向的增加，磁化强度逐渐趋于饱和。在零磁场附近，磁化曲线没有出现明显的磁滞现象，可以判定玻璃纤维复合材料的磁性表征为微弱的顺磁性。由磁化曲线可计算玻璃纤维复合材料的相对磁导率为 1.0007～1.0015，与碳纤维复合材料的相对磁导率数值相当，且相对磁导率在零磁场时变化剧烈，但总体变化幅度在数量级上很小。材料相对磁导率与空气存在的差异是高精度测磁传感器可测得的，因此弱磁无损检测技术适用于玻璃纤维复合材料的缺陷检测。

2. 检测试件

试验选用两块玻璃纤维复合材料板，分别为预置人工缺陷的玻璃纤维复合材料试件 C、应力加载后产生自然分层缺陷的玻璃纤维复合材料试件 D。对于试件 C，在板的侧面制作了五个直径不同的孔洞型缺陷，其深度存在差异，缺陷信息及实物如图 6.37 和图 6.38 所示，孔洞型缺陷从左向右分别记为 C1 号、C2 号、C3 号、C4 号、C5 号缺陷。试件 D 有 4 个自然缺陷，是在使用过程中处于应力集中区域时受到冲击后因疲劳损伤而产生的分层缺陷，从左向右分别记为 D1 号、D2 号、D3 号、D4 号缺陷，缺陷信息及实物如图 6.39 和图 6.40 所示。

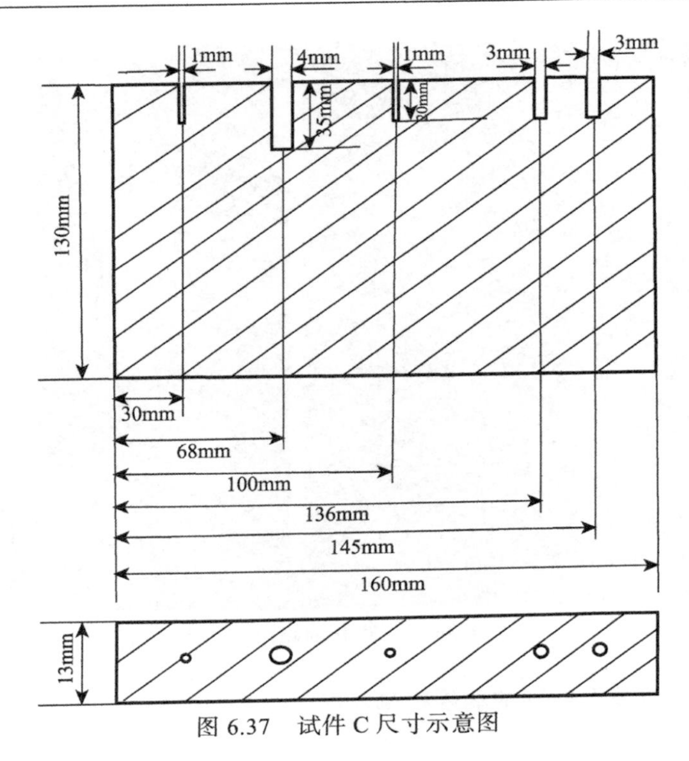

图 6.37　试件 C 尺寸示意图

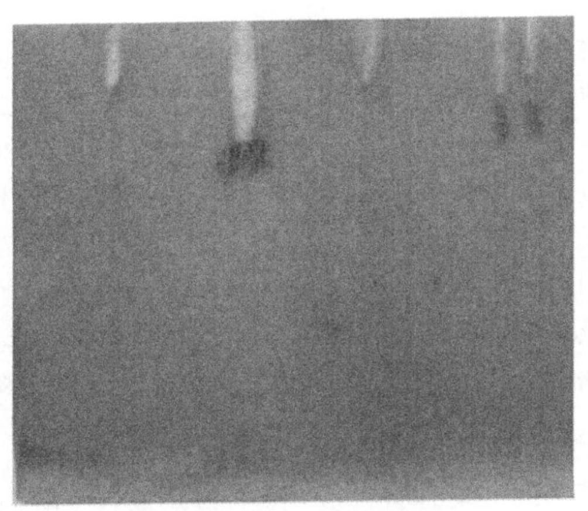
图 6.38　试件 C 实物图

采用单探头进行检测，在检测过程中人工匀速移动探头，探头宽度为 22mm，有效检测宽度实际为 18mm。对于试件 C，整个人工缺陷板的待检测宽度为 160mm，根据探头的有效检测宽度划分检测区域。具体实施步骤如下：①远离缺陷选择一条检测路径，测量无缺陷处的磁感应强度，如图 6.41(a) 所示，探头沿虚线方向移动；

②单独测量单个缺陷 C2 号的磁感应强度，如图 6.41(b) 所示，探头在 C2 号缺陷两端沿虚线方向移动，验证弱磁检测对于玻璃纤维复合材料人工缺陷板中的单个孔洞型缺陷检测是否具有可行性；③从左到右依次测量五个当量不同的缺陷 C1 号、C2 号、C3 号、C4 号、C5 号的磁感应强度，如图 6.41(c) 所示，探头沿虚线位置移动。对于试件 D，只选择缺陷所在的一条检测路径，检测长度为 212mm。对自然缺陷处的疲劳损伤进行检测，验证弱磁无损检测技术同样适用于玻璃纤维复合材料的自然缺陷检测，探头沿虚线方向检测四个大小、位置不同的自然缺陷，如图 6.42 所示。

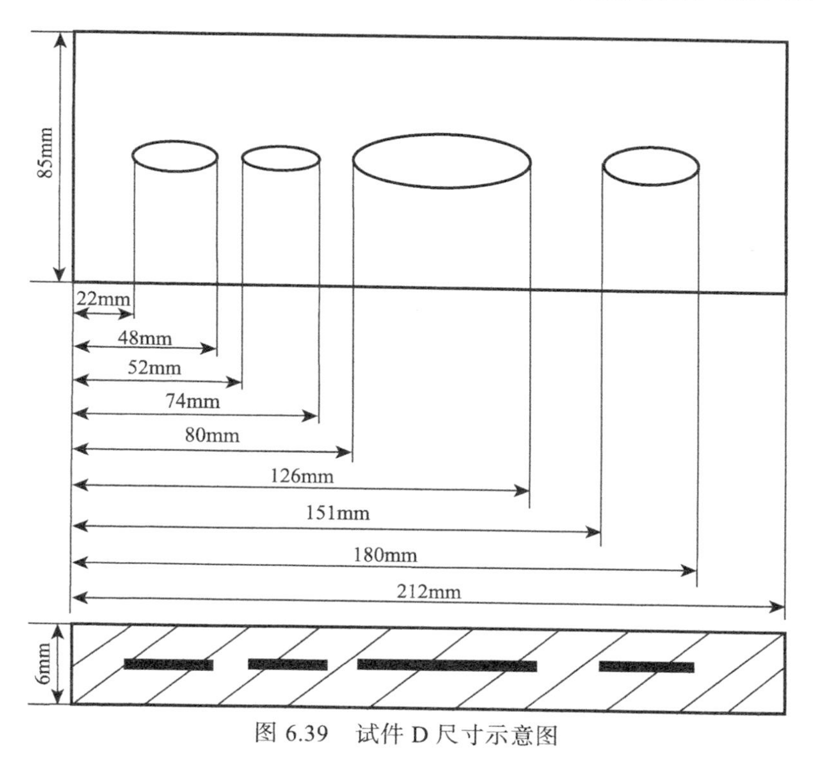

图 6.39　试件 D 尺寸示意图

图 6.40　试件 D 实物图

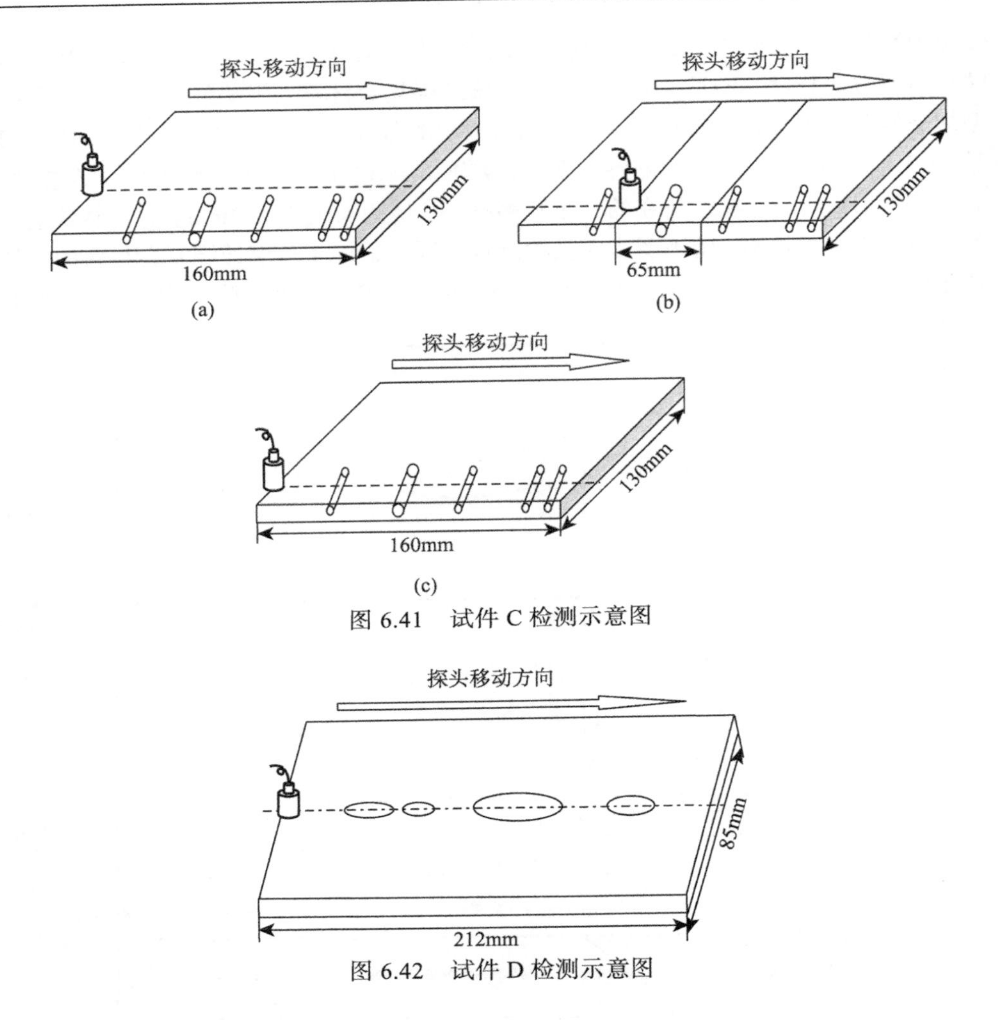

图 6.41　试件 C 检测示意图

图 6.42　试件 D 检测示意图

3. 检测结果

1) 无缺陷处的检测结果

试件 C 无缺陷处的弱磁检测结果如图 6.43 所示，由于传输线的信号衰减，磁感应强度随着检测长度的增加，呈近似递减下降趋势，无明显的异常信号；在经过差分处理后(图 6.44)，几乎所有的梯度都在预先设置的阈值线内，由于原始信号呈递减趋势，在进行差分处理后所有数据都是负值，这是符合实际无缺陷处信号特征的。

2) 预置缺陷 C2 处的检测结果

试件 C2 号缺陷的弱磁检测结果如图 6.45 所示，可以明显看出，磁感应强度在随着检测长度增加而递减的过程中存在一个不同于其他部分的明显异常，用椭圆标识，呈波峰状态，异常点在横轴坐标上的数值为 32.14mm，整个检测长度为 68mm，缺陷位于中间部位即 34mm 处，与检测到的异常点 32.14mm 位置基本吻合。异常点在磁感应强度变化上达到 98nT，初步判断是由材料内部分层缺陷引起的波峰现象，这与原本预置的缺陷性质吻合，预置缺陷是通过打孔模拟的分层缺陷，相对材料本身来说缺陷的组成部分是空气，其相对磁导率小于材料的相对磁导率，因此检测过程中的磁感应曲线在缺陷处呈现了波峰状异常点。对得到的单个缺陷原始信号图进行进一步的差分处理，以对缺陷中心位置进行准确定位。由图 6.46 可知，在 30mm 处存在异常点，超出了系统根据差分原理自动划定的阈值线，其差分数据达到 56.59nT，为进入缺陷区域，根据波峰-波谷间距进行定位，得到缺陷的中心位置为 33.5mm，更接近实际缺陷的位置。

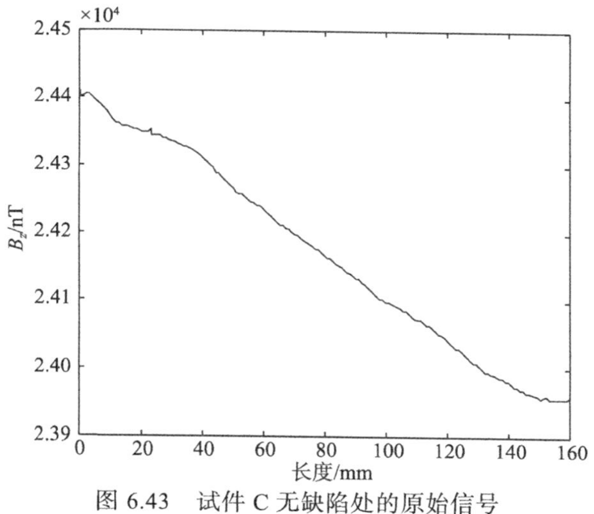

图 6.43　试件 C 无缺陷处的原始信号

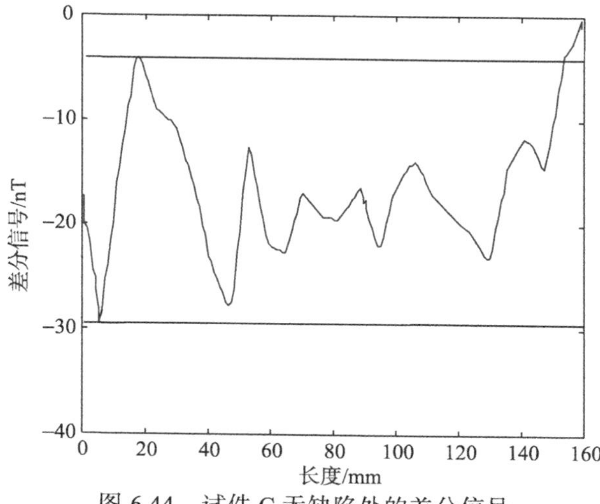

图 6.44　试件 C 无缺陷处的差分信号

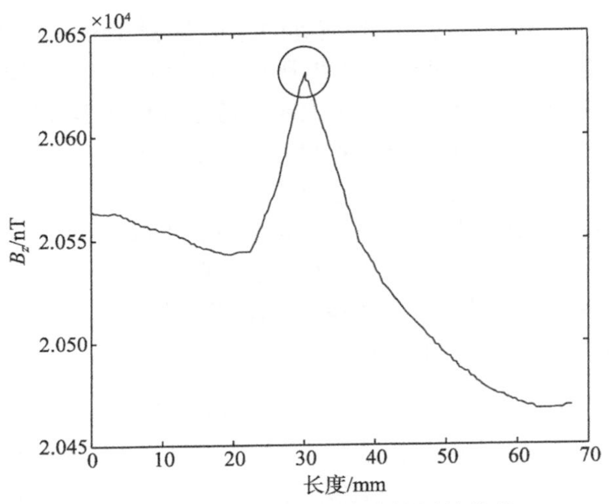

图 6.45　试件 C2 号缺陷处的原始信号

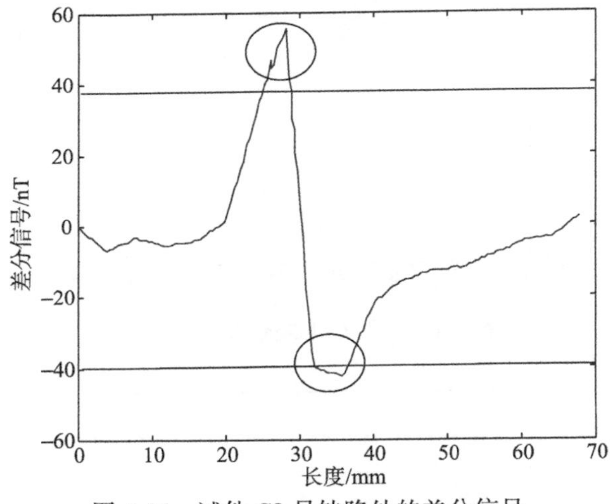

图 6.46　试件 C2 号缺陷处的差分信号

3) 多个预置缺陷处的检测结果

对于试件 C，从左到右依次测量五个当量不同的缺陷 C1 号、C2 号、C3 号、C4 号、C5 号的磁感应强度，如图 6.47 所示。图中，磁感应强度随着检测长度的增加逐渐下降，注意用椭圆标注的 a、b、c、d、e 区域，磁感应强度比其他区域变化剧烈，曲线近似为波峰，其他部分较平缓，a、b、c、d、e 区域的磁异常峰值位置分别为 30.09mm、60.18mm、88.13mm、135.1mm、143.5mm，其磁感应强度分别为 21610nT、21550nT、21490nT、21380nT、21370nT，a、b、c、d、e 区域相对于其正常区域形成的磁感应强度峰值变化分别为 50nT、36nT、31nT、33nT、77nT。对比预置缺陷的位置可知，检测结果与材料分层缺陷的中心位置基本一致，根据之前对单个分层缺陷检测的经验，结合磁法检测原理中异常区域的判断方法，在异常处的磁感应强度呈波峰形式表明异常点的磁导率小于材料的磁导率，可知 a、b、c、d、e 处的磁异常是由预置的五个分层缺陷导致的。对磁感应强度曲线中产生的磁异常通过差分处理进行缺陷定位，如图 6.48 所示，用椭圆标识了 a、b、c、d、e 五个在原始数据图中磁异常区域对应的差分信号位置，在检测长度上的位置分别为 28.16mm、59.63mm、84.11mm、134.7mm、143.2mm，梯度值分别为 34.85nT、23.36nT、15.67nT、19.83nT、49.35nT，与相邻前一个信号点之间的差值超过 10nT，虽然有

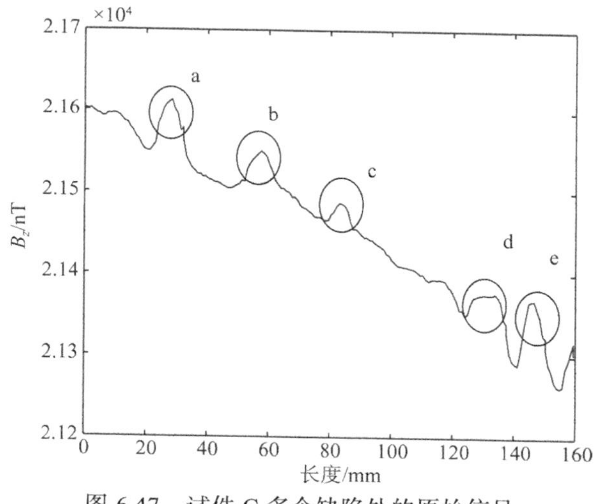

图 6.47　试件 C 多个缺陷处的原始信号

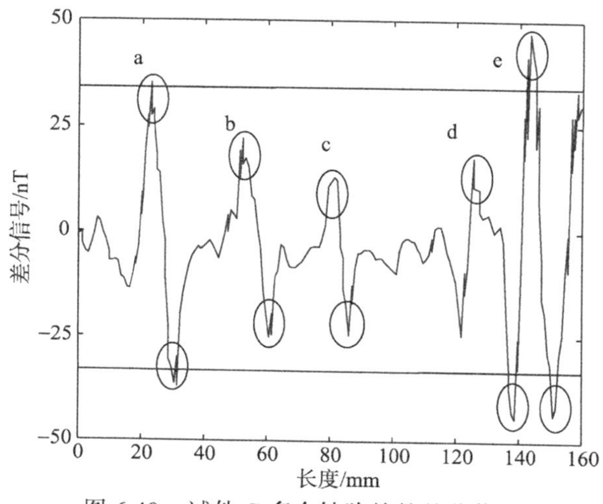

图 6.48　试件 C 多个缺陷处的差分信号

部分异常点的信号是在阈值线内，但分析数值依旧可以判断异常是由缺陷引起的。在差分信号曲线上找到各个波峰对应的波谷，对缺陷进行定位，依次得到五个缺陷的中心位置为 28.7mm、61.6mm、84.5mm、136.2mm、145.7mm。对比缺陷的实际位置，c 处缺陷位置误差较大，这是因为该缺陷尺寸最小，其余缺陷的定位基本准确。

4) 自然缺陷的检测结果

对存在疲劳损伤的玻璃纤维复合材料试件 D 进行弱磁检测，结果如图 6.49 所示。随着检测长度的增加，传输线存在不可避免的漏磁现象，而本身采集到的磁信号很弱，因此整个磁信号曲线在坐标轴上呈线性递减趋势，在不经过任何数据处理的前提下，可以明显看出在曲线中存在 a、b、c、d 四处磁异常，分别位于 34.91mm、62.45mm、101.3mm、165.7mm，在图中用椭圆标识，磁感应强度在 a、b、c、d 四处的磁场值分别为 24250nT、24170nT、24120nT、24020nT，波峰相对相邻点的变化程度为 103nT、56nT、60nT、52nT，与自然缺陷的中心位置 36mm、63mm、103mm、166mm 基本吻合，而且缺陷处的相对磁导率小于材料的相对磁导率，根据玻璃纤维复合材料的常见缺陷，可判断 a、b、c、d 处的磁异常是由 D1 号、D2 号、D3 号、D4 号四个分层缺陷导致的。差分处理后的数据如图 6.50 所示，用椭圆标识了 a、b、c、d 四个在原始数据图中磁异常区域对应的差分信号位置，在检测长度上的位置分别为 32.48mm、63.82mm、97.15mm 和 164.6mm，梯度值分别为 35.57nT、42.26nT、21.17nT、20.03nT，与前一个相邻信号点之间的差值超过 10nT，虽然有部分异常点的信号是在阈值线内，但分析数值依旧可以判断异常是由缺陷引起的。在差分信号曲线上找到各个波峰对应的波谷，对缺陷进行定位，依次得到四个缺陷的中心位置为 45mm、65mm、110mm、160mm。对比缺陷的实际位置，四个缺陷的位置误差均较大，这是由缺陷分布面积过大导致的。

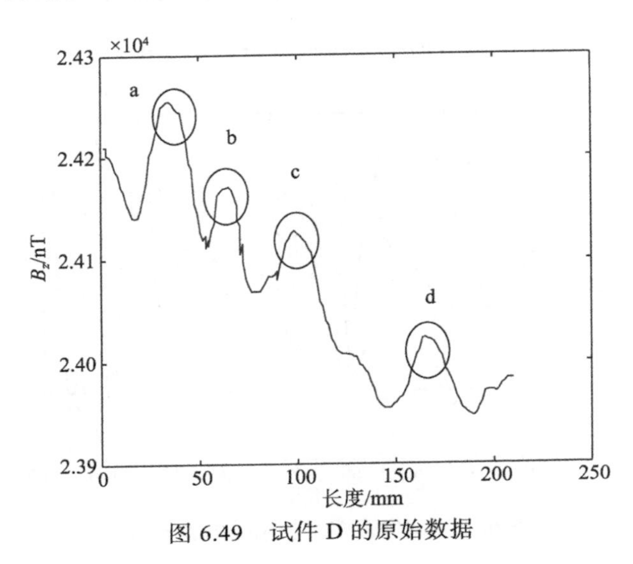

图 6.49　试件 D 的原始数据

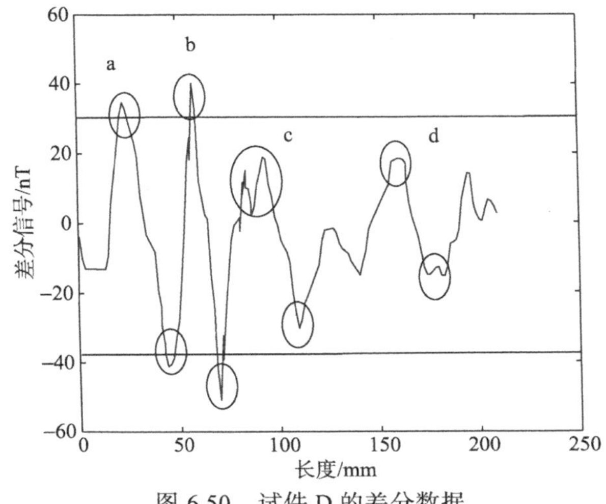

图 6.50　试件 D 的差分数据

5) 成像结果

采用多通道阵列式测磁传感器进行检测，得到试件 C 的二维成像图，如图 6.51 所示。在二维成像图的边缘存在五个相对于其他区域颜色较为异常的区域，区域中心分别位于 26mm、60mm、85mm、132mm 和 140mm，C 号板中实际预置的五个缺陷 C1 号、C2 号、C3 号、C4 号、C5 号的位置分别为 30mm、68mm、100mm、136mm、145mm，比较检测结果与预置缺陷的实际位置，可认为在二维成像图中的五处异常是由预置缺陷引起的，只是因为步进电机的启动与信号采集启动口令之间存在延迟，整体检测数据丢失了一小部分，导致异常点前移，检出缺陷的数量和缺陷间的距离与实际预置缺陷符合。另外，实际预置的 C2 号缺陷是用直径为 4mm、长度为 35mm 的孔模拟分层缺陷，C1 号缺陷和 C3 号缺陷均由直径为 1mm、长度为 20mm 的孔构成，C4 号缺陷和 C5 号缺陷由直径为 2mm、长度为 20mm 的孔构成，C2 号缺陷引起的异常范围最大，符合缺陷在当量上的特征，但 C1 号缺陷和 C3 号缺陷在理想情况下的异常范围应该是相同的，由于 C2 号缺陷引起了较大的磁异常，C3 号缺陷的磁异常被淹没了一部分，所以显示的异常范围较小，C4 号缺陷和 C5 号缺陷的缺陷异常也存在相同的问题。

试件 D 的二维成像图如图 6.52 所示，可知存在四个明显的磁异常区域，范围较大，区域边缘位置分别为 20～46mm、55～73mm、83～109mm 和 152～181mm，在 120～129mm 处存在一个范围较小的磁异常区，D 号板中实际疲劳损伤的四个缺陷位置分别为 22～48mm、52～74mm、80～126mm 和 151～180mm。比较二维成像图中异常区域的边界与实际缺陷的边界位置可知，二维成像图中 D1 号、D2 号、D4 号三个缺陷的边界位置与实际缺陷位置基本吻合，而 D3 号缺陷由于缺陷本身所占面积较大，对 D3 号缺陷引起的整个磁异常区域来说，中间存在一部分数值较小的点，达不到异常的幅值，所以在二维成像时 D3 号缺陷的显示不完整，是由 83～109mm 和 120～129mm 两个小异常区域组成整个 D3 号缺陷区域。

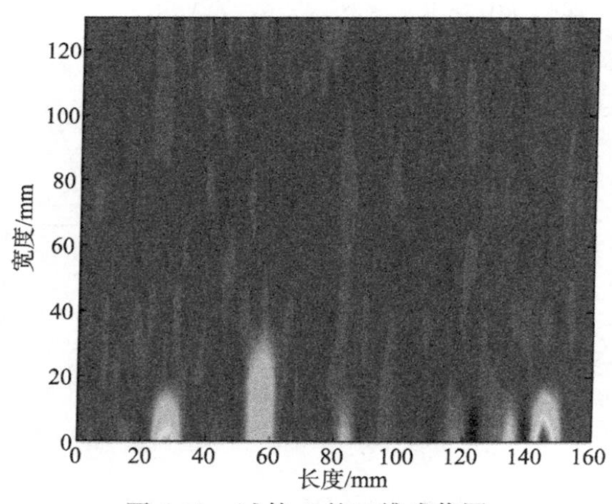

图 6.51　试件 C 的二维成像图

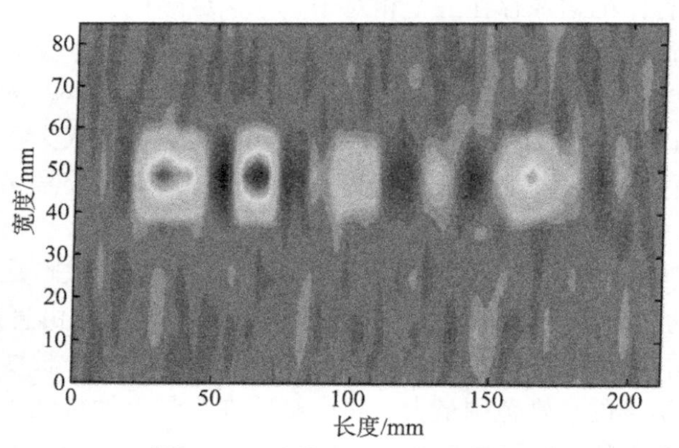

图 6.52　试件 D 的二维成像图

综上可知，弱磁无损检测技术能够用于玻璃纤维复合材料人工缺陷的检测，对缺陷的定位和定性具有较高的准确性，但是对于缺陷的定量评价还需要进一步试验和研究。

6.2.5　风电叶片检测

风电叶片是一个由复合材料制成的薄壳结构，一般由根部、外壳和加强筋或梁组成。根部一般为金属结构，外壳和加强筋一般采用玻璃纤维或碳纤维增强复合材料。图 6.53 是典型风电叶片的截面图。

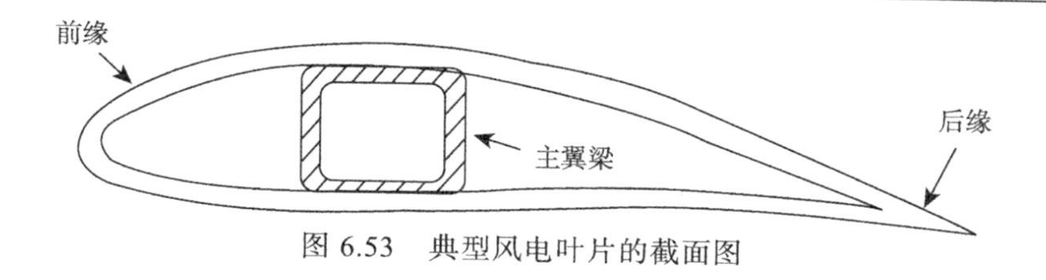

图 6.53　典型风电叶片的截面图

玻璃钢复合材料是玻璃纤维复合材料的一种，具有比强度高、比模量高、抗疲劳性能好等优点，能满足风电叶片恶劣气候等实际工况的要求。因此，大中型风电叶片基本上采用由玻璃钢蒙皮与大梁组成的空心体结构。受制造工艺、钻结工艺等随机因素的影响，风电叶片难免会带有空隙、裂纹、分层和脱黏等缺陷。这些缺陷在实际静/动载荷、疲劳和环境温度变化等条件的作用下，将使复合材料的结构产生损伤，进而扩展与积累，最终导致风电叶片失稳破坏。因此，风电叶片结构质量控制是保证叶片综合性能的关键。风电叶片典型的制造缺陷包括分层、缺胶等，如图 6.54 所示。叶片断裂主要发生在叶片根部，叶片断裂的主要原因是树脂固化不完全。

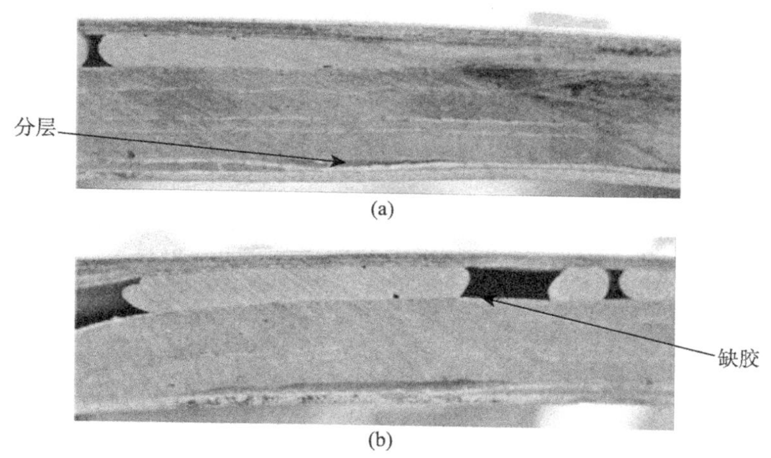

图 6.54　风电叶片的制造缺陷

目前，用于风电叶片的无损检测技术主要包括超声波检测技术、声发射检测技术和红外热成像检测技术等，可对叶片进行质量控制和结构组件的现场检验，但目前还未得到广泛应用。

1. 超声波检测技术

利用超声波检测技术可有效检测风电叶片厚度的变化，复合材料内部隐藏的分层和缺胶缺陷，主翼梁与外壳之间以及外壳的前缘与后缘之间的钻结缺陷，从而大幅降低叶片失效的风险。由于风电叶片复合材料结构叠层反射、散射及衰减的影响，超声波在复合材料多层结构中的传播变得很复杂。针对风电叶片玻璃钢结构的超声波检测方法主要有脉冲回波法和空气耦合超声导波法。脉冲回波法降低了超声换能器自身反射的影响，延长了风电叶片内部结构缺陷的反射，从而能更有效地检测风电叶片复合材料多层结构的内部缺陷状况。超声波检测手段很难发现某些复杂缺陷或微小缺陷，如基体微裂纹、纤维/基体脱黏及单束纤维断裂等，且很难做到动态、实时的监测。

2. 声发射检测技术

声发射检测技术对动态缺陷敏感，能在缺陷产生和扩展的过程中实时发现，可有效检测复合材料结构的整体质量水平，评价缺陷的实际危害程度。在疲劳检验和静态检验时可使用声发射检测系统实时监测风电叶片的声发射特征信号，使叶片在遭受破坏的程度大到足以毁坏它之前停止检验成为可能。风电玻璃钢复合材料中的纤维断裂、基体开裂、分层和脱黏等都是重要的声发射源，其特性可以用幅度、能量、计数、事件、上升时间、持续时间和门槛等声发射特征参量或波形识别方法来描述，从而反映复合材料结构损伤的发展与破坏模式，预测复合材料结构的最终承载强度，确定其薄弱区域。但由于风电叶片复合材料多层结构的特点，以及声波衰减和散射等因素的影响，风电叶片表面二维源定位需要一定数量的声发射传感器。

3. 红外热成像检测技术

红外热成像检测技术是一种将不可见的红外辐射转换成可见图像的无损检测技术。当给物体施加均匀的热流时，若材料的热性质均匀，则材料的表面温度场一致。如果材料中出现不同程度和性质的缺陷，那么缺陷处相应表面的温度和红外辐射强度异常，可根据红外热成像图判断材料内部的缺陷情况，从而评估材料的质量。Dattoma 等[11]利用红外热成像检测技术实现了对风电叶片复合材料结构胶渗透、浸水和脱黏等典型缺陷的识别。试验结果表明，红外热成像检测技术可用于实验室和现场缺陷检测。肖劲松等[12]通过数值计算的方法揭示了红外热成像检测风电叶片内部缺陷的机理，计算结果表明，材料内部缺陷越大，深度越浅，越容易被检测，而缺陷的深度对检测的效果有很大的影响；冷却过程中最大温差出现的时间随缺陷深度的变化而变化，可作为评估材料内部缺陷深度的有力依据。

采用弱磁无损检测技术对风电叶片进行检测，检测所用的风电叶片试件如图 6.55 所示。由于试件厚度不均匀，为了降低厚度对检测的影响，将试件表面划分为 8 个扫查区域，即 1#～8#，采用单排阵列式 4 探头横向扫查的方式进行检测，尽量使探头在同一个厚度层扫查，并对试件中的不连续区域进行多次反复扫查。每个区域的扫查宽度为 90mm，扫查长度为 150mm，由于手动扫查具有一定的扰动，会对实时曲线产生较小的干扰。

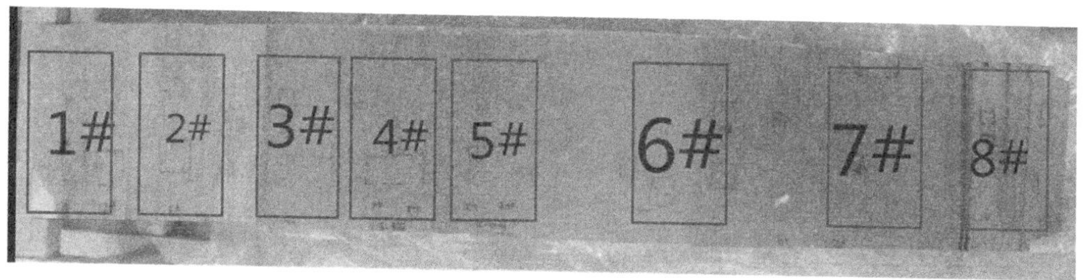

图 6.55　风电叶片试件

1#～8# 检测区域的横向扫查检测结果详见附录 B。在 1# 区域的 110～130mm 范围内有明显向上凸的磁异常信号，异常区磁场变化剧烈，并且超过了设定阈值，因此判定 1# 区域在 110～130mm 范围内存在缺陷。同理判定 2# 区域在 100～125mm 范围内存在缺陷，3# 区域在 100～120mm 范围内存在缺陷，4# 区域在 90～130mm 范围内存在缺陷，5# 区域在 105～130mm 范围内存在缺陷，6# 区域在 115～140mm 范围内存在缺陷，7# 区域在 60～80mm 范围内存在缺陷，8# 区域在 40～80mm 范围内存在缺陷。

为了验证弱磁无损检测的可靠性，在母材上某块区域制作一个孔隙，针对该区域进行横向扫查，扫查区域如图 6.56 所示。在该区域采用阵列式 4 探头进行手动扫查，扫查宽度为 90mm，扫查长度为 150mm，检测结果如图 6.57～图 6.59 所示。信号具有一定时间的延迟，与实际缺陷会有偏差，故判断该区域的人工缺陷在 47～62mm 处，与实际位置对应。另外，该区域试件表面有一白色凹坑，深度为 1mm，根据检测结果判断凹坑在 120～130mm 范围内，与实际位置符合。

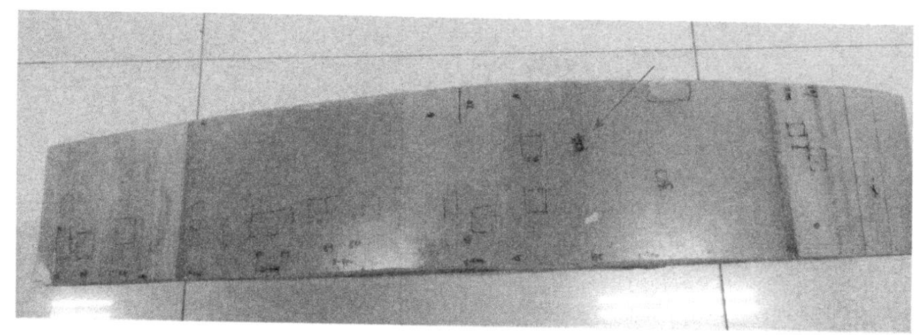

图 6.56　人工缺陷扫查示意图

采用射线检测方法对上述检测结果进行进一步验证。射线检测技术比较适合于检测孔隙、夹杂等体积型缺陷，复合材料的分层缺陷，以及平行于复合材料表面的裂纹缺陷，对射线穿透方向上的介质并无明显影响，因此分层缺陷和平行于材料表面的裂纹在成像上并不明显。受复合材料组织形状的干扰，针对母材上的以上区域进行射线拍片验证，没有发现异常。

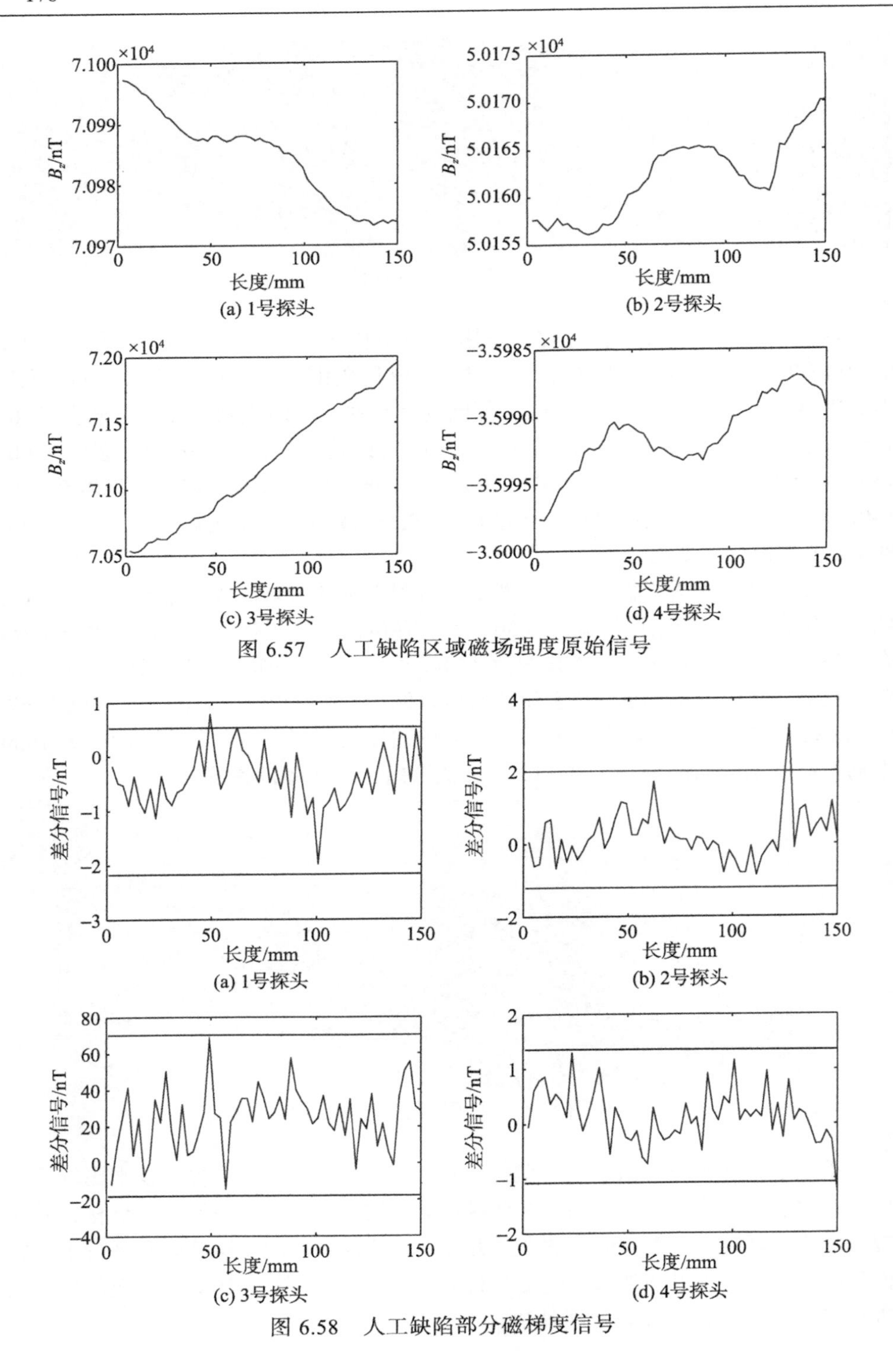

图 6.57　人工缺陷区域磁场强度原始信号

图 6.58　人工缺陷部分磁梯度信号

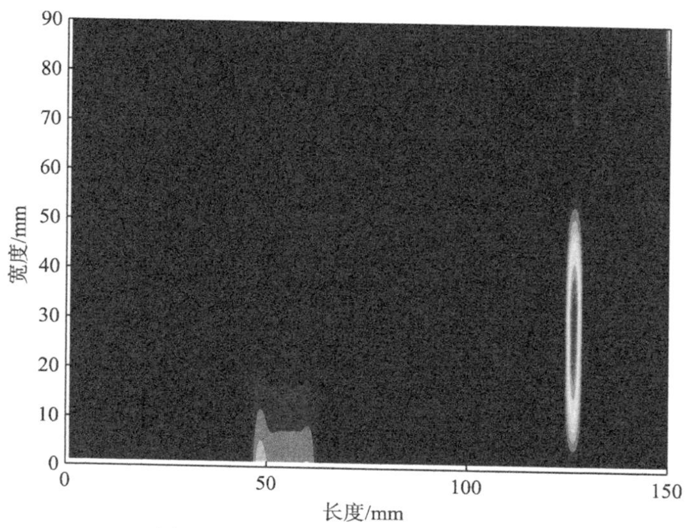

图 6.59　人工缺陷部分二维成像图

在工件上切割检测结果显示缺陷严重的区域查看其内部结构，如图 6.60 所示。发现具有较明显的孔洞型缺陷，结果如图 6.61 所示，其中 2-1 孔洞 1 深为 13mm，宽为 18mm；2-1 孔洞 2 深为 5mm，宽为 12mm；2-2 孔洞 3 深为 3mm，宽为 10mm；2-3 孔洞 4 深为 10mm，宽为 13mm。

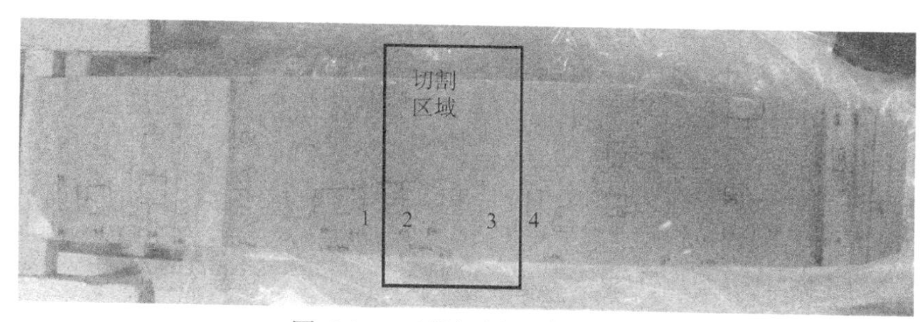

图 6.60　工件切割区域示意图

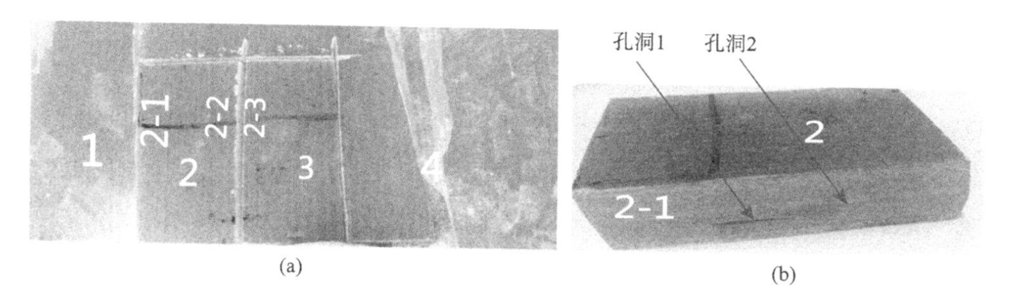

(a)　(b)

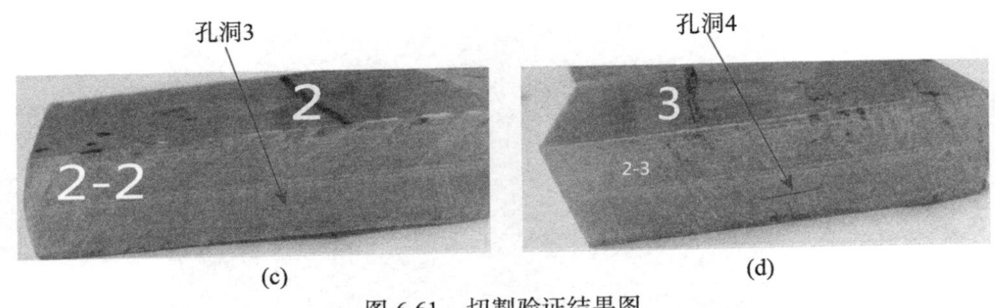

(c)　　　　(d)

图 6.61　切割验证结果图

试验结果证明，弱磁无损检测技术可检测具有一定厚度差的玻璃钢复合材料。在横向扫查中，针对有异常信号的区域做了多次扫查，重复性较好，异常信号较大，可以判断该区域存在缺陷；由于工件表面存在白色凹坑，该区域的信号变化也异常明显。在纵向扫查中，厚度发生变化且有较大厚度差的区域会存在较明显的信号，据此可以判断此区域的材料厚度发生变化。

6.3　本 章 小 结

晶体硅和复合材料的无损检测是检测领域的难题，本章将弱磁无损检测技术应用到晶体硅、碳纤维复合材料、玻璃纤维复合材料和风电叶片等非金属材料的无损检测中，利用自主研发检测系统和检测工装进行实际检测和结果验证，取得了较好的检测效果。

参 考 文 献

[1] 张厥宗. 硅片加工技术[M]. 北京: 化学工业出版社, 2009.

[2] Belyaev A, Polupan O, Dallas W, et al. Crack detection and analyses using resonance ultrasonic vibrations in full-size crystalline silicon wafers[J]. Solid State Phenomena, 2006, 108-109(11): 509-514.

[3] Dallas W, Polupan O, Ostapenko S. Resonance ultrasonic vibrations for crack detection in photovoltaic silicon wafers[J]. Measurement Science & Technology, 2007, 18(3):852-858.

[4] Hilmersson C, Hess D P, Dallas W, et al. Crack detection in single-crystalline silicon wafers using impact testing[J]. Applied Acoustics, 2008, 69(8):755-760.

[5] Chakrapani S K, Padiyar M J, Balasubramaniam K. Crack detection in full size Cz-silicon wafers using Lamb wave air coupled ultrasonic testing (LAC-UT)[J]. Journal of Nondestructive Evaluation, 2012, 31(1):46-55.

[6] Chiou Y C, Liu J Z, Liang Y T. Micro crack detection of multi-crystalline silicon solar wafer using machine vision techniques[J]. Sensor Review, 2011, 31(2):154-165.

[7] Binetti S, Libal J, Acciarri M, et al. Study of defects and impurities in multicrystalline silicon grown from metallurgical silicon feedstock[J]. Materials Science & Engineering B, 2014,

159(11):274-277.

[8] Rajasekhara S, Neuner B H, Zorman C A, et al. The influence of imprities and planar defects on the infrared properties of silicon carbide films[J]. Applied Physics Letters, 2011, 98(19):667.

[9] 李俊杰，韩焱，王黎明. 复合材料 X 射线检测方法研究[J]. 弹箭与制导学报，2008，28(2): 215-217.

[10] 刘菲菲，刘松平，李乐刚，等. 复合材料高分辨率 RF 超声检测技术及其应用[J]. 航空制造技术, 2009, (s1):82-84.

[11] Dattoma V, Giancane S, Palano F, et al. Non-destructive small defects detection of GFRP laminates using pulsed thermography[J]. Journal of Experimental Psychology, 2012, 73(3): 401-404.

[12] 肖劲松，严天鹏. 风力机叶片的红外热成像无损检测的数值研究[J]. 北京工业大学学报，2006, 32(1):48-52.

附录 A　特殊材料磁化曲线及磁化率

经磁化测试得到几种特殊材料的磁化曲线，并转换成磁化率，如图 A.1～图 A.12 所示。图中，磁场强度单位为 Oe，1Oe=79.5775A/m；磁矩单位为 emu，1emu=10^3A·m^2。

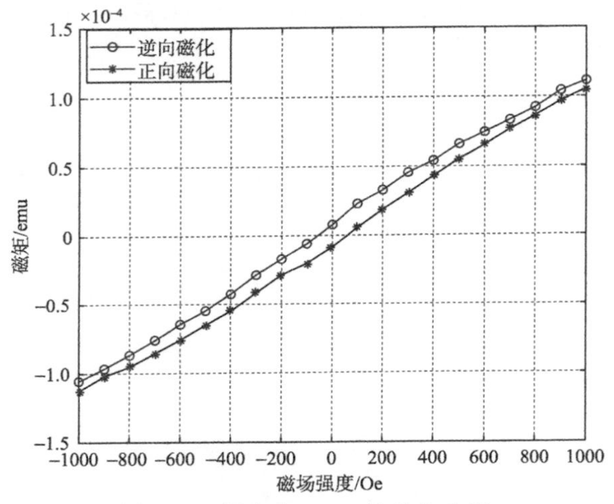

图 A.1　铝合金 2024 的磁化曲线

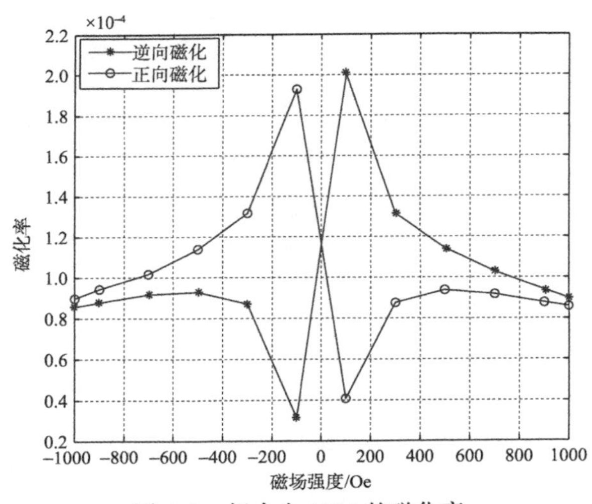

图 A.2　铝合金 2024 的磁化率

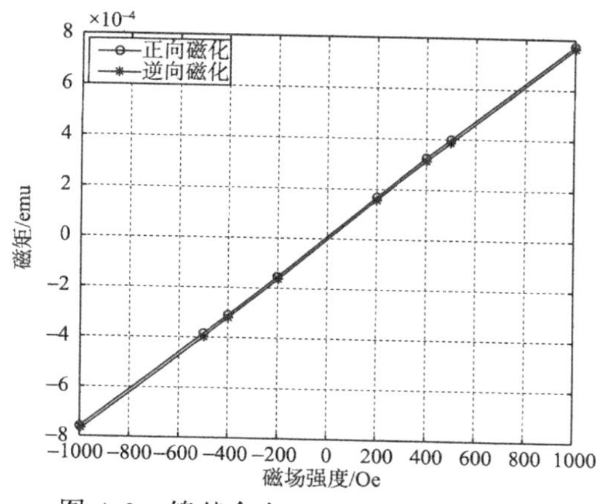

图 A.3 镍基合金 GH4169 的磁化曲线

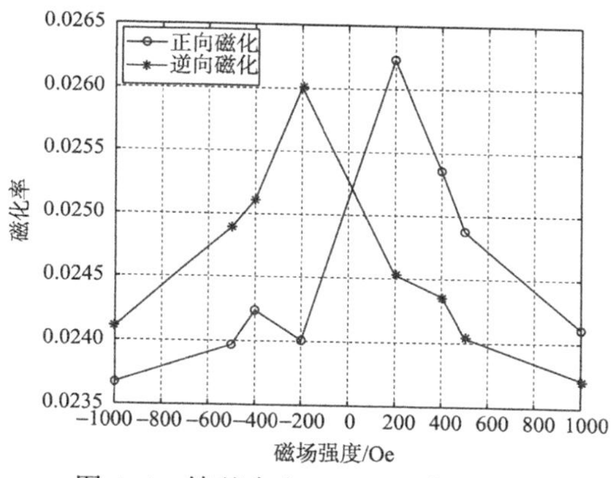

图 A.4 镍基合金 GH4169 的磁化率

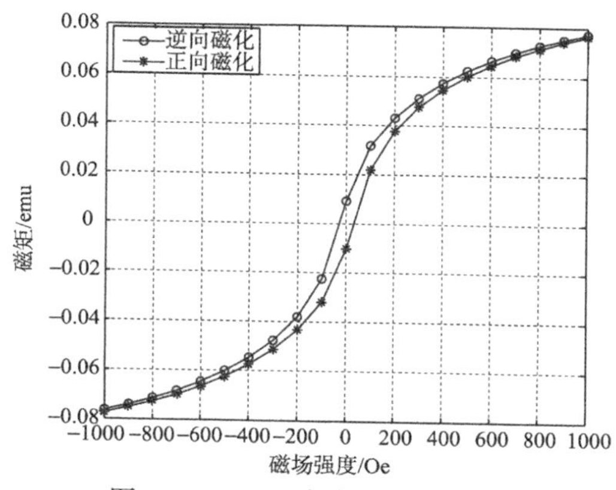

图 A.5 304 不锈钢的磁化曲线

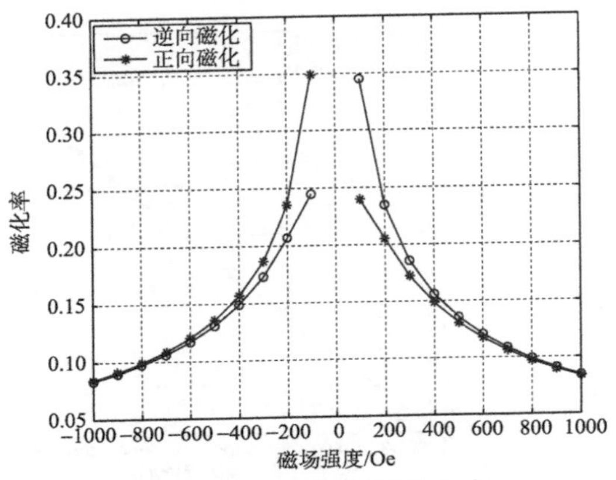

图 A.6　304 不锈钢的磁化率

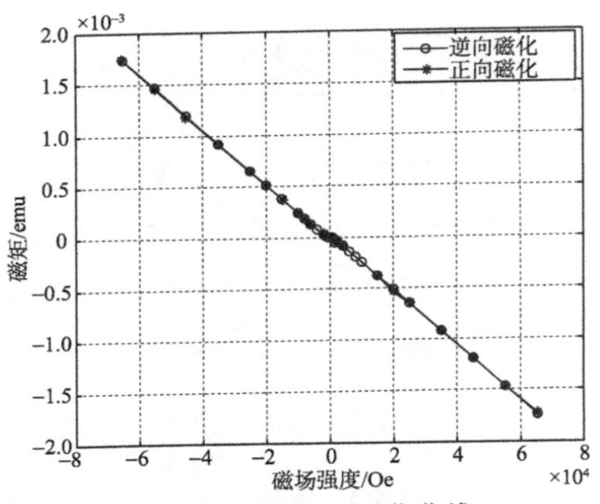

图 A.7　多晶硅的磁化曲线

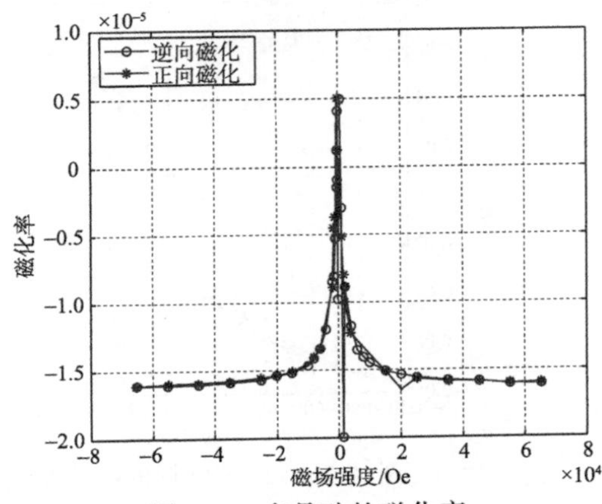

图 A.8　多晶硅的磁化率

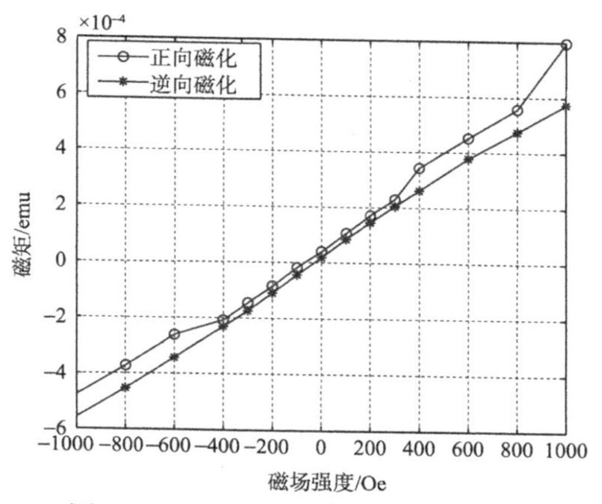

图 A.9　碳纤维复合材料的磁化曲线

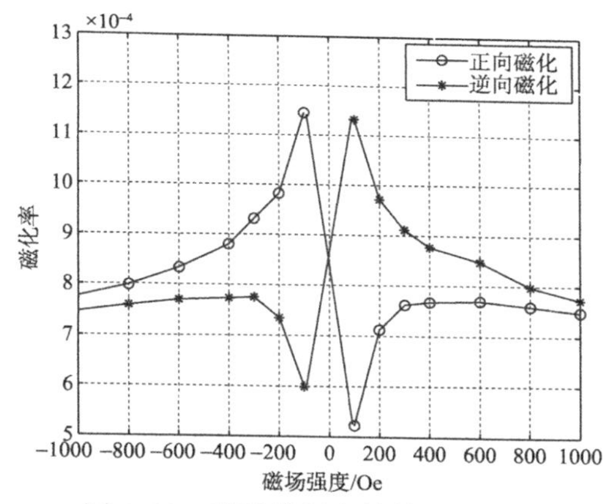

图 A.10　碳纤维复合材料的磁化率

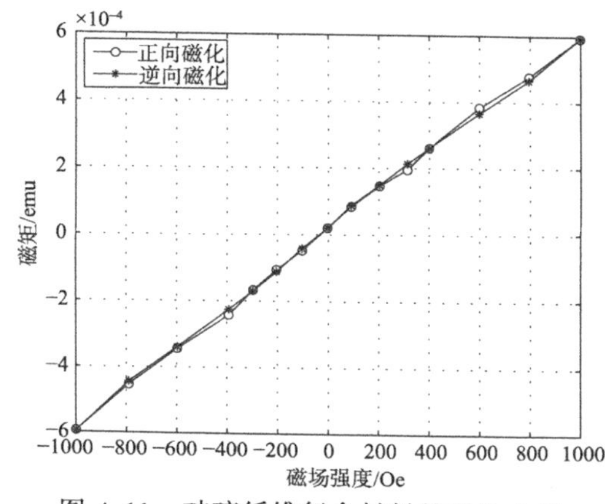

图 A.11　玻璃纤维复合材料的磁化曲线

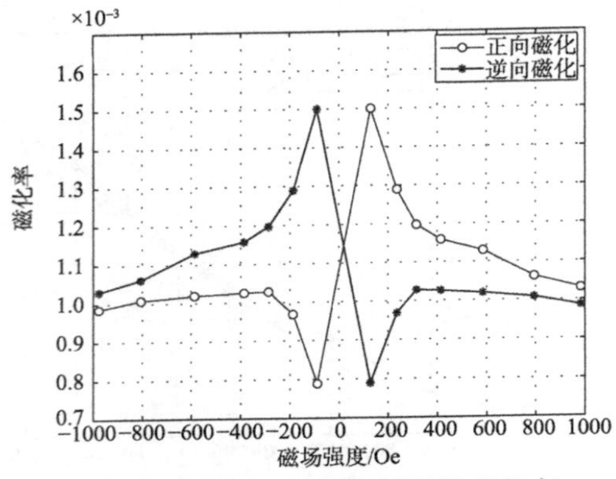

图 A.12　玻璃纤维复合材料的磁化率

附录 B　风电叶片检测结果

6.2.5 节风电叶片试件 1#～8#检测区域的横向扫查检测原始信号如图 B.1～图 B.8 所示，差分信号如图 B.9～图 B.16 所示，缺陷二维成像如图 B.17～图 B.24 所示。

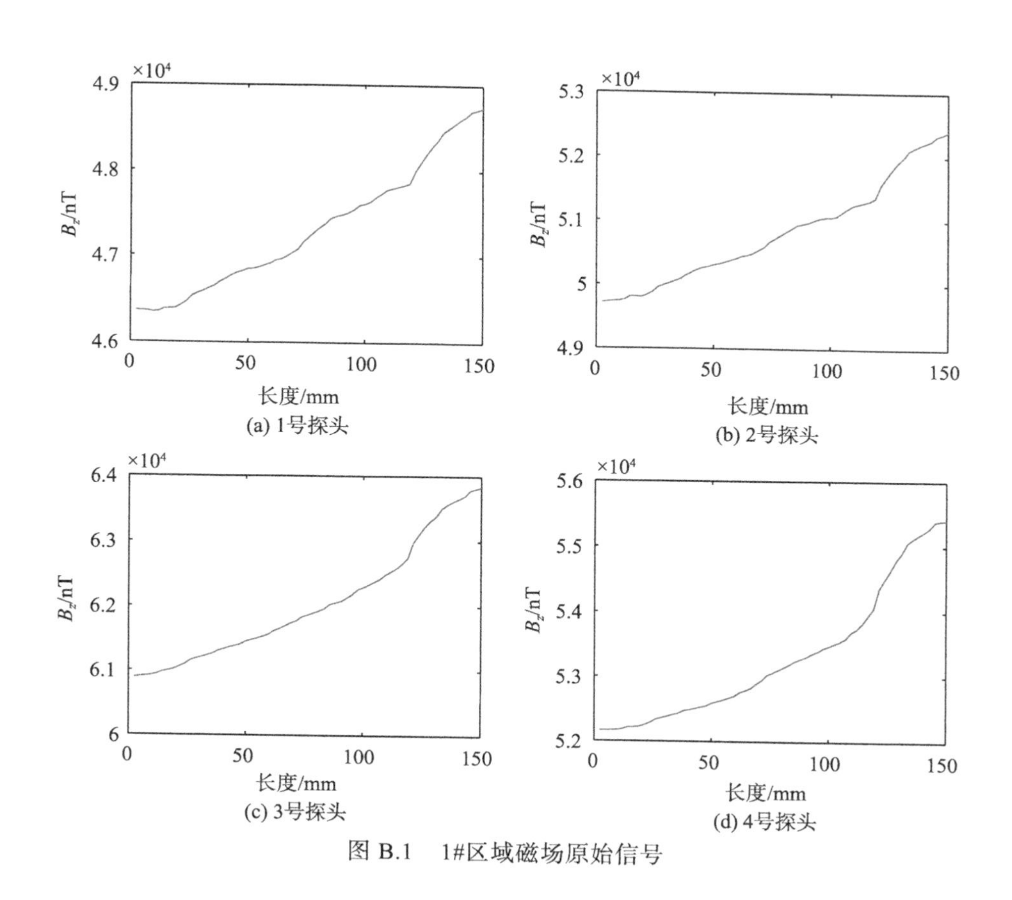

(a) 1号探头　(b) 2号探头　(c) 3号探头　(d) 4号探头

图 B.1　1#区域磁场原始信号

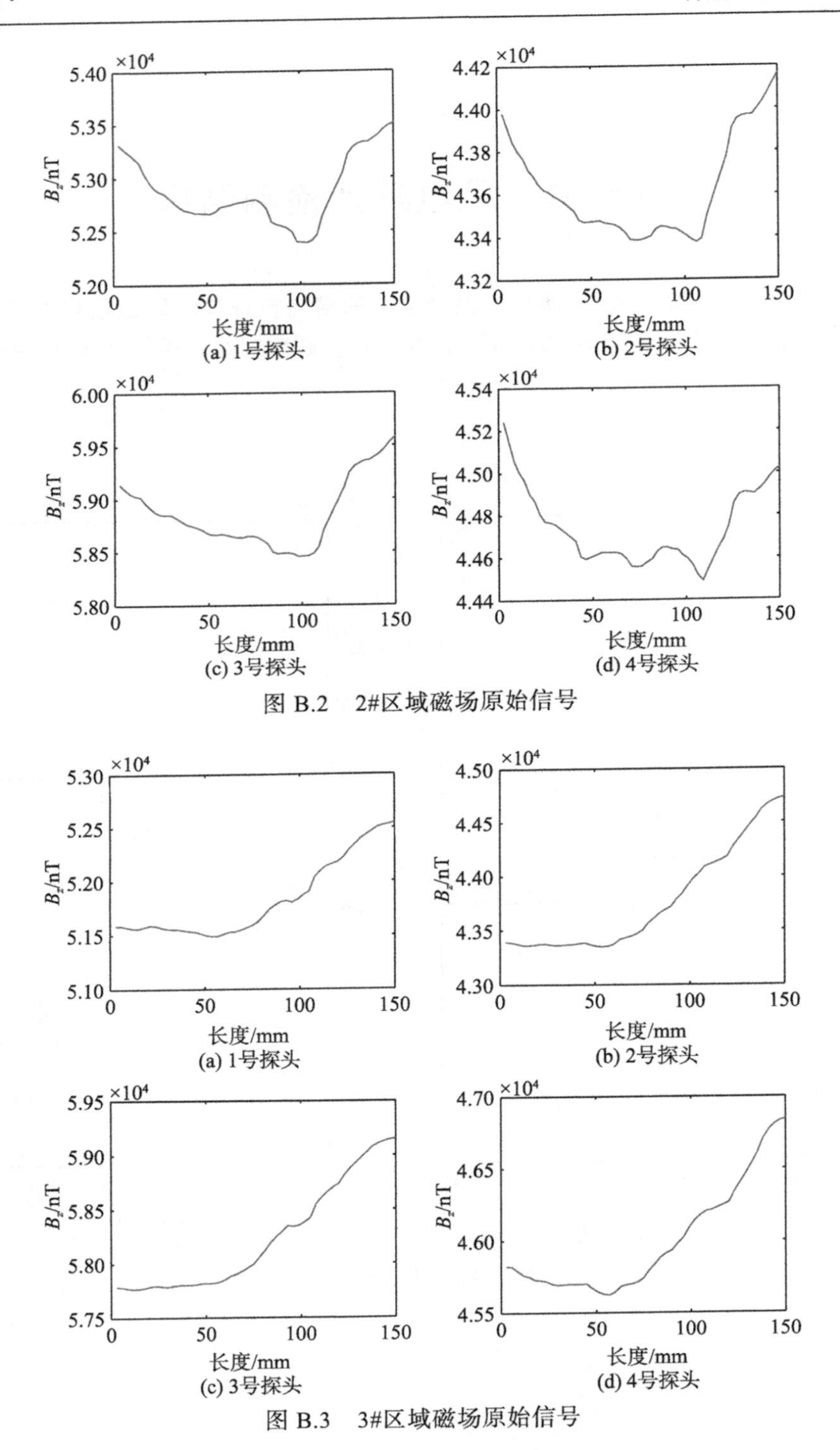

图 B.2　2#区域磁场原始信号

图 B.3　3#区域磁场原始信号

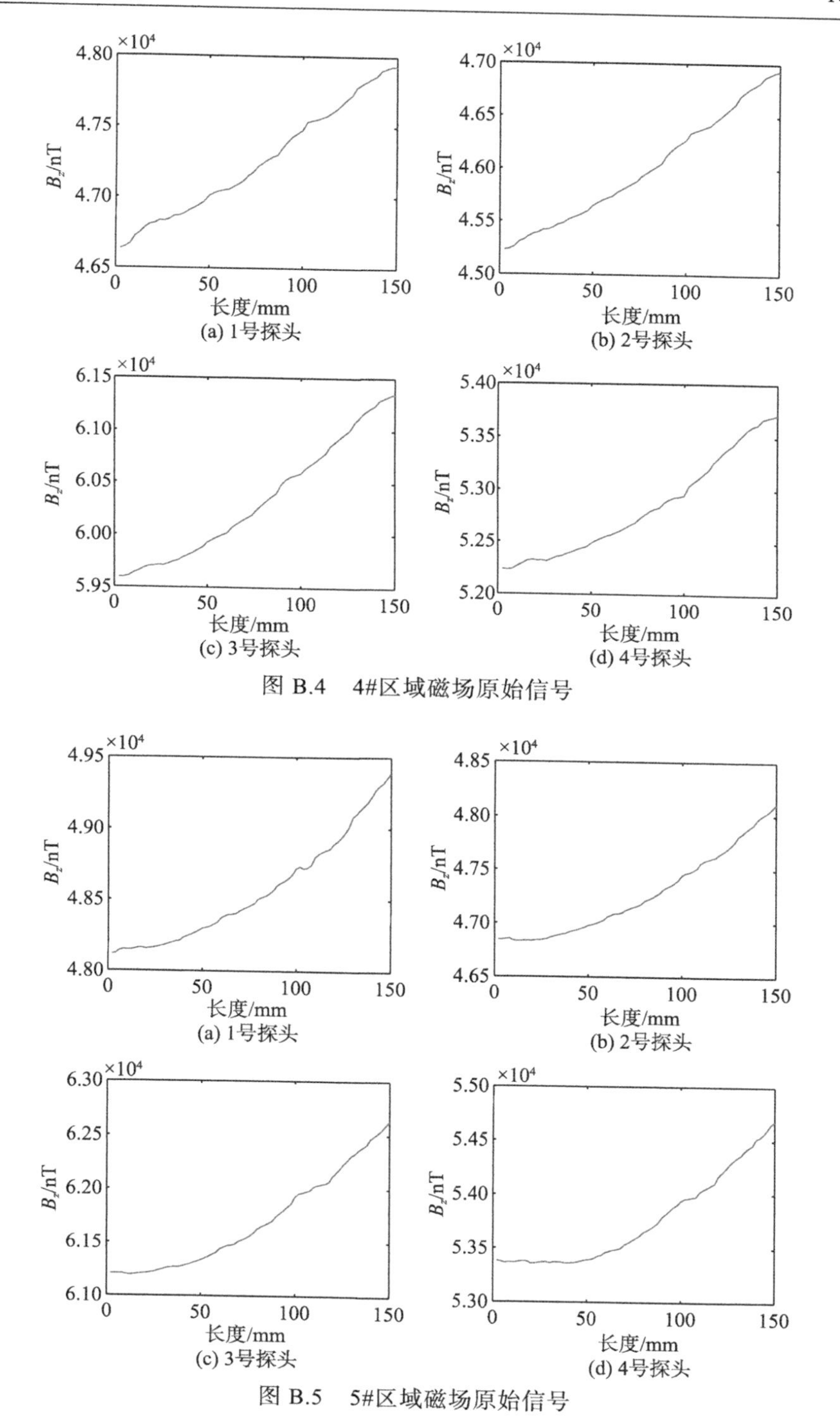

图 B.4　4#区域磁场原始信号

图 B.5　5#区域磁场原始信号

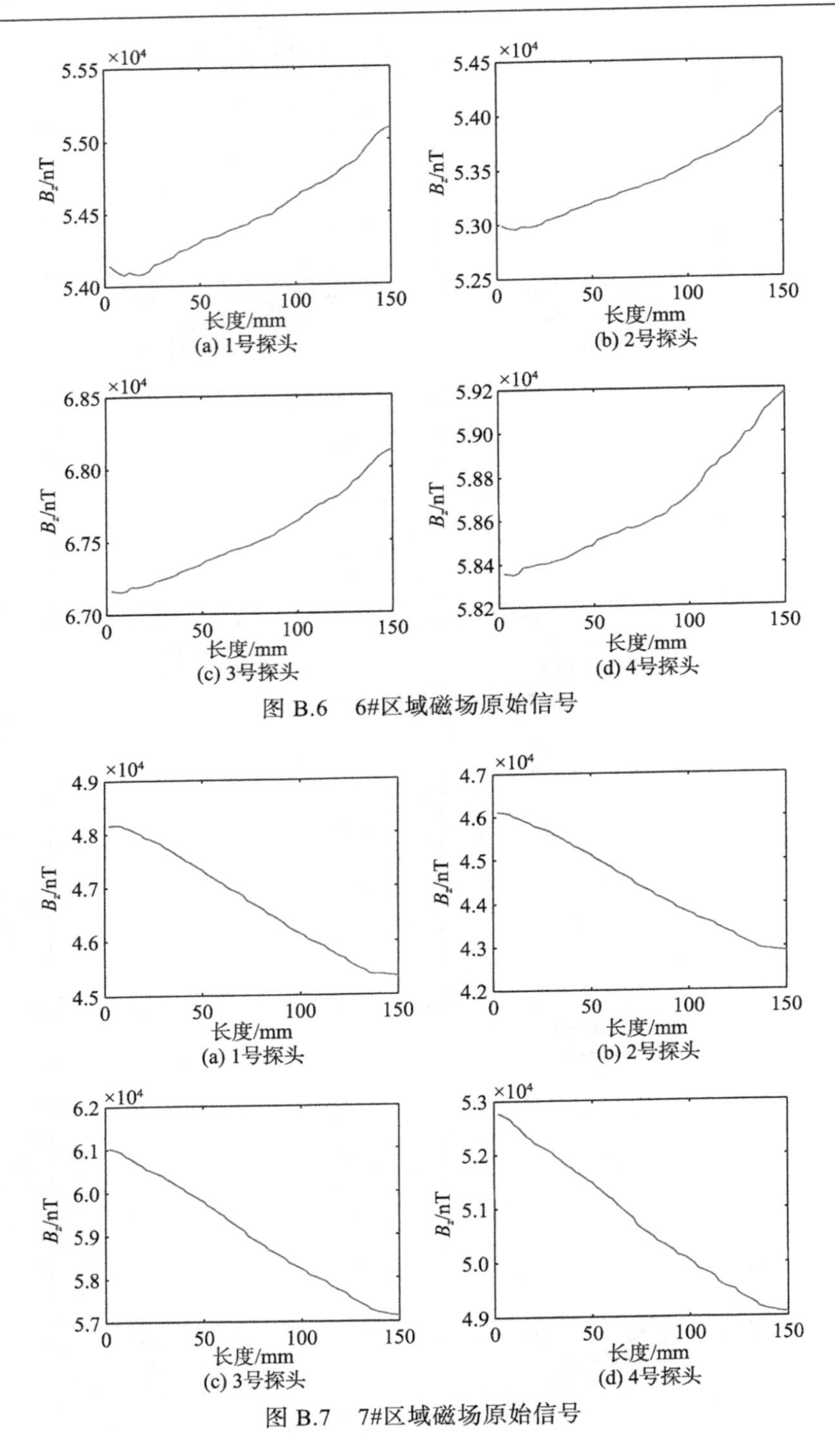

图 B.6　6#区域磁场原始信号

图 B.7　7#区域磁场原始信号

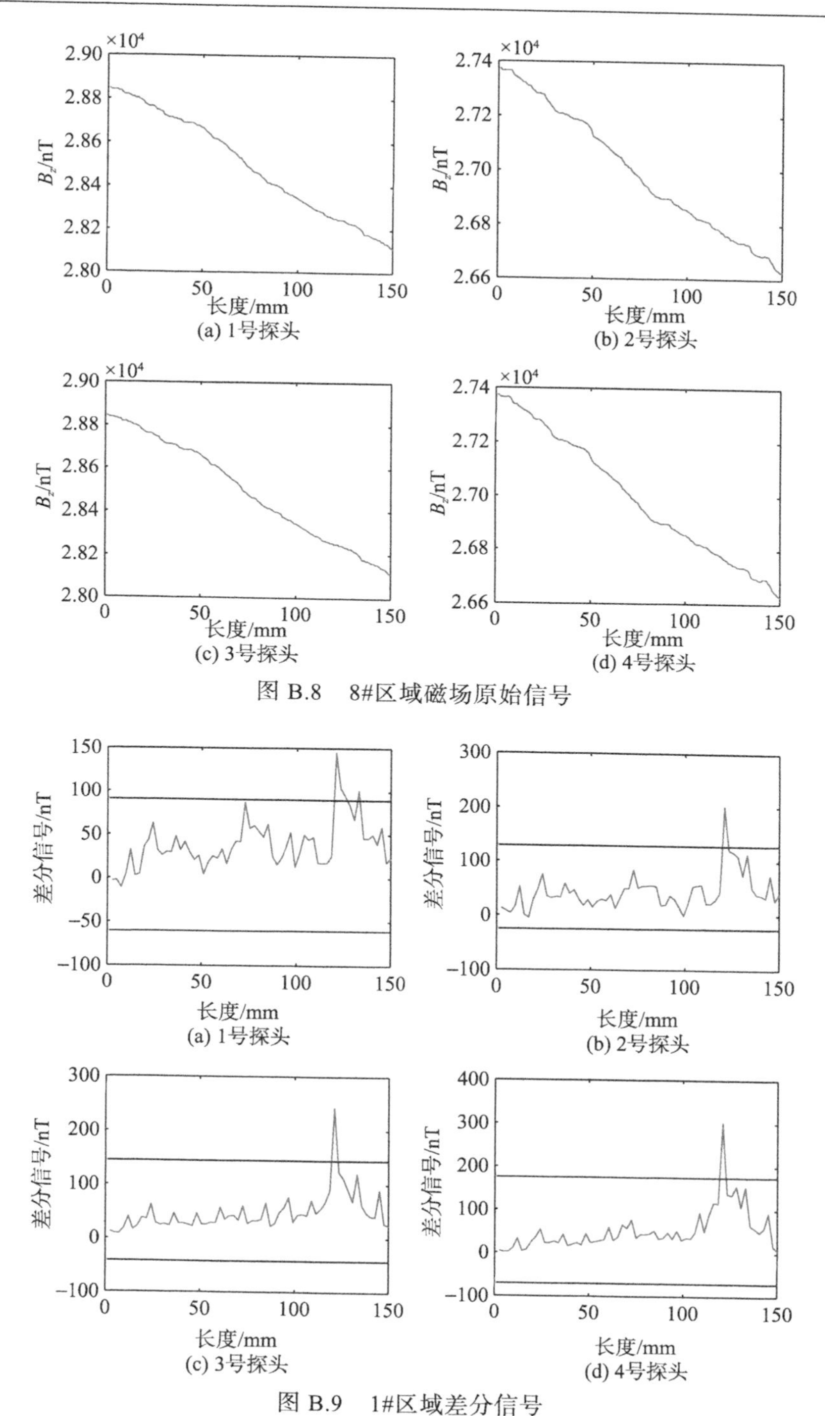

图 B.8　8#区域磁场原始信号

图 B.9　1#区域差分信号

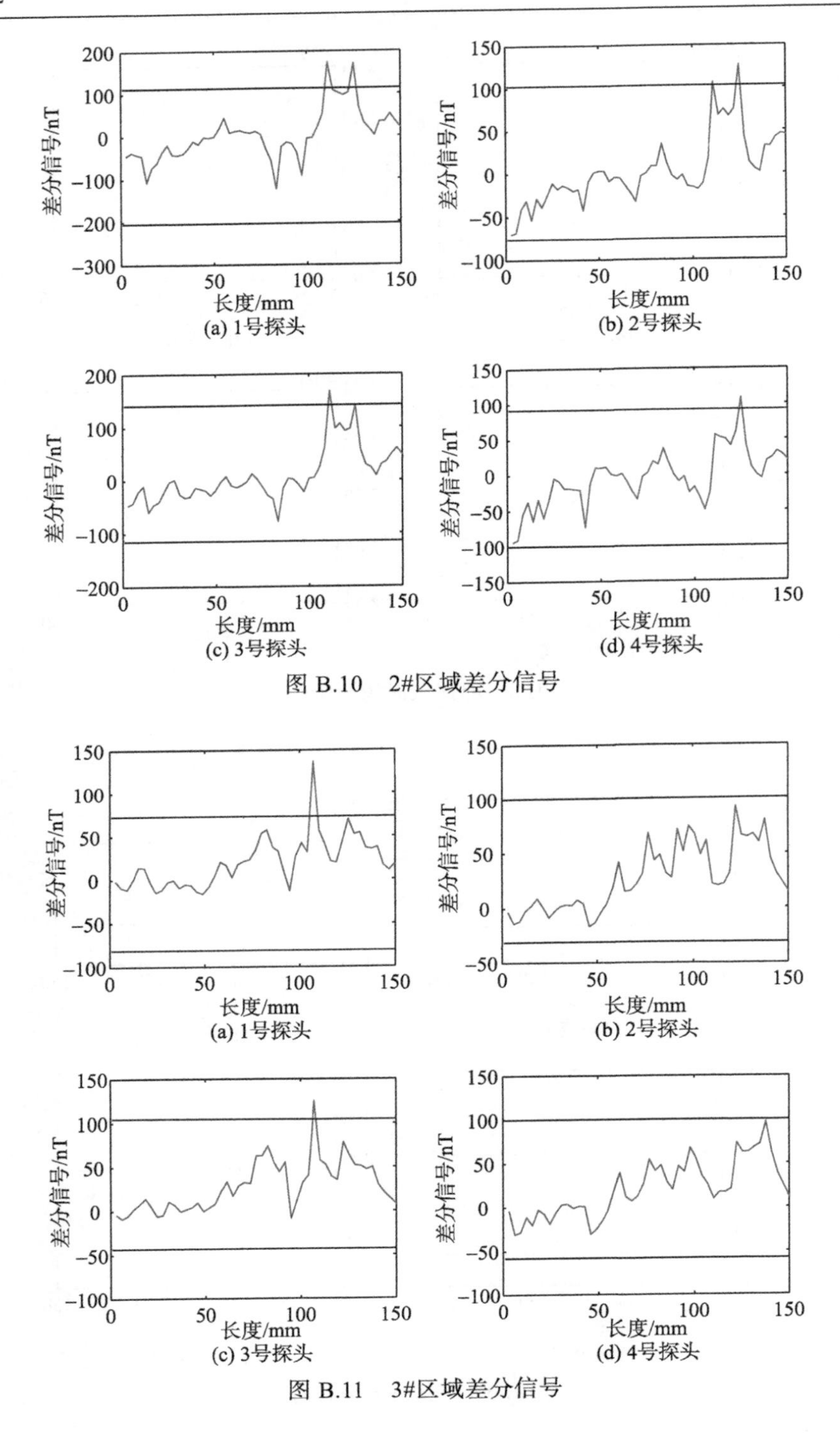

图 B.10　2#区域差分信号

图 B.11　3#区域差分信号

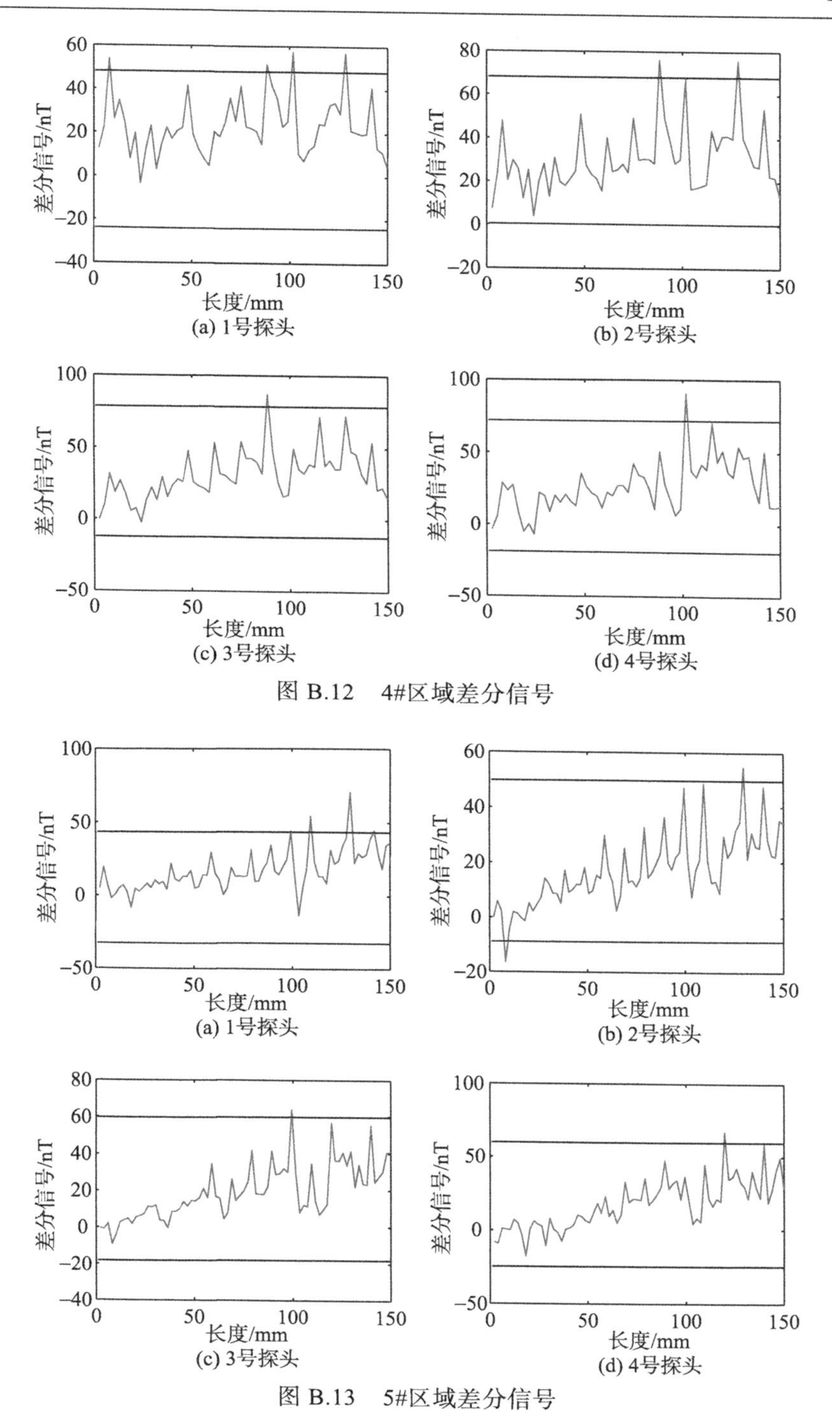

图 B.12　4#区域差分信号

图 B.13　5#区域差分信号

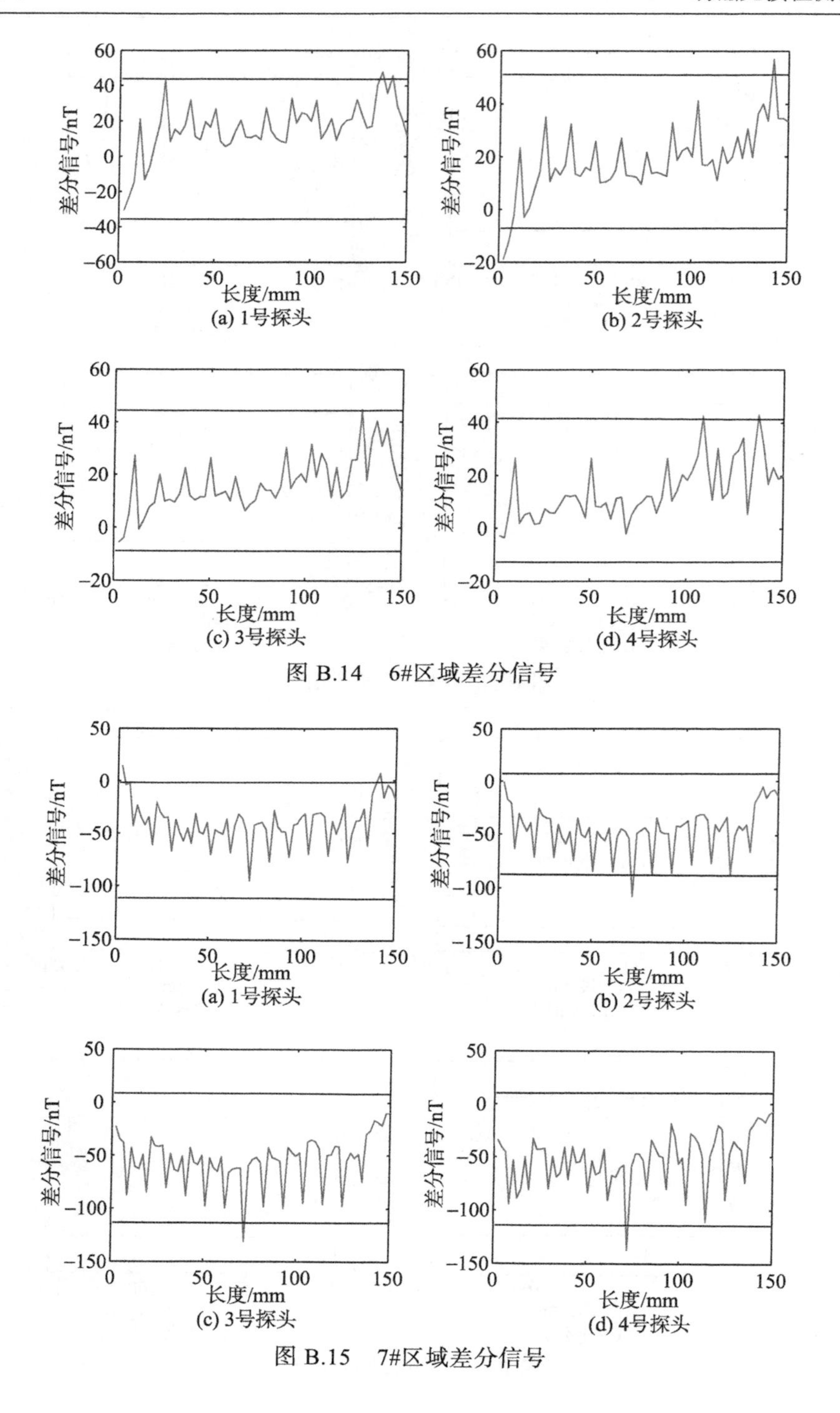

图 B.15 7#区域差分信号

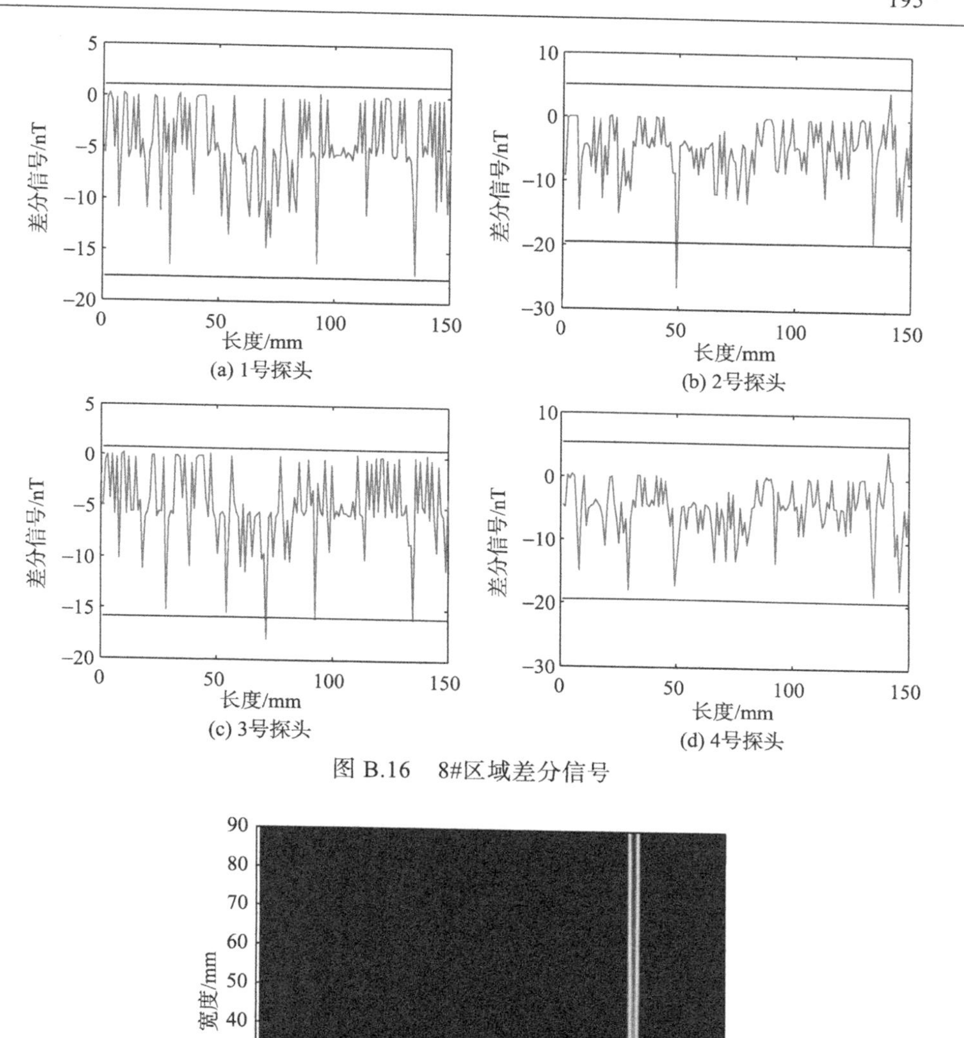

(a) 1号探头　(b) 2号探头

(c) 3号探头　(d) 4号探头

图 B.16　8#区域差分信号

图 B.17　1#区域二维成像图

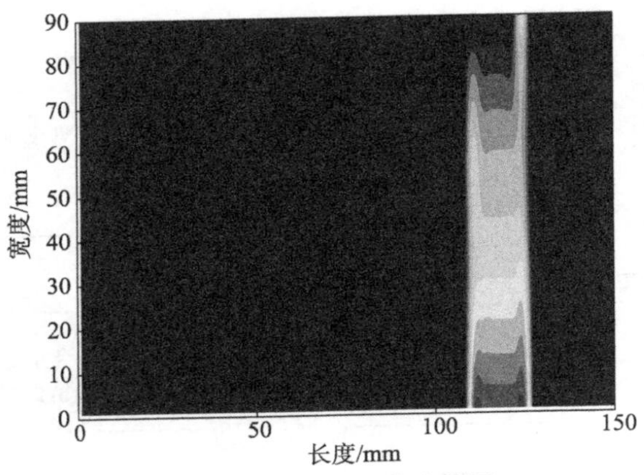

图 B.18　2#区域二维成像图

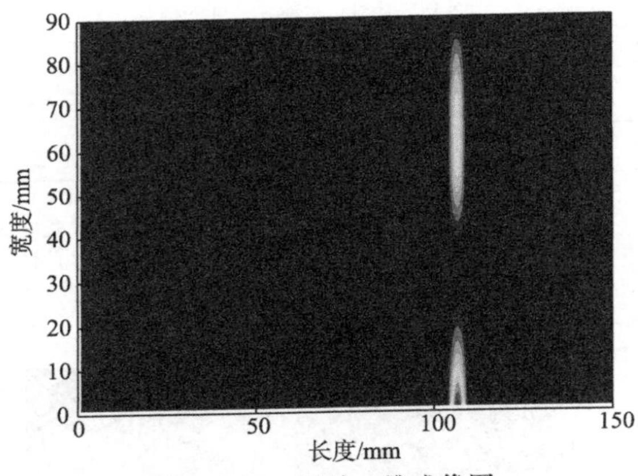

图 B.19　3#区域二维成像图

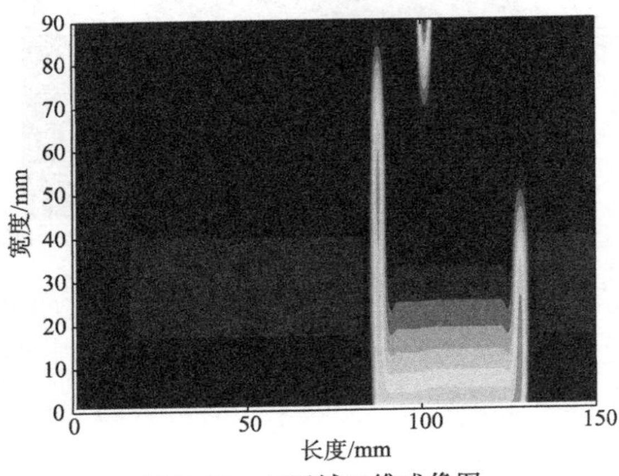

图 B.20　4#区域二维成像图

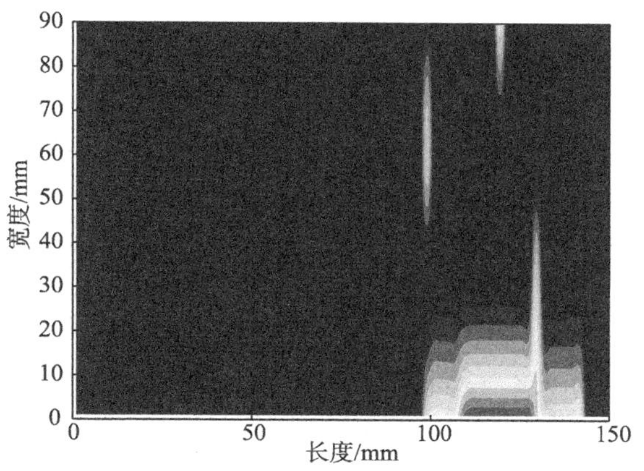

图 B.21　5#区域二维成像图

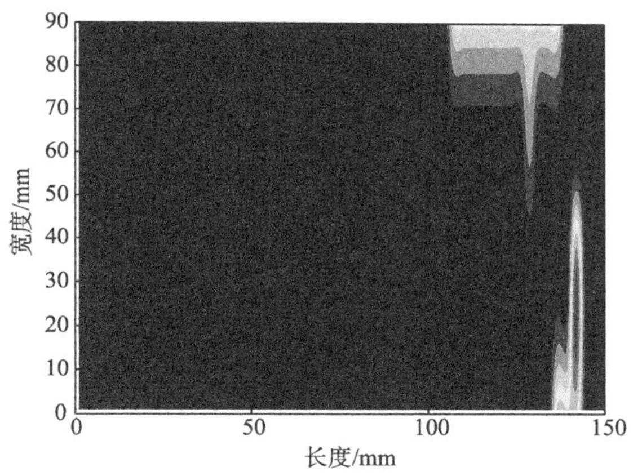

图 B.22　6#区域二维成像图

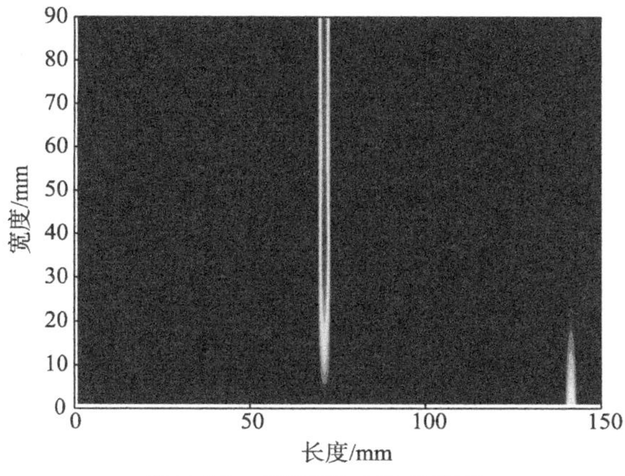

图 B.23　7#区域二维成像图

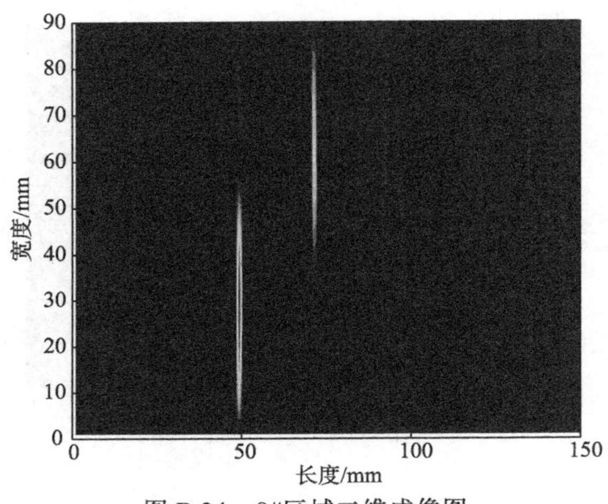

图 B.24　8#区域二维成像图